坚果炒货
工艺师教材
中级

中国食品工业协会坚果炒货专业委员会 / 编
北京中坚合果信息技术服务有限公司

翁洋洋 / 主编

JIANGUO CHAOHUO
GONGYISHI JIAOCAI
ZHONGJI

四川科学技术出版社

图书在版编目（ＣＩＰ）数据

坚果炒货工艺师教材：中级／翁洋洋主编；中国食品工业协会坚果炒货专业委员会，北京中坚合果信息技术服务有限公司编. -- 成都：四川科学技术出版社，2020.4

ISBN 978-7-5364-9779-5

Ⅰ.①坚… Ⅱ.①翁… ②中… ③北… Ⅲ.①坚果－食品加工－职业技能－鉴定－教材 Ⅳ.①TS255.6

中国版本图书馆CIP数据核字（2020）第052588号

坚果炒货工艺师教材(中级)

JIANGUO CHAOHUO GONGYISHI JIAOCAI（ZHONGJI）

中国食品工业协会坚果炒货专业委员会
北京中坚合果信息技术服务有限公司 / 编

主　　编　翁洋洋

出 品 人　钱丹凝
策划编辑　罗小燕
责任编辑　陈 欢　任维丽
封面设计　墨创文化传媒
责任出版　欧晓春
出版发行　四川科学技术出版社
　　　　　成都市槐树街2号　邮政编码610031
　　　　　官方微博:http://e.weibo.com/sckjcbs
　　　　　官方微信公众号:sckjcbs
　　　　　传真:028-87734039
成　　品　185mm×260mm
印　　张　19　字数380千
印　　刷　成都锦瑞印刷有限责任公司
版　　次　2020年6月第1版
印　　次　2020年6月第1次印刷
定　　价　48.00元

ISBN 978-7-5364-9779-5

邮购:四川省成都市槐树街2号　邮政编码:610031
电话:028-87734035

编辑委员会

前　言

QIAN YAN

　　为促进坚果炒货食品行业的科技进步，更新工艺管理知识和提高技术人员的全面知识素养，以适应全行业在新时期发展的需求，同时为推动坚果炒货工艺师职业培训和职业技能鉴定工作的开展，中国食品工业协会坚果炒货专业委员会、北京中坚合果信息技术服务有限公司组织行业内资深专家和有多年实践经验的专业技术人员，编写了《坚果炒货工艺师教材（中级）》，为职业教育、职业培训和职业技能鉴定提供科学、规范的指导与依据。为确保教材的科学性、专业性、实用性和质量，中国食品工业协会坚果炒货专业委员会、北京中坚合果信息技术服务有限公司特别邀请质检、食品安全、科研、企业等各方面的权威专家，对教材内容进行了严格的审核。

　　《坚果炒货工艺师教材（中级）》根据相关国家职业技能标准的要求，本着以职业活动为导向，以职业能力为核心的指导思想，突出职业资格培训特色，针对坚果炒货工艺师职业活动领域，按照职业功能模块编写。

　　本教材分为基础知识、中级教材两大部分，内容涵盖国家职业技能标准的基本要求以及工作要求的各个方面，主要包括原料、加工、成品、检验以及研发、设备、添加剂、法规标准等模块。

　　本教材在编写过程中得到洽洽食品股份有限公司、安徽真心食品有限公司、四川徽记食品股份有限公司、江苏阿里山食品有限公司、开封朗瑞机械有限公司、桐乡福华食品有限公司、盛华香料（杭州）有限公司、临沂市兰山区飞龙食品机械有限公司、烟台茂源食品机械制造有限公司和邢台市天元星食品设备有限公司等的大力支持与协助，在此表示衷心感谢。

《坚果炒货工艺师教材（中级）》凝聚了中国坚果炒货食品行业广大同仁长期积累的实践知识。本教材在编写过程中得到了上级协会及社会各界的指导与大力支持、协助，在此衷心感谢中国食品工业协会、中国食品工业协会糖果专业委员会、中国食品工业协会豆制品专业委员会、人力资源和社会保障部就业培训技术指导中心等单位；衷心感谢洽洽食品股份有限公司董事长陈先保、国家食品质量监督检验中心宋全厚、中国农业大学陈明海、安徽农业大学陆宁，以及宋宗庆、谭海波、宋家臻、李长江、吴昌连、吴中桃等专家的帮助。

由于技术发展日新月异，加之编者水平所限，本书错漏及不妥之处在所难免，欢迎广大读者批评、指正。

《坚果炒货工艺师教材 （中级）》编辑部

2019年7月

目 录

MU LU

第一部分　基础知识

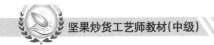

第二部分 中级教材

第一部分

基础知识

第一章

职业道德

第一节　坚果炒货工艺师的职业道德

一、职业道德的基本概念

1.职业道德的内涵

职业道德是从事一定职业的人员在工作过程中所应遵守的与其职业活动紧密联系的道德原则与规范的总和。职业道德包括职业道德意识、职业道德行为规范和职业守则等内容。

2.职业道德的特征

职业道德既反映不同职业的特殊性，也反映各个行业职业的共同性；既是从业人员履行本职工作时从思想到行动应该遵守的准则，也是各行业从业者在道德方面对社会应尽的责任和义务。社会道德在职业行为和职业关系中的具体体现，是整个社会道德生活的重要组成部分。其实质就是约束从业人员行为，鼓励其通过诚实的劳动，在改善自己生活的同时回馈社会，同时也为国家建设做出贡献。从业人员对自己所从事职业的态度是其价值观和道德观的具体体现，只有树立良好的职业道德，遵守职业守则，安心本职工作，勤奋钻研业务，才能提高自身的职业能力和素质，在竞争中立于不败之地。

二、坚果炒货工艺师的职业道德

坚果炒货工艺师的职业道德是规范约束坚果炒货工艺师职业活动的行为准则。加强职业道德建设是推动社会主义物质文明和精神文明建设的需要，是促进行业、企业生存和发展的需要，也是提高坚果炒货工艺师素质的需要。掌握职业道德基本知识、树立职业道德观念是对每个坚果炒货工艺师最基本的要求。

"民以食为天，食以安为先"，食品安全是行业、企业得以持续发展的命脉。坚守食品安全是坚果炒货行业从事人员根本的职业道德。

第二节　坚果炒货工艺师的职业守则

（1）重视食品安全，遵守法律、法规和有关规定。

（2）爱岗敬业，诚信尽职，保守商业秘密。

（3）工作认真负责，严于律己。

（4）刻苦学习钻研业务，努力提高自身素质。

（5）讲究效率，善于创新。

（6）谦虚谨慎、团结协作，具有团队精神。

第三节　坚果炒货工艺师的职业素养

1.爱岗敬业、诚信尽职

一名合格的坚果炒货工艺师必须养成良好的职业素养。爱岗敬业、忠于职守是职业道德的基本规范，是对所有从业人员的基本要求，坚果炒货工艺师也要遵守。

爱岗，就是热爱自己的工作岗位，热爱本职工作。敬业，就是以一种严肃认真、尽职尽责、勤奋积极的态度对待工作。爱岗与敬业是相互联系、相辅相成的，只有干一行，爱一行，才能真正做到爱岗敬业。归根结底，就是要养成努力学习、认真做事、执着工作和一丝不苟的工作作风，即使是最不起眼的工作，也应力求做到尽善尽美。

诚信尽职是爱岗敬业的具体体现，也是对爱岗敬业的进一步升华。认真负责地干好本职工作，以勤恳踏实的态度面对工作，不互相推诿才是真正的尽职。而诚实守信不仅是职业道德的要求，更是做人的一种基本道德品质。诚实守信还包括坚果炒货工艺师有责任保守企业商业秘密，不得故意或无意透露本企业核心、重要的内部资料、信息，不得利用企业的商业秘密从事个人牟利活动，非依法律的规定或者企业的允诺，不得披露、使用或允许他人使用其掌握的企业商业秘密。

2.应具有符合职业特征的职业能力

概括来讲，坚果炒货工艺师的职业能力可以分为三个层次，即基础知识、专业能力和拓展技能。

（1）基础知识主要是指坚果炒货工艺师实际工作中所应具备及掌握的基本操作技

能和基础理论知识。基础知识以掌握共性的最基本知识与技能为原则。

（2）专业能力主要是指坚果炒货工艺师必须掌握的专业能力，包括产品开发、工艺管理、培训与指导三大方面。作为一名坚果炒货工艺师，要随时注重提高自身的专业能力，强调专业技能的含金量。

（3）拓展技能主要是指能够融会贯通相关行业的能力及掌握本行业最前沿的知识与能力。掌握拓展技能旨在技能迁移及行业创新与发展。

3.应具有解决实际问题的能力和创新精神

坚果炒货工艺师最大的职业特征就是综合性强，其在实际工作中需要面对的问题包括产品设计、生产工艺管理等方面，这些工作往往是多因素的综合体，情况多样而复杂，因此坚果炒货工艺师必须具有多方位思考和处理复杂问题的能力。此外，坚果炒货工艺师的产品设计和创新能力可以说是一个企业未来发展的催化剂，也有着不可低估的作用，因此，坚果炒货工艺师的创新精神也十分重要。

4.提高自身综合素质

随着坚果炒货工艺技术的蓬勃发展，坚果炒货工艺师不但要熟练掌握现有的工艺技术知识，还要了解掌握不断涌现的新技术、新工艺，成为集配方、工艺、机械和生产管理等知识于一身的复合型人才。因此，就必须注重提高自身综合素质。

提高综合素质可以从以下几个方面入手：

（1）加强思想认识，重视自身修养。

（2）加强业务学习，提高业务水平。

（3）注重理论与实践相结合。

（4）注重学习法律、法规知识和国家有关政策，掌握各类有关标准。

（5）与时俱进，注重更新与发展，努力与国际接轨。

5.团队精神

坚果炒货工艺师在工作中要注重团结协作，要有与同事友好协作的工作态度，要有团队精神，应该善于团结周围的人，促进人与人之间的感情，使大家能融洽和睦相处，营造出良好的工作氛围，最大限度地发挥集体力量。

第四节　全国坚果炒货行业食品安全承诺倡议书

全体会员企业，有关原料、加工、流通企业的同行们：

坚果炒货食品是被科学证明，长期科学合理食用有益人类心脑健康的天然健康食品。为了确保坚果炒货行业生产优质安全食品，本着行业自律、企业诚信经营、对消费者负责的原则，在"3·15"国际消费者权益日之际，向全行业发出全国坚果炒货行业食品安全承诺倡议：

一、严把原料关。坚果炒货原料（含进口原料）供应商，应严格遵守《中华人民共和国食品安全法》等食品安全法律、法规、国家标准，规范坚果炒货原料经营，坚决杜绝劣质原料掺兑行为，确保从源头严把坚果炒货原料质量关，为加工企业生产优质安全产品提供原料保障。

二、严把生产关。坚果炒货食品生产企业应恪守"以诚为本，以人为本"的职业道德准则。严格遵守各项法律法规，规范生产，使用安全原辅料及包装物，坚决杜绝使用不合格原料、违法使用添加剂等不法行为，保证出厂食品合格率达100%。确保生产的坚果炒货食品质量优质安全可靠。

三、严把流通关。产品标签应符合《食品安全国家标准　预包装食品标签通则》GB 7718的要求。产品名称（含进口产品）均应在食品标签的醒目位置，使用清晰的、反映食品真实属性的专用名称。不应直接或以暗示性的语言、图形、符号，误导消费者。同时标签上还应按规定标示有依据数值的营养成分。

四、倡导行业自律诚信、有序竞争、文明经营，抵制各种假冒伪劣等不法行为，倡导同行是亲密战友、知心朋友、有益净友的新风尚、新风气，互帮互助，共同创造和维护良好的市场环境和竞争秩序。

五、本着对消费者负责和回报社会的责任感，自觉接受社会各界的监督，加强企业员工的培训，提高员工的食品安全意识和综合技能素质。

六、学习、融汇国内外一切先进科技和管理方法，为生产更多更好的坚果炒货健康食品，造福我国及世界人民的健康而做出新贡献。

中国食品工业协会坚果炒货专业委员会
二〇一三年三月十五日

第二章

产品基础知识

第一节 坚果炒货食品的生产发展概况

坚果炒货食品在我国是世代相传的食品，是在逢年过节、走亲访友期间用于接待客人、休闲享用、欢度节日的常用食品。香、甜、酸、咸、辣、脆等丰富多彩的炒货更增添了喜庆、融洽、和谐的文化氛围。

坚果炒货食品的历史源远流长，在河南渑池仰韶村，距今五千多年的仰韶文化遗址的挖掘中，发现了大量栗子果实、榛子、松子壳。坚果炒货食品的文字记载距今有数千年的历史，早在商周时期便有相关的史料记录。在宋朝，炒货开始盛行，据《东京梦华录》和《梦粱录》记载，当时已有炒银杏、盐豆儿、炒榛子、炒栗子、香榧子等诸多品种。各地的炒货都有明显的地域特点、鲜明的地方风味、浓郁的民族色彩。宋代诗人苏东坡吃了榧子后，留下了"彼美玉山果，粲为金盘实"的佳句。后在《本草纲目》《千金要方》等许多古籍中，都有食用坚果炒货使人"身轻""步健"功效的相关记载。

美味可口的炒货食品由家庭中出现，因市场的需求转向作坊式生产。坚果炒货市场的成长是在最近三四十年，其最显著的变化是由散装、散称改为包装销售；由现炒现买，或很短的贮存、销售时间，到常年生产、长期销售（在产品有效期内）；由手工炒作逐步转向机械化、自动化制作；产品的加工由简易、粗放型转向科学、规范、合理大规模的加工制作。特别是在2005年中国食品工业协会坚果炒货专业委员会成立后，促进了坚果炒货行业做强、做大，并与国际接轨，行业的发展获得高速的推进，飞速成长。

第二节　坚果炒货食品的定义及分类

一、定义

1.坚果与籽类食品

其指以坚果、籽类或其籽仁等为主要原料，经加工制成的食品。

2.生干坚果与籽类食品

其指经过清洗、筛选或去壳、干燥等处理，未经熟制工艺加工的坚果与籽类食品。

3.熟制坚果与籽类

其指以坚果、籽类或其籽仁为主要原料，添加或不添加辅料，经烘炒、油炸、蒸煮或其他等熟制加工工艺制成的食品。

4.坚果

其指具有坚硬外壳的木本类植物的籽粒。包括核桃、板栗、杏核、扁桃核、山核桃、开心果、腰果、香榧、夏威夷果、松子等。

5.籽类

其指瓜、果、蔬菜、油料等植物的籽粒。包括葵花籽、西瓜籽、南瓜子、花生、蚕豆、豌豆、大豆等。

6.籽仁（含果仁）

其指坚果、籽类去除外壳后的部分。包括葵花籽仁、西瓜籽仁、南瓜子仁、瓜篓籽仁、花生仁、核桃仁、松子仁、杏仁、榛子仁、澳洲坚果仁、栗仁、鲍鱼果仁、扁桃仁、开心果仁等。

二、分类

坚果炒货食品按加工工艺分为生干坚果与籽类、熟制坚果与籽类。其中熟制坚果与籽类分为烘炒类、油炸类和其他类。

烘炒类：原料添加或不添加辅料，经炒制或烘烤（包括蒸煮后烘炒）制成的产品。

油炸类：原料按照一定工艺配方，经常压或真空油炸制成的产品。

其他类：原料添加或不添加辅料，经水煮或其他加工工艺制成的产品。

第三节　坚果炒货食品的基本特性

一、食物的补充

坚果食品是万千食品之一，富含多种营养素，可满足和补充人们摄取营养的多样性需求。

二、休闲

口齿留香的坚果炒货，除了花色品种繁多，各有香、糯、鲜、脆等特点之外，令人欣喜的风味，富含多种营养成分，使人常食不厌。著名漫画家丰子恺在他的散文《吃瓜子》中谈到瓜子的发明时曾这样说："发明吃瓜子的人，真是一个了不起的天才！这是一种最有效的'消闲'法。其所以最有效者，为了它具备三个条件：一、吃不厌；二、吃不饱；三、要剥壳。"

三、食用应适度

有个量的范畴，一把而已，绝不是多多益善。适量食用坚果炒货，对我们的身体是十分有益的。

第三章 原料辅料基础知识

第一节 基础原料的特性和应用

一、葵花籽

1.原料特性

葵花籽是菊科向日葵属植物向日葵的种子。向日葵为一年生草本植物，别名葵花。我国栽培向日葵至少已有近400年的历史。其主要产区为新疆、内蒙古、东北和甘肃地区。

葵花籽是由果皮（壳）和种子组成。果皮分三层，外果皮膜质，上有短毛;中果皮革质，硬而厚;内果皮绒毛状。种子由种皮、两片子叶和胚组成。

葵花籽种仁的蛋白质含量约为30%，可与大豆、瘦肉、鸡蛋、牛奶相媲美；脂肪含量接近50%，富含不饱和脂肪酸，其中亚油酸占55%左右；钾、钙、磷、铁、镁也十分丰富，尤其是钾的含量较高；此外还含有维生素 A、维生素 B_1、维生素 B_2。

近20年来，葵花籽生产发展很快，葵花籽已成为仅次于大豆的重要油料。

2.加工特性

葵花籽根据原料性能，主要分为食葵和油葵。食葵主要用作休闲食品加工原料，油葵主要用作油料。食葵根据原料特性，加工方式不一，可煮制烘烤，可炒制，可脱壳油炸，可烘焙，加工方式多样化。

葵花籽因其油脂含量高，经烘烤、油炸和炒制等工艺处理后，加速了油脂氧化进程，因此对储存和包装要求相应增高，需对包装材质和储存环境做严格要求，还可以通过投放脱氧剂、抽真空、充氮等方式协同处理。

二、南瓜子

1.原料特性

南瓜子是葫芦科南瓜属南瓜的种子。南瓜花期在7~8月，果期在9~10月。种子扁圆形，长1.2~1.8 cm，宽0.7~1 cm。表面淡黄白至淡黄色，两面平坦而微隆起。除去种皮，有黄绿色薄膜状胚乳。子叶2枚，黄色，肥厚，有油性。南瓜子味甘、性平、气微香，有补脾益气、下乳汁、润肺燥、驱虫等功效，一般人群均可食用。

南瓜在我国各地广泛种植，主产于浙江、江苏、河北、山东、山西、四川等地。

南瓜子营养价值丰富，含氨基酸、脂肪、蛋白质、维生素 A、维生素 B_1、维生素 B_2、维生素 C、胡萝卜素等。

2.加工特性

南瓜子根据原料性能，加工方式很多，可炒制，可煮制烘烤，可烘焙，也可脱壳烘烤加工。

因南瓜子的营养保健价值近年来越来越受到消费者的关注和青睐，销量也逐年攀升。

三、西瓜籽

1.原料特性

西瓜籽是葫芦科西瓜属植物西瓜的种子，可供食用或药用。西瓜籽黑边白心，颗粒饱满，片形较大。按片粒大小可分为小片、中片和大片，按颜色可分为红色西瓜籽、黑色西瓜籽。

西瓜籽含有丰富的蛋白质、脂肪酸、B族维生素、维生素 E、钾、铁、硒等营养元素。西瓜籽味甘，性平，具有利肺、润肠、止血、健胃等作用。

2.加工特性

西瓜籽加工主要以煮制和炒制工艺为主，西瓜籽加工工艺一般分为以下两种：

（1）炒制后浸料处理，仁香酥脆。

（2）煮制烘烤或炒制后抛光处理，外观光亮。

四、核桃

1.原料特性

核桃是胡桃科胡桃属核桃的种子，富含蛋白质及人体必需的不饱和脂肪酸。这些成分是维持大脑组织细胞代谢的重要物质，有助于滋养脑细胞，增强脑功能，有益于心脏健康，降低总胆固醇。大量的研究表明，食用核桃，有助于减少肥胖、糖尿病、代谢综合征等与膳食相关慢性病的发生；核桃富含 ALA、ω-3多不饱和脂肪酸，对骨

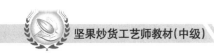

骼系统非常有益；核桃中富含多种抗氧化物质，如硒、黑褐素、γ-生育酚（维生素E的一种形式）以及大量的多酚物质，经常食用有润肌肤、乌须发的作用。

2.加工特性

核桃原料油脂含量较高，储存不当很容易酸败，因此加工时要严格控制酸价、过氧化值指标。加工工艺一般包含杀青、调味、烘烤、挑选等工序。

五、山核桃

1.原料特性

山核桃是胡桃科山核桃属山核桃树的果实，俗称小核桃。

山核桃产于浙江的临安、淳安、安吉、桐庐诸县及安徽、湖南、贵州等省。产量之多、品质之佳当首推临安。临安山核桃以粒大壳薄、果仁饱满、香脆可口的优良品质享誉海内外。

山核桃营养丰富，蛋白质含量为7.8%~9.6%，含7种人体必需氨基酸。还含有22种矿物元素，其中对人体有重要作用的钙、镁、磷、锌、铁的含量十分丰富。有润肺强肾、降低血脂、预防心血管疾病之功效。

2.加工特性

山核桃因油脂含量高，加工后口感较酥香。山核桃外壳坚硬，加工时根据产品类型选择开口。加工工艺一般包含杀青、调味、烘烤、挑选等工序。

六、花生

1.原料特性

花生是豆科落花生属花生的种子，又名落花生。花生是一年生草本植物。花生的果实为荚果，通常分为大中小三种，形状有蚕茧形、串珠形和曲棍形。

我国花生种植广泛，河南、山东、河北、广东、安徽、广西、四川、江苏、江西、湖北、湖南、辽宁、福建等地均有种植。

花生滋养补益，常食有助于延年益寿，所以民间又称之为"长生果"，并且和黄豆一同被誉为"植物肉""素中之荤"。花生的营养价值很高，可以与鸡蛋、牛奶、肉类等一些动物性食物媲美。花生含有大量的蛋白质和脂肪，特别是不饱和脂肪酸的含量很高，很适宜制作为各种营养食品。

据测定，花生果内脂肪含量为44%~45%，蛋白质含量为24%~36%，并含有硫胺素、核黄素、烟酸等多种物质。其矿物质含量也很丰富，特别是含有人体必需的氨基酸，有促进脑细胞发育、增强记忆的功能。

2.加工特性

花生很容易受潮变霉，对储存环境要求高，储存不当容易造成黄曲霉毒素超标。

花生是重要的食品加工原料。花生果加工可煮制烘烤，也可炒制。花生米可油炸，可烘焙，可炒制，也可裹衣加工。

七、杏核（仁）

1.原料特性

杏仁是蔷薇科杏属植物杏的种子，在全国各地都有种植，主要集中在河北、新疆、辽宁。

杏仁富含蛋白质、脂肪、糖类、胡萝卜素、B族维生素、维生素C、维生素P以及钙、磷、铁等营养成分。研究认为，杏仁中所富含的多种营养素，比如维生素E、单不饱和脂肪酸和膳食纤维共同作用能够有效降低心脏病的发病危险；杏仁还可提高饱腹感，因此每天吃一把，可帮助控制食欲。

2.加工特性

杏核加工分带壳加工和脱壳加工，杏核外壳坚硬，带壳加工时需经人工或机械开口，再经炒制；脱壳加工杏仁经调味或不调味，再经烘烤工艺制得。

八、松子

1.原料特性

松子是松科松属植物松树的种子，主要产地为云南和东北地区。松子含有丰富的维生素E，是一种很强的抗氧化剂，能起抑制细胞内和细胞膜上的脂质过氧化作用，保护细胞免受自由基的损害。松子所含的脂肪主要为亚油酸等不饱和脂肪酸，有助于调整和降低血脂、软化血管和防止动脉粥样硬化。不饱和脂肪酸还能减少血小板的凝集，有助于降低血脂和血液黏稠度，预防血栓形成，对心血管系统有保护作用。松子仁含有丰富的脂肪、棕榈碱、挥发油等，能润滑大肠而通便、缓泻且不伤正气，尤其适用于年老体弱、产后病后大便秘结者食用。

2.加工特性

松子加工分带壳加工和脱壳加工。松子外壳较坚硬，加工时需通过工艺控制开口率，以便于食用。可炒制，可油炸，不调味加工方式居多。

松子油脂含量高，加工储存过程中油脂极易氧化酸败。

九、榛子

1.原料特性

榛子是桦木科榛属榛树的果实。其果形似栗，卵圆形，有黄褐色外壳。榛树主要分布在亚洲、欧洲和北美洲。在中国主要分布在东北三省、华北各省、西南横断山脉及西北的甘肃、陕西和内蒙古等地的山区。江西的罗霄山脉也有野生品种。其中以东北三省产量居多。

榛子含有人体不能合成的多种必需氨基酸，富含油脂（大多为不饱和脂肪酸），所含的脂溶性维生素更易为人体所吸收，对体弱、病后虚羸、易饥饿的人都有很好的补养作用；榛子维生素E含量高，常食能有效地延缓衰老，防治血管硬化；榛子具有补脾益气、止饥健身等保健作用。

2.加工特性

榛子加工以炒制为主，通过炒制加热方式实现开口，一般不调味。

十、开心果

1.原料特性

开心果是漆树科黄连木属阿月浑子树的果实，又称阿月浑子。

浑子树是一种落叶小乔木，原产于伊朗，美国西南部、加利福尼亚州亦有一定种植面积，我国新疆地区也已广泛栽培。

开心果营养价值高，每百克含维生素 A 20 μg、叶酸 59 μg、铁 3 mg、磷 440 mg、钾 970 mg、钠 270 mg、钙 120 mg，此外还含有烟酸、泛酸等。其种仁含油率高达45%。由于开心果中含有丰富的油脂，因此有润肠通便的作用，有助于人体排毒。

2.加工特性

开心果外壳坚硬，但易剥开，带壳加工和脱壳加工均有，加工工艺以烘烤为主。

十一、扁桃核和仁（巴旦木）

1.原料特性

扁桃仁是蔷薇科桃属植物扁桃的种子，又名巴旦木。美国加州是主产区，此外，印度、巴基斯坦、伊朗以及我国新疆、甘肃、陕西等地均有栽培种植。

多年前，存在把扁桃仁和杏仁混为一谈现象，其实扁桃仁和杏仁是两种不同的坚果。扁桃是蔷薇科桃属，杏是蔷薇科杏属。

扁桃仁营养丰富，一盎司（约30 g/23颗）扁桃仁含有约6 g蛋白质、4 g膳食纤维、75 mg钙、7.4 mg维生素E、0.3 mg维生素B_2及1 mg烟酸。

2.加工特性

扁桃仁可带壳加工，也可脱壳加工。带壳加工，外壳酥脆，容易剥开，深受消费者喜爱。加工工艺主要为调味烘烤。

十二、澳洲坚果（夏威夷果）

1. 原料特性

澳洲坚果是山龙眼科澳洲坚果属澳洲坚果树的种子，又名夏威夷果。

夏威夷果是一种原产于澳洲的树生坚果。夏威夷果外果皮青绿色，内果皮坚硬，呈褐色，单果重15~16 g。其果仁含油量60%~80%，含有丰富的矿物质、维生素和人体必需的8种氨基酸。夏威夷果是世界上品质最佳的食用坚果，有"干果皇后""世界坚果之王"之美称。

夏威夷果种植的产区主要为美国、澳大利亚和中国，其中中国已是世界上夏威夷果种植面积最大的国家。

2. 加工特性

夏威夷果果仁香酥，有独特的奶油香味，含油量60%以上，加工后口感酥香细腻。夏威夷果外壳十分坚硬，加工时需使用机器开口。初加工工艺：脱皮、清洗、挑选、分级、烘干；开口果加工：开口、调味、烘干；果仁加工：去壳、挑选、分级、调味、烘干。

十三、蚕豆

1. 原料特性

蚕豆是豆科野豌豆属蚕豆的种子。

蚕豆为粮食、蔬菜和饲料、绿肥兼用作物。在我国，产量以四川最多，次为云南、湖南、湖北、江苏、浙江、青海等省份。

蚕豆按其子粒的千粒重大小和颜色，可细分以下几种类型：

（1）大粒乳白色蚕豆、大粒绿色蚕豆、大粒紫色蚕豆。其千粒重1 100 g以上，种皮颜色纯度95%以上。

（2）中粒乳白色蚕豆、中粒绿色蚕豆、中粒紫色蚕豆。其千粒重600~1 100 g，种皮颜色纯度95%以上。

（3）小粒乳白色蚕豆、小粒绿色蚕豆、小粒紫色蚕豆。其千粒重600 g以下，种皮颜色纯度95%以上。

（4）混合蚕豆：不符合以上三种类型的蚕豆。

蚕豆含8种人体必需氨基酸，蛋白质含量25%~28%，碳水化合物含量47%~60%。蚕豆可作粮食，也可制酱、酱油、粉丝、粉皮和作蔬菜，还可作饲料、绿肥和蜜源植物种植。

蚕豆储藏过程中容易发生豆粒变色，因此，需在干燥、低温、避光等条件下储存，以有效防止豆粒变色和抑制虫害。

2.加工特性

蚕豆由于质地坚硬，一般加工工艺为浸泡后油炸，极少炒制食用。油炸加工工艺主要包括：浸泡、开口、油炸和调味等工序。

十四、豌豆

1.原料特性

豌豆是豆科豌豆属豌豆的种子。我国豌豆主要产区有四川、河南、湖北、江苏、青海、江西等多个省份。

豌豆按其籽粒的千粒重大小和颜色，可细分以下几种类型：

（1）大粒白色豌豆、大粒绿色豌豆、大粒紫色豌豆。其千粒重250g以上，种皮颜色纯度95%以上。

（2）中粒白色豌豆、中粒绿色豌豆、中粒紫色豌豆。其千粒重150~250 g，种皮颜色纯度95%以上。

（3）小粒白色豌豆、小粒绿色豌豆、小粒紫色豌豆。其千粒重150 g以下，种皮颜色纯度95%以上。

（4）混合豌豆：不符合以上三种类型的豌豆。

豌豆营养价值高，含有蛋白质、叶酸、膳食纤维、胡萝卜素等。豌豆所含的赤霉素和植物凝集素等物质，有抗菌消炎、促进新陈代谢的作用；豌豆中富含粗纤维，能促进大肠蠕动，起到清洁肠道的作用。

2.加工特性

豌豆比较坚硬，炒制工艺应用较少，多以油炸调味工艺为主，口感香脆。

第二节　原料贮存知识

一、基本要求

（1）具备必要的贮存设施，配备符合国家标准的消防设施和器材，严格控制入仓物料的质量和水分含量，采用合理的技术措施，减少损失、损耗，防止污染，延缓品质下降。

（2）目标是确保坚果与籽类食品贮存安全。

（3）选择贮存技术应考虑的因素。坚果与籽类贮存过程中应根据以下情况采取适当的贮存技术：

①物料所处贮存地域的环境特点。

②物料本身的特性，如本身的耐贮性、是否对温湿度敏感、物料本身的营养成分组成（特别是不饱和脂肪酸的含量）、是否易变色等。

③物料的水分含量，入仓的质量情况，感染有害生物状况。

④预计贮存时间以及最终用途。

⑤仓储设施及设备性能。

⑥物料包装方式及包材材质。

二、仓储设施与设备的基本要求

1.常温仓

（1）地坪：应完好、坚实、平整，铺设有效、环保防潮层，并具备相应承重性。

（2）墙壁：应完好、坚固、隔热、防光照穿透、内侧平滑，隔潮段要敷设环保、防潮材料，外墙涂浅色。

（3）仓顶：不漏雨，无虫、鼠、鸟隐匿的孔洞缝隙，有较好隔热性能。

（4）门窗：结构要严实，关闭能密封，开启可通风，有防光线穿透的遮阳设施。所有门、窗应安装防鼠类、昆虫、鸟类进入的装置。

（5）通风：可能的条件下在库壁四周近地、近顶端设置足够的通风口。通风口两侧应设置防虫、鼠、鸟的防护网（不小于40目），并有开启密闭装置。

（6）周边环境：仓库建设地点应远离污染源、危险源，避开行洪和低洼水患地区；库墙外四周除淌水坡外，应有1~3 m的水泥平整地面，无杂草和积水；仓库附近不应种植对储存物料产生危害的植物，必要时在相关专家指导下对易发生虫害的仓库进行消毒。周边环境应便于人员进出仓作业。

（7）垫板/层：采用塑料垫板、无虫卵的木垫板或塑料布垫层，未敷设防潮层的可使用石灰消毒防潮。

（8）其他：储存仓在结构上应符合国家建筑、防火、使用等有关规范的要求，地震区储存仓要符合防震要求。为确保物料在储存期间的监测，储存管理部门应根据仓库类别，储存物料品种、特点及储存量，储存安全，仓库状况等因素配置必要的测温杆和测温线等测量工具（配置数量各库根据储存安全需要确定），实时监控。

（9）采光应用自然光或加防护罩照明设施。

2.周转仓

（1）应建在地势高、地下水位低、地面坚固干燥、通风良好、排水通畅的地方；不应建在输电线路下方；设施之间应留出消防通道。

（2）地坪：应完好、坚实、平整，并具备相应承重性。

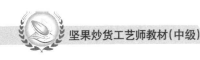

（3）墙壁：应完好、坚固。

（4）仓顶：不漏雨，无虫、鼠、鸟隐匿的孔洞缝隙，有一定的隔热性能。

（5）门窗：结构要严实，关闭能密封，开启可通风，有防光线穿透的遮阳设施。所有仓房窗户应装防护网（不小于40目），防鼠、虫、鸟类进入。门窗应安装防鼠、虫、鸟装置（防鼠板的设置高度约60 cm）。

（6）通风：在可能的条件下应设置足够的通风口，通风口两侧应设置防虫、鼠、鸟的防护网，并有开启密闭装置。

3.冷藏库

（1）冷藏库设计应符合《冷库设计规范》GB 50072的规定。

（2）冷藏库宜建有5~15℃的封闭式站台，并设有与运输车辆对接的门套密封装置；未建有站台且与水平线齐平的冷藏库，宜设有5~15℃的暂存缓冲区。

（3）冷藏库门应配有电动空气幕、塑料门帘等，以防外界热气进入。

（4）冷藏库内应合理配置温湿度自动测定记录仪，并保存记录档案至少2年。其安装位置应符合冷库面积与设备要求。冷库应安装入库禁闭警铃。

（5）冷藏库应定期除霜、清洁和维修，以确保冷藏温度达到要求。

（6）冷藏库环境湿度应不大于75%。

三、坚果与籽类原料贮存要求

1.入库前的准备

（1）对仓库、设备、器材和用具进行检查，确认仓房、门窗完好，所有设备运转正常。

（2）仓库、货场及作业区应清扫干净，清除仓内的残留货物、灰尘和杂物，填堵孔、洞、缝隙。

（3）装物料用的包装物应符合相应的法规标准要求。

2.入库物料的质量要求

（1）为确保生干坚果与籽类原料质量，生鲜坚果与籽类采摘后应及时进行处理。

（2）长期贮存的坚果与籽类应达到干燥、杂质、霉变含量低的基本要求，水分含量应符合安全水分要求。

（3）安全指标应符合《食品安全国家标准　坚果与籽类食品》GB 19300中生干坚果与籽类要求，其中酸价（以脂肪计，KOH）不大于3 mg/g；坚果类过氧化值（以脂肪计）应不大于0.08 g/100 g，籽类过氧化值（以脂肪计）应不大于0.4 g/100 g。

注：脂肪含量低的蚕豆、板栗类食品，其酸价、过氧化值不作要求。

3.入库物料的堆存要求

（1）产品应及时采用人工或机械方式分期分批入库。小心装卸，合理安排堆码方式。

（2）应按种类、等级、收获年份分开贮存；安全水分、半安全水分、危险水分的坚果与籽类应分开贮存。并做好标识标注，不得与有毒、有害、易窜味的其他货物混贮；对含致敏原的物料与非致敏原的物料宜做好标识和有效隔离，防止交叉感染。

（3）货垛排列方式、走向及货垛间距应与仓库内空气环流方向一致。

（4）物料堆码要合理交错，整齐、稳固，避免歪斜，确保设施及人员安全。距墙、柱0.6 m以上；高水分物料堆码高度不应超过1 m，并应尽快处理。物料堆垛大小、高度应遵循物料质量安全原则。

（5）已感染害虫的物料应单独存放，并根据感染程度进行虫害处理；进口物料应通过出入境植物检疫病虫或杂草种子检验合格后方可入库。

（6）对筒仓或散存贮存的物料，其品质要相对稳定一致，不得混入危险水分的物料；半安全水分物料应控制好出入库时间，防止物料变质。

4.出仓要求

（1）物料出仓时，应注意均衡对称出仓，注意两侧的压力平衡，避免垮塌现象。

（2）采用冷藏的物料，在高温季节出仓时，应对未出仓物料进行隔离、封闭，防止结露。

（3）出仓物料原则上按照先进先出原则，但对同时贮存了不同水分和品质物料时，危险水分的物料应先出，然后是半安全水分，最后为安全水分的物料；同时考虑物料品质，如霉变高、杂质高的易影响贮存质量的应予先出仓。

5.贮存期间物料监测与质量检验

（1）仓库管理部门需制定和实施保证储存物料安全的防护措施，根据库存物料质量状况制定仓库通风作业指导书，确保库内物料保持相对低温及干燥状态。

（2）质量和仓库管理部门应定期对库存物料进行监测。监测项目如下：

①感官鉴定:如原料色泽、气味等。

②质量指标检测:如水分、虫蚀、霉变、酸价等。

③仓库的温湿度：仓内空间气温和仓库湿度。

④虫害检查：防鼠、防鸟、防虫设施检查；物料生虫检查。

（3）仓库管理部门应在物料贮存期限到期前及时预警，提醒生产部门及时安排生产使用，防止出现超贮存期物料。

6.不合格品处理

企业应制定坚果与籽类原料不合格品的处理方案，对严重不合格如黄曲霉毒素、重金属、农药残留超标准原料，不应降级使用或用于动物、水产饲料。

第三节　常用辅料的特性与应用

一、食用盐

食用盐指以氯化钠为主要成分，用以食用的盐。其需符合GB 2721《食品安全国家标准　食用盐》标准要求。

食用盐分为以下几类：

（1）精制盐：以卤水或粗盐为原料，用真空蒸发制盐工艺、机械热压缩蒸发制盐工艺或粉碎、洗涤、干燥工艺制得的食用盐。

（2）粉碎洗涤盐：以海盐、湖盐或岩盐为原料，用粉碎、洗涤工艺制得的食用盐。

（3）日晒盐：以日晒卤水浓缩结晶工艺制得的食用盐。

（4）低钠盐：以精制盐、粉碎洗涤盐、日晒盐等原料中的一种或几种为原料，为降低钠离子浓度而添加国家容许食用的食品添加剂（如氯化钾等）经加工而成的食用盐。

二、食糖

食糖指以甘蔗、甜菜为原料生产的原糖、白砂糖、绵白糖、赤砂糖、红糖、方糖和冰糖等，食糖需符合GB 13104《食品安全国家标准　食糖》标准要求。

根据糖的精细度、来源、形态和色泽，大致分为以下几类：

（1）原糖：以甘蔗汁经清净处理、煮炼结晶、离心分蜜制成的带有糖蜜、不供作直接食用的蔗糖结晶。

（2）白砂糖：以甘蔗或甜菜为原料，经提取糖汁、清净处理、煮炼结晶、分蜜等工艺加工制成的蔗糖结晶。

（3）绵白糖：以甜菜或甘蔗为原料，经提取糖汁、清净处理、煮炼结晶、分蜜并加入适量转化糖浆等工艺制成的晶粒细小、颜色洁白、质地绵软的糖。

（4）赤砂糖：以甘蔗为原料，经提取糖汁、清净处理等工艺加工制成的带蜜的棕红色或黄褐色的砂糖。

（5）红糖：以甘蔗为原料，经提取糖汁、清净处理后，直接煮制不经分蜜的棕红色或黄褐色的糖。

（6）冰糖：砂糖经再溶、清净处理，重结晶而制得的大颗粒结晶糖。

（7）方糖：由粒度适中的白砂糖，加入少量水或糖浆，经压铸等工艺制成的小方块的糖。

三、味精

味精是以碳水化合物（如淀粉、玉米、糖蜜等糖质）为原料，经微生物（谷氨酸棒状杆菌等）发酵、提取、中和、结晶、分离、干燥而制成的具有特殊鲜味的白色结晶或粉末状调味品。味精需符合《食品安全国家标准　味精》GB 2720标准要求。

味精按其谷氨酸钠含量高低分为：味精、加盐味精和增鲜味精。

（1）味精：谷氨酸钠（以干基计）≥99%。

（2）加盐味精：指在味精中定量添加了精制盐的混合物。谷氨酸钠（以干基计）≥80%。

（3）增鲜味精：指在味精中定量添加了核苷酸二钠或呈味核苷酸二钠等增味剂的混合物。谷氨酸钠（以干基计）≥97%。

味精是调味料的一种，味精的主要作用是增加食品的鲜味，在中国菜里用得最多，也可用于汤和调味汁。经科学家证明，味精在100℃时加热半小时，只有0.3%的谷氨酸钠生成焦谷氨酸钠，对人体影响甚微。文献报道，焦谷氨酸钠对人体无害。如果在碱性环境中，味精会起化学反应产生一种叫谷氨酸二钠的物质，所以要适当地使用和存放。谷氨酸钠是一种氨基酸的钠盐，是一种无臭无色的晶体，在232℃时熔化。谷氨酸钠的水溶性很好，在100 ml水中可溶解74 g谷氨酸钠。

四、食用油

食用油是指在制作食品过程中使用的油脂，根据油脂来源，分为食用植物油和食用动物油脂。

1.食用植物油

食用植物油包括食用植物油和食用植物调和油。食用植物油需符合《食品安全国家标准 植物油》GB 2716标准要求。

（1）食用植物油是以食用植物油料或植物原油为原料制成的食用油脂。常用的食用植物油种类有棕榈油、大豆油、菜籽油、花生油、芝麻油、葵花籽油和玉米胚芽油等，常温下为液态。大豆油和棕榈油在油炸食品中广泛应用，常为单独使用或复配使用。

（2）食用植物调和油是以两种及两种以上的食用植物油调配制成的食用油脂。

2.食用动物油脂

食用动物油脂指以经动物卫生监督机构检疫、检验合格的生猪、牛、羊、鸡、鸭的板油、肉膘、网膜或附着于内脏器官的纯脂肪组织，炼制成的食用猪油、牛油、羊油、鸡油、鸭油。食用动物油脂需符合《食品安全国家标准　食用动物油脂》GB 10146标准要求。食用动物油脂在食品加工过程中应用很少。

五、八角

八角属于浓香型天然香料，分为大红八角、角花八角、干支八角，其他要求参照《八角》GB/T 7652。

八角通常由8个分果聚合呈放射状排列在中轴上组成。外表皮红棕色，有不规则皱纹，顶端呈鸟喙状，上侧多开裂；内表皮淡棕色、平滑、有光泽，质硬而脆。每分果含有1粒种子，扁圆形，长约6㎜，红棕色或黄棕色，光亮，尖端有种脐；胚乳白色，富油性。每个分果长1~2 cm，宽0.3~0.5 cm，高0.6~1 cm。八角气芳香，味辛、甜，一般用于食品加工五香风味。

近年来，发现以莽草（假八角）充当八角的现象。莽草中含有莽草毒素，误食会导致中毒，要加以区分。莽草果实不外露，有11~13个尖细的角，每个角的尖会上翘，像是鹰钩，果柄较短、平直而微弯，咬碎口感发酸，气味类似花露水或樟脑。

六、小茴香

小茴香属于浓香型天然香料，呈长圆柱形，有的稍弯曲；表面黄绿色或淡黄色，两端略尖，顶端残留有黄棕色突起的柱基，中有果梗。小茴香分果呈长椭圆形，背面有纵棱5条，接合面平坦；横切面略呈五边形，背面四边约等长。小茴香长4~8㎜，直径1.5~2.5㎜，有特异香气，味微甜、辛。其他要求参照《小茴香》GB65/T 2010-2002，一般用于食品加工卤香风味。

七、花椒

花椒，圆球形，单果。外表为紫红色或棕红色，内表面为淡黄色，外表散有多数疣状突起的油点，粉末为淡黄色；直径4~5 mm，外表清洁干净；有强烈的芳香味，微甜，辛温麻辣。在食品加工过程中主要用于提供麻香味、椒香味和麻感。其他要求参照《花椒》GB/T 30391。

八、甘草

甘草喜阴暗潮湿，日照长、气温低的干燥气候。甘草多生长在干旱、半干旱的荒漠草原、沙漠边缘和黄土丘陵地带。根呈圆柱形，外皮松紧不一，表面呈红棕色或灰棕色，有明显的纵皱纹、沟纹、皮孔，并有稀疏的细根痕。质坚实，断面略显纤维性，黄白色，形成明显成环，有放射状纹理，有的有裂隙。根茎表面有芽痕，断面中央有髓，气微，味甜而特殊。其他要求参照《甘草》GB/T 19618。

从目前的研究来看，在甘草中发现和已经确认的化学结构有：三萜皂苷、黄酮、香豆素、甾醇、生物碱、挥发油、有机酸、糖类、氨基酸等，其中三萜皂苷类和黄酮类是其主要成分。

一般加工过程中主要使用形式有条状、片状，也有部分产品需要使用粉状。在食品行业广泛应用。

九、桂皮

桂皮属于浓香型天然香料，呈槽状或卷筒状。外表面灰棕色，稍粗糙，有不规则的细纹及横向突起的皮孔，有的可见灰白色的斑纹；内表皮红棕色，略平坦有细纵纹，划之显油痕。质硬而脆，易折断，断面不平坦，外层棕色而较粗糙，内层红棕色而油润，两层间有一条黄棕色的线纹。桂皮一般长 30~40 ㎝，宽或直径 3~10 ㎝，厚 0.2~0.8 ㎝，气浓烈，味甜、辣。一般用于食品加工五香风味。其他要求参照《桂皮》GB/T 30381。

第四节　常用添加剂的性能与应用

一、食品用香精

食品用香精指由食品用香料和（或）食品用热加工香味料与食品用香精辅料组成的用来起香味作用的浓缩调配混合物（只产生咸味、甜味或酸味的配制品除外），它含有或不含有食品用香精辅料。通常不直接用于消费，而是用于食品加工。

根据形态，其可分为液体香精、乳化香精、浆（膏）状香精、拌和型粉末香精和胶囊型粉末香精。

食品用香精的添加使用需符合《食品安全国家标准　食品添加剂使用标准》GB 2760 的规定。

二、甜味剂

甜味剂指赋予产品甜味的添加剂。

甜味剂种类较多，按其来源可分为天然甜味剂和人工合成甜味剂。天然甜味剂有甜菊糖、纽甜、甘草、甘草酸二钠、甘草酸三钠（钾）等；人工合成甜味剂有糖精钠、甜蜜素、安赛蜜、阿斯巴甜等。

近年来，新型功能性甜味剂异军突起，像三氯蔗糖和纽甜因其良好的口感和性能在食品行业得到了广泛的应用。

甜味剂的主要作用包括：

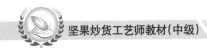

（1）口感：甜度是许多食品的指标之一。为使食品、饮料具有适口的感觉，需要加入一定量的甜味剂。

（2）风味的调节和增强。在糕点中，一般都需要甜味;在饮料中，风味的调整就有"糖酸比"一项。甜味剂可使产品获得好的风味，又可保留新鲜的味道。

（3）风味的形成。甜味和许多食品的风味是相互补充的，许多产品的味道就是由风味物质和甜味剂的结合而产生的，所以许多食品都加入甜味剂。

（4）甜味程度。甜味是甜味剂分子刺激味蕾产生的一个复杂的物理、化学和生理过程。甜味的高低称为甜度，是甜味剂的重要指标。甜度不能用物理、化学的方法定量测定，只能凭借人们的味觉进行感官判断。为比较甜味剂的甜度，一般是选择蔗糖作为标准，其他甜味剂的甜度是与它比较而得出的相对甜度。测定相对甜度有两种方法：一种是将甜味剂配成可被感觉出甜味的最低浓度，称为极限浓度法；另一种是将甜味剂配成与蔗糖浓度相同的溶液，然后以蔗糖溶液为标准比较该甜味剂的甜度，称为相对甜度法。

表1-3-1　坚果炒货食品常用甜味剂相对甜度表

种　类	相对甜度
甜蜜素	蔗糖甜度的30～50倍
糖精钠	蔗糖甜度的300～500倍
安赛蜜	蔗糖甜度的150～200倍
阿斯巴甜	蔗糖甜度的150～200倍
三氯蔗糖	蔗糖甜度的600倍

（5）甜味剂的添加使用需符合《食品安全国家标准　食品添加剂使用标准》GB 2760的规定。

三、抗氧化剂

抗氧化剂是指能防止或延缓油脂或食品成分氧化分解、变质，提高食品稳定性的物质。

目前一般常用的抗氧化剂主要有丁基羟基茴香脑（BHA）、二丁基羟基甲苯（BHT）、特丁基对苯二酚（TBHQ）、维生素C、迷迭香提取物、茶多酚、二氧化硫、焦亚硫酸钾、焦亚硫酸钠、亚硫酸钠、亚硫酸氢钠、低亚硫酸钠等。目前在坚果炒货行业应用最广泛的抗氧化剂主要是特丁基对苯二酚。

抗氧化剂的添加使用需符合《食品安全国家标准　食品添加剂使用标准》GB 2760的规定。

四、防腐剂

防腐剂是指防止食品腐败变质、延长食品储存期的物质。

目前一般常用的防腐剂有：山梨酸钾、苯甲酸及其钠盐、乳酸链球菌素、丙酸及其钠盐/钙盐、二氧化硫、焦亚硫酸钾、焦亚硫酸钠、亚硫酸钠、亚硫酸氢钠、低亚硫酸钠等。目前坚果炒货行业基本不用防腐剂。

防腐剂的添加使用需符合《食品安全国家标准 食品添加剂使用标准》GB 2760的规定。

五、漂白剂

漂白剂是指能够破坏、抑制食品的发色因素，使其褪色或使食品免于褐变的物质。

常用的漂白剂有：硫黄、二氧化硫、焦亚硫酸钾、焦亚硫酸钠、亚硫酸钠、亚硫酸氢钠、低亚硫酸钠等。目前坚果炒货行业基本不用漂白剂。

漂白剂的添加使用需符合《食品安全国家标准 食品添加剂使用标准》GB 2760的规定。

第四章 生产工艺基础知识

第一节 原料预处理基础知识

一、选料

坚果炒货产品的质量很大程度上取决于原料坚果与籽类的品质。一般未发霉的坚果与籽类都可用来制作坚果炒货产品（葵花籽根据用途分为普通葵花籽和油用葵花籽两类，坚果炒货食品一般选用普通葵花籽作为原料），同时以色泽光亮、籽粒饱满、无虫蛀为佳。

二、除杂

坚果与籽类在收获、贮存以及运输的过程中难免混入一些杂质，如草屑、泥土、沙子、石块等。这些杂质影响产品的质量和卫生，必须清理除去。坚果与籽类除杂的方法一般以干选为主，通常要经过筛选、风选、比重去石、磁选、色选及人工拣选等几种精选手段的组合才能达到良好的效果。

1.筛选

筛选主要是利用不同孔径的筛子，将与坚果与籽类不同的杂质除去。

2.比重去石

利用物料密度的不同，在空气介质中分离杂质。生产中常采用吹式比重去石机。

3.色选

色选机是根据物料的光学特性，利用光电检测元件，根据设定物质的色谱范围，将不符合设定颜色的杂物挑拣出来。

4.磁选

用磁铁清除坚果与籽类中的磁性杂质。

三、脱皮

　　根据坚果炒货食品不同原料、不同工艺及不同产品需求采取不同的脱皮方式或工艺。如油炸花生米类产品需要脱去花生米的红衣。脱皮是油炸花生米制作过程中的关键工序之一。对于脱皮工序总的要求就是脱皮率要高，脱皮损失要小。衡量脱皮效果的主要指标是脱皮率、破损率、仁中含皮率。花生米的脱皮效果主要与其含水量有关。花生米的水分含量最好控制在14%~16%，含水量过高或过低脱皮的效果都不理想。花生米的破碎程度也与脱皮的效果有关。花生米脱皮后最好能保证完整的颗粒，不能出现分瓣。

　　花生米的脱皮通常采用热脱皮法。热脱皮法一般有两种方式，分别是干脱和湿脱。干脱法对脱皮效果要求不高，通常将花生米烘烤成熟后，采用脱皮机利用重量的不同，用抽风的原理将红衣去除；油炸花生米一般采用湿脱法，通过热水烫制后，经过设备内部的摩擦辊凹凸的辊道，利用摩擦的原理，去除花生米的红衣。

四、浸泡

　　豆类产品的加工一般需浸泡。经过精选的豆类通过输送系统送入泡料槽（或池）中加水浸泡。浸泡的目的就是使豆粒吸水膨胀，有利于油炸时提高产品的酥脆度，还可以通过浸泡达到灭酶脱腥的目的。

　　1.浸泡程度

　　豆类的浸泡程度不仅影响产品的生产率，还影响产品质量。浸泡适度的豆类，使蛋白质、淀粉类物质充分吸水膨胀；浸泡不足，油炸产品较硬；浸泡过度，油炸后产品较软，没有筋性。

　　2.浸泡温度和时间

　　浸泡温度和时间是决定豆类浸泡程度的两大关键因素，两者相互影响、相互制约。温度越高，浸泡时间越短。但应该注意，泡豆的温度不宜过高，否则大豆自身呼吸加强，消耗本身的营养成分，而且易引起微生物繁殖，导致腐败。

五、裹衣

　　裹衣是将面粉、淀粉和其他特色配料按照一定的比例，通过喷洒糖稀黏合粉料，在坚果表面形成一层致密的外壳。裹衣过程需注意几个问题：

　　（1）裹粉的选择。面粉要用低筋面粉，变性淀粉酥脆性好，裹粉后其裹粉内层黏性好，中层酥脆度好，外层致密有刚性。

　　（2）设备选择。要考虑裹衣机的装料能力以及自动喷粉、喷液能力的匹配；是否好出料，工艺参数是否可以自主设定等因素。

第二节 坚果炒货食品的生产工艺原理

一、烘炒类产品生产工艺原理

烘炒类产品（熟制葵花籽、坚果、裹衣类）的生产工艺流程图如图1-4-1、图1-4-2。

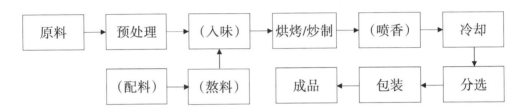

①预处理包括清洗、筛选、开口等；②"（）"表示根据工艺需要

图1-4-1 熟制葵花籽、坚果产品的生产工艺流程图

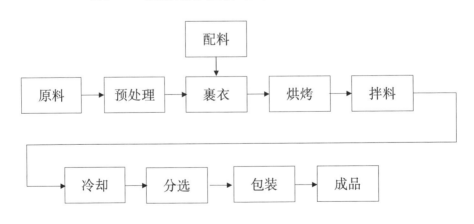

预处理包括筛选、预烘焙等

图1-4-2 裹衣烘烤型产品的生产工艺流程图

1.入味

坚果与籽类产品的入味一般是通过温度差或渗透压差，将卤料水的风味物质带入坚果与籽类原料中。坚果的加工有通过喷洒方式进行入味，也有通过浸泡料水的方式进行入味，同理都是通过渗透压差，将风味物质带入产品中。籽类产品的加工一般是通过卤水卤制工艺，通过温度差、渗透压差将料水中的风味物质，融入产品中。

2.干燥

在自然条件或者人工控制条件下使食品水分蒸发的过程称为食品干燥。干燥的原理是用物理的方法抑制微生物和酶的活性，减少水分来提高原料中可溶性固形物的浓度，使微生物处于反渗透的环境中，处于生理干燥的状态，从而使食品得到保存。

葵花籽的焙烤过程原理主要是非酶褐变，包括美拉德反应和焦糖化反应。美拉德反应（Maillard reaction）是羰基化合物和氨基化合物间的反应。美拉德反应机制相当复杂，不仅与参加反应的糖类的羰基化合物及氨基酸等氨基化合物种类有关，还与温度、氧气、水分、金属离子等因子有关。糖类除一部分与含氨基化合物进行美拉德反应外，部分也会进行焦糖化反应。

二、油炸类产品生产工艺原理

油炸类炒货食品生产工艺流程见图1-4-3、图1-4-4。

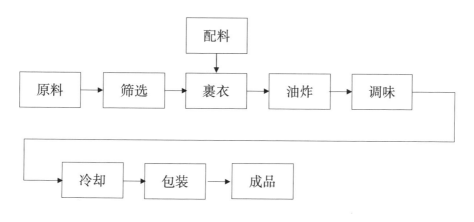

图1-4-3　裹衣类产品工艺流程图

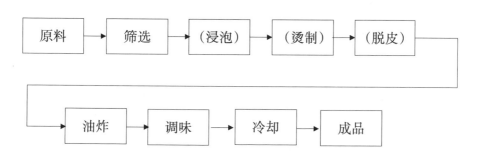

"（）"表示根据产品工艺需求进行选择

图1-4-4　其他类产品生产工艺流程图

（一）油炸

将食品置于热油中，食品表面温度迅速升高，水分汽化，表面出现一层干燥层，然后水分汽化层便向食品内部迁移。当食品的表面形成一层干燥层，其表面温度升至热油的温度，而食品内部的温度慢慢趋向100℃。传热的速率取决于油温与食品内部之间的温度差及食品的导系数。

（二）油炸原理

1.油炸过程内部蜂窝结构形成机理

原料（青豆、蚕豆、花生米）进入约155℃的热油中进行油炸时，原料表面受热迅速脱水，凝胶网络组织迅速收缩成皮膜。这时由于热传导作用，原料内部也开始受热，内部水分由于受热开始升温，当温度达到100℃时，水分开始汽化。这时包裹着的蛋白质网状结构间的水分不断汽化而产生的膨胀力，一方面使原料内部的蛋白质网状结构的空隙增大，开始形成蜂窝状结构；另一方面使整个原料的体积慢慢撑大。当油温继续升高至170℃左右，原料内部的水分进一步汽化，水分汽化而产生的膨胀力进一步使原料内部形成均匀的蜂窝结构，同时原料的体积也会进一步增大。随着油温的升高和时间的推移，原料内部全部由水汽充实，膨胀力的作用达到极限，油炸结束。

2.油炸表面颜色形成机理

油炸过程中使油炸产品表面褐变增色呈金黄色泽，主要有两条途径：一是原料油炸的过程中产生了美拉德反应；二是原料表面受高温而发生的焦糖化反应。

◎美拉德反应

美拉德反应是指食品中的氨基与羰基经缩合、聚合生产黑色物质的反应，又称羰氨反应。这一反应的最初发现者是法国化学家美拉德，并因1912年第一次获得报道而得名。几乎所有的食物中都含有羰基化合物和氨基化合物，所以美拉德反应在食品加热过程中很普遍，该反应能使食品生色增香。

不同种类的蛋白质、氨基酸褐变反应的程度也不同。赖氨酸的褐变反应最强烈，脯氨酸和谷氨酸的褐变反应最弱。

◎焦糖化反应

焦糖化反应是指糖类受高温（150~200℃）影响发生降解作用，降解后的物质经聚合、缩合生产黏筒状的黑色物质的过程。美拉德反应是引起褐变的主体，焦糖化反应是使油炸食品着色的一个原因。

3.油炸过程中油脂变质机理

在油炸过程中，由于油温控制不好，常常超过200℃，油脂长时间在高温下，会发生如下有害的化学变化：

◎受热氧化

油脂在高温下会发生分解，分解为脂肪酸和甘油，温度越高，分解越快，时间越长，分解越多。脂肪酸再进一步氧化生成低分子的醛、酮、羧酸及二氧化碳等产物，这种过程与油脂酸败相同。另外，甘油在高温下会脱水生成丙烯醛，丙烯醛具有强烈的刺激和催泪作用，食用后还会刺激消化道黏膜，有害身体健康。

◎热聚合

在高温和氧化的作用下，含有不饱和脂肪酸的油脂会发生聚合作用，形成带支链的六碳环二聚体、三聚体等产物。

热聚合是在共轭双键与非共轭中发生狄尔斯-阿德耳反应所致。它是共轭双烯加成到含有双键或三键的亲双烯的反应。亲双烯可以被第二双键或电子接收体共轭所活化。

油脂聚合后，折光度、密度和黏度都会增大，营养价值降低。

◎水解

原料豆类在油炸过程中，由于原料含水，在受热时产生大量高温蒸汽，从而促进了油的水解。温度越高，水解速度越快。但在油炸过程中，有的水解变质常被热氧化所掩盖。

第五章

生产设备基础知识

第一节　坚果炒货食品加工基础设备性能

一、坚果与籽类食品生产设备分类

1.坚果与籽类食品生产设备分类

如图1-5-1。

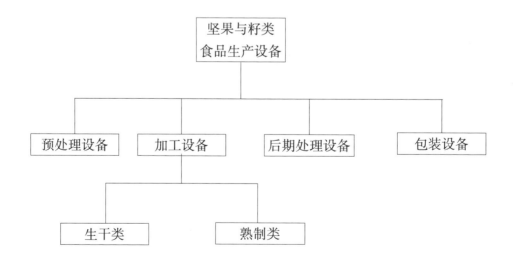

图1-5-1　坚果与籽类食品生产设备分类

2. 坚果与籽类食品生产预处理设备

如图 1-5-2。

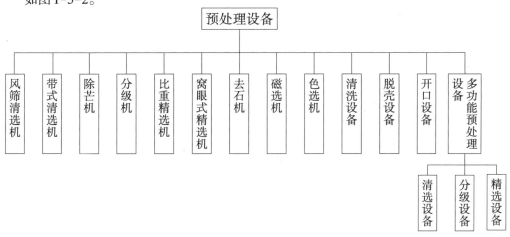

图 1-5-2　坚果与籽类食品生产预处理设备分类

3. 坚果与籽类食品生产加工设备

如图 1-5-3。

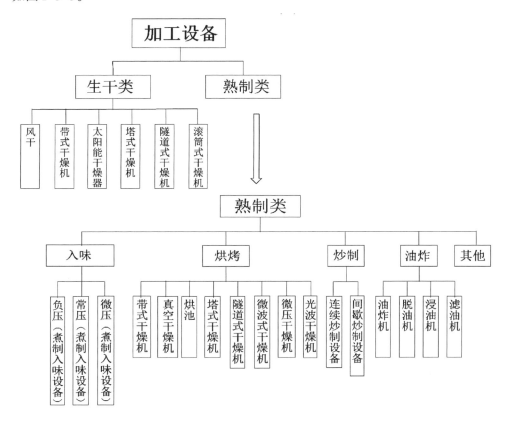

图 1-5-3　坚果与籽类食品生产加工设备分类

4.坚果与籽类食品生产后期处理设备

如图1-5-4。

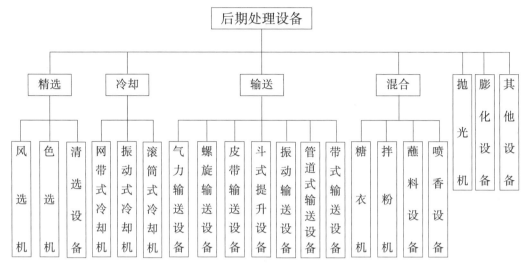

图1-5－4　坚果与籽类食品生产后期处理设备分类

5.坚果与籽类食品生产包装设备

如图1-5-5。

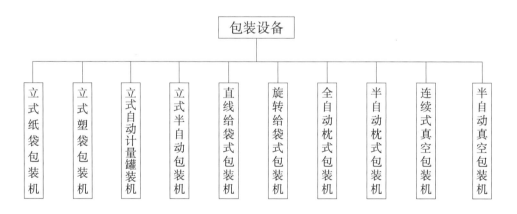

图1-5－5　坚果与籽类食品生产包装设备分类

二、入味设备

(一)概述

入味设备是指在坚果与籽类的熟制生产加工过程中,通过煮制、浸入等方式将各种改变原料味道的辅料、添加剂等物料的溶液蘸粘至原料表面或渗透进其内部的设备。

（二）入味设备的分类

目前用于坚果炒货行业入味的设备可根据工艺及加工条件进行不同的分类：

（1）按工艺流程分为：间歇式入味设备与连续式入味设备。

（2）按料水温度及热方式分为：常温入味设备、煮制入味设备。

（3）按设备容器压力分为：负压（煮制）入味设备、常压（煮制）入味设备、微压煮制入味设备。

（三）间歇式入味（煮制）设备

1.常压煮锅

适用于长时间煮制入味的坚果与籽类。其结构如图1-5-6。

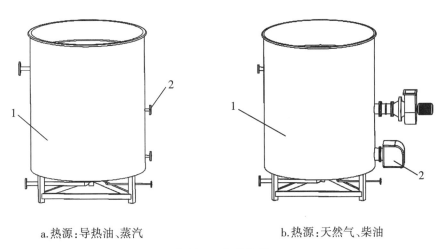

a.热源：导热油、蒸汽　　　　　　　　b.热源：天然气、柴油

1.锅体　2.加热装置

图1-5-6　常压煮锅

◎常压煮锅的结构与工作原理

常压煮锅的锅体一般为圆柱形，加热装置置于锅体外部或内部，锅体外部有保温层防止热量损失。

物料装入孔板制作的容器内，放入锅体的料水中，通过加热装置对料水进行加热，根据不同的工艺，设定不同的煮制时间来完成物料的入味煮制。加热装置的热源可以为天然气、蒸汽、导热油、柴油、电、煤等。

◎常压煮锅设备的特点

（1）适用煮制入味时间区间较广的物料。

（2）煮制时间可以根据物料入味状况随时调整。

（3）入味速度较慢。

2.负压锅

适用于入味料水波美度较高的坚果与籽类。其结构如图1-5-7。

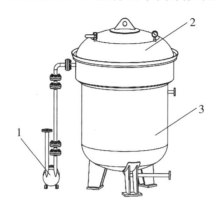

1.负压系统　2.锅盖　3.锅主体

图1-5-7　负压锅

◎负压锅的结构与工作原理

负压锅由锅主体、锅盖、负压系统组成。物料装入孔板制作的容器内，放入锅体的料水中，由锅盖密封，通过真空泵将锅内空气抽走，使压力低于常压。当负压至所需压力时，料水被吸入物料中，达到入味的目的，并有效缩短入味时间。

◎负压锅的特点

（1）入味速度较快。

（2）有效节能降耗。

（3）负压时间对坚果料水吸入量有较大影响。

3.微压煮锅

适用于长时间煮制入味的坚果与籽类。其结构如图1-5-8。

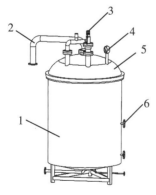
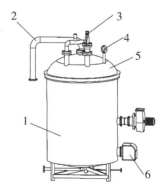

a.热源:导热油、蒸汽　　　　　　　　b.热源:天然气、柴油

1.锅体　2.锅盖起降(旋转)锁紧装置　3.安全阀　4.压力表　5.锅盖　6.加热装置

图1-5-8　微压煮锅

◎微压煮锅结构与工作原理

微压煮锅由锅体、锅盖、安全阀、压力表、锅盖起降（旋转）锁紧装置、加热装置组成。

物料装入孔板制作的容器内，放入锅体的料水中，由锅盖密封锁紧，通过加热装置对料水进行加热。料水蒸发，锅内气压升高，锅内部形成高压，使料水在高于100℃时沸腾，使坚果快速熟制入味。安装在锅盖上的安全阀确保煮锅的安全性。加热装置的热源可以为天然气、蒸汽、导热油、柴油、电、煤等。

◎微压煮锅的特点

（1）坚果熟制入味速度快。

（2）有效节能降耗。

（四）连续式入味（煮制）设备

1.浸入式板链入味（煮制）设备

适用于需要常温或煮制入味时间较短的坚果与籽类，入味时间在1~40分钟。

其结构如图1-5-9。

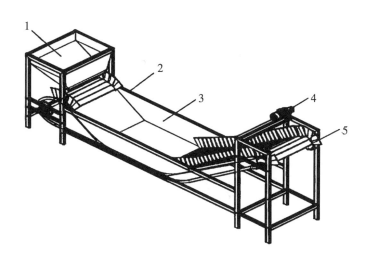

1.进料部分　2.主体框架　3.料水槽　4.传动装置　5.输送链板

图1-5-9　连续煮制设备

◎连续式入味（煮制）设备的结构与工作原理

浸入式板链入味（煮制）设备由主体、输送链板、料水槽、传动装置（需要煮制时加有加热系统）等组成。传动装置带动输送链板，物料随输送链板由传动装置带动，进入并经过装有料水的料水槽，完成蘸料入味的过程。

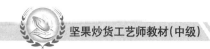

◎连续煮制设备的特点

（1）浸入式链板结构，入味更均匀。

（2）入味时间在范围内可任意调节，控制准确。

（3）对果仁表皮没有损害。

（4）处理量大。

2.滚筒式入味设备

适用于需要常温入味时间较短的坚果与籽类，入味时间在1～10分钟。

其结构如图1-5-10。

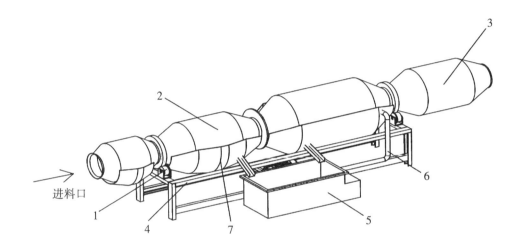

进料口

1.传动装置　2.入味滚筒　3.出料滚筒　4.主体框架　5.循环料水槽　6.料水循环管道　7.料水槽

图1-5-10　滚筒式入味设备

◎滚筒式入味设备的结构与工作原理

该设备有传动装置、入味滚筒、出料滚筒、主体框架、循环料水槽、料水循环管道、料水槽组成。入味滚筒与出料滚筒连在一起，由传动装置带动进行转动，滚筒内焊有带料板推动物料向前翻滚运动，滚筒下方浸入在料水槽内，使滚筒内的物料在向前推进的过程中浸入料水进行入味，料水槽内的料水通过料水循环管道在循环料水槽内循环使用。

◎滚筒式入味设备的特点

（1）入味时间调节有一定误差。

（2）沥水效果好。

（3）处理量大。

三、裹粉设备——裹衣机

（一）概述

裹衣机是指通过一定的操作，将坚果外表面包裹上粉状物料的设备。外包物可以是均匀或非均匀的，厚度可人为控制。

（二）裹衣机的分类

（1）按设备自动化程度分为：手动裹衣机和自动裹衣机。

（2）按工作料桶结构方式分为：倾斜圆柱桶式、圆球桶式、立式圆柱桶式、卧式圆柱桶式等。

（三）常见的裹衣机结构及工作原理

1.倾斜圆柱桶式裹衣机

其结构如图1-5-11。

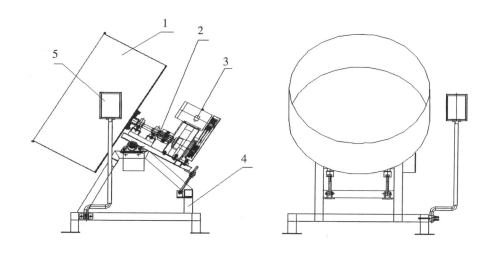

1.工作料桶　2.传动部分　3.驱动部分　4.架体　5.操作控制部分
图1-5-11　倾斜圆柱桶式裹衣机

◎倾斜圆柱桶式裹衣机的结构及工作原理

倾斜圆柱桶式裹衣机简称裹衣机，主要由工作料桶、传动部分、驱动部分、架体及操作控制部分组成。

驱动机构带动传动机构，使工作料桶转动，工作料桶内的坚果颗粒被带动沿柱形桶上升到一定高度，由于重力的作用下落，此时撒入调和好的糖水溶液，则糖水被均匀地分布在坚果颗粒表面，再撒入调和好的料粉，则坚果颗粒表面会被料粉包裹。经多次操作后，坚果外表面就会被料粉包裹一定的厚度，达到工艺要求。

◎倾斜圆柱桶式裹衣机的特点

（1）转速可调，可达到物料与料粉比1：4以上。

（2）结构简单，占地小，适用于各种规模的工厂生产。

2.圆球桶形裹衣机

其结构如图1-5-12。

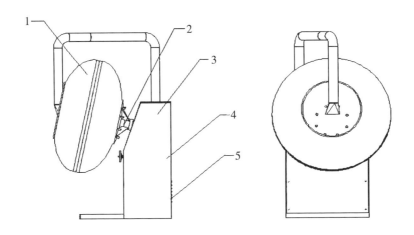

1.工作料桶　2.传动部分　3.驱动部分　4.架体　5.控制部分和操作部分

图1-5-12　圆球桶形裹衣机

◎圆球桶形裹衣机的结构及工作原理

圆球桶形裹衣机又称糖衣机，主要由工作料桶、传动部分、驱动部分、架体、控制部分和操作部分组成。

驱动机构带动传动机构，使工作料桶转动，工作料桶内的坚果颗粒被带动沿球形桶上升到一定高度，由于重力的作用下落，此时撒入调和好的糖水溶液，则糖水被均匀地分布在布满坚果颗粒表面，再撒入调和好的料粉，则坚果颗粒表面会被料粉包裹。经多次操作后，坚果外表面就会被料粉包裹一定的厚度，达到工艺要求。另外，烘烤或没烤的成品放在工作料桶内，经过长时间的运转，物料自相摩擦，达到外表抛光的效果；上边的热风开启时，撒入糖粉，可将物料外表面均匀地裹上一层糖衣。

◎圆球桶形裹衣机的特点

（1）可满足裹粉、拌料、抛光、裹糖衣等多种功能。

（2）结构简单，占地小，适用于各种规模的工厂生产，也可适用于试验室制作样品或小批量生产。

3. 自动裹衣机

其结构如图1-5-13。

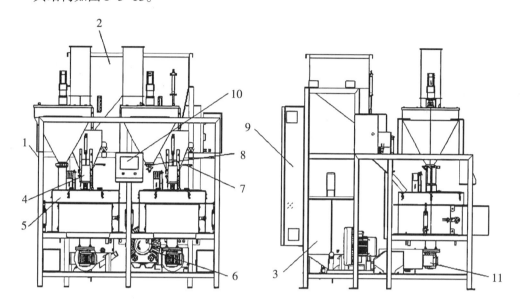

1. 架体　2. 料桶　3. 糖水桶　4. 称重斗　5. 裹粉桶　6. 气密封机构　7. 喷糖机构
8. 撒粉机构　9. 控制系统　10. 操作面板　11. 驱动机构

图1-5-13　自动裹衣机

◎ 自动裹衣机的特点

（1）自动裹衣机根据手动裹衣机的操作原理，改倾斜式料桶为立式，内部增加翻料挡板，实现模拟手动裹衣的功能。

（2）自动裹衣机采用定量秤称重的方式，保证每次进入裹衣桶内的物料重量一致。

（3）自动裹衣机采用定量泵的方式，以时间控制每次喷入糖液的数量。

（4）自动裹衣机采用螺旋送料的方式，以圈数定量每次送入粉料的数量。

（5）自动裹衣机采用程序控制的方式，改变每次给送糖液和粉料数量，间以适当的延时功能，来满足不同的裹粉工艺要求：可全包或半包，亦可浅粉。

（6）对操作工人的技能要求低，适当培训就可生产。

（7）产量较大，单桶产量160~300 kg/h，双桶产量400~600 kg/h。

（8）可组成生产线，连续生产，减少人工需要。

4. 连续式浅粉涂裹机

其结构如图1-5-14。

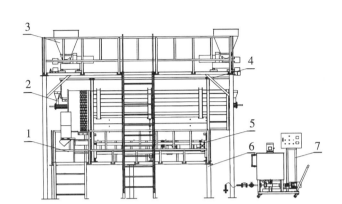 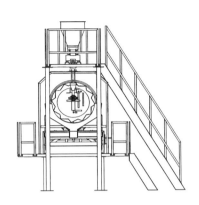

1.机体　2.转桶　3.撒粉机　4.吊架总成　5.驱动传动机构　6.平台　7.喷糖机(外置)

图1-5-14　连续式浅粉涂裹机

◎连续式浅粉涂裹机的工作原理

物料进入连续式浅粉涂裹机后，经过转桶带动翻转，此时喷糖机将糖浆喷入物料上，经物料转动（回转和直线运动）均匀沾满糖浆，然后给粉机撒入调配好的料粉，经物料的运动（回转和直线运动），外表面均沾料粉。此种运动方式可防止物料外表面所沾料粉相互碰擦掉落的现象。

◎连续式浅粉涂裹机的特点

（1）连续式浅粉涂裹机采用定量泵的方式连续稳定的流量喷入糖浆，保证物料与糖浆的工艺配比。

（2）连续入味机采用失重称加螺旋送料的方式，保证物料与粉料的工艺配比。

（3）连续式浅粉涂裹机采用可调转速的结构，调整物料的转动速度。

（4）连续式浅粉涂裹机采用可调倾角的方式，调整裹粉时间和出料时间。

（5）可以实现连续入料生产。

四、坚果的干燥基础知识

1.干燥的定义

通常，人们把采用热物理方法去湿的过程称为"干燥"。其特征是采用加热、降温、减压或其他能量传递的方式，使物料中的水分挥发、冷凝、升华等相变过程与物体分离，以达到去湿目的过程。

2.水分的分类

干燥过程中把水分分为结合水和非结合水。如图1-5-15。

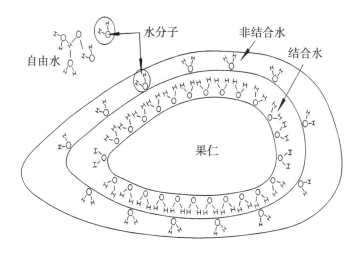

图1-5-15 水分示意图

（1）结合水：水分以松散的化学结合形式或以液态存在于固体中，或积集在固体的毛细微结构中，称之为结合水。因毛细孔的吸附力作用，结合水较难蒸发。

（2）非结合水：游离在表面及大毛细孔中的水分称为非结合水。非结合水较易蒸发。

3.干燥曲线（过程）

物料的平均湿度（x）和干燥时间（t）的关系曲线，称为干燥曲线。如图1-5-16。

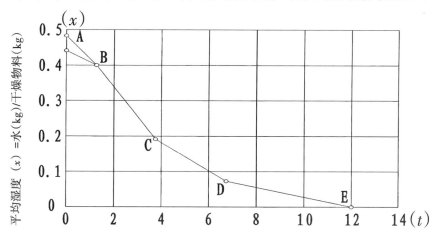

图1-5-16 干燥曲线图

（1）AB段为预热阶段，所需时间较短可以忽略。BC段表示物料的平均湿度随时间而呈直线下降。在这段时间内，物料的表面非常湿润，物料表面水分为非结合水分，在恒定的干燥条件下，物料干燥速率保持不变，称为恒速干燥阶段。并且在这一阶段，物料内部水分扩散速率大于或等于表面水分汽化速率。

（2）曲线CE表示干燥速率随着物料湿度的下降而下降，水分自物料内部向表面扩散的速率低于物料表面上水分汽化的速率。随着物料内部含水量的减少，水分由物料内部向表面传递的速率慢慢下降，因而干燥速率也就越来越低，这个阶段称为降速干燥阶段。

（3）在降速干燥阶段，干燥速率主要决定于物料本身的结构、形状和大小等，而与空气的性质关系不大，所以降速干燥阶段又称为物料内部扩散控制阶段。

（4）CD段称为第一降速干燥阶段，DE段称为第二降速干燥阶段。达到E点后，物料的含水量已降到平衡含水量X，这种条件下即使再干燥，也不可能再降低物料的含水量。

（5）C点为恒速干燥阶段转入降速干燥阶段的转折点，称为临界点。该点的干燥速率（UC）等于恒速干燥阶段的干燥速率，对应的湿含量（Xc）称为临界湿含量（或临界含水量）。

4.影响干燥速率的因素

（1）物料的性质，包括物料的物理结构、化学组成、形状和大小，物料层的厚薄以及与水分的结合方式。

（2）干燥介质的温度、湿度及流速。

（3）干燥的速度及方法。当干燥速度过快时，物料表面水分蒸发速度大大超过内部水分扩散到物料表面的速度，致使表面粉粒黏结，甚至熔化结壳，阻碍了内部水分的扩散和蒸发，形成假干燥现象。

（4）压力减压是促进和加快干燥的有效措施；真空干燥能降低干燥温度，加快蒸发速度，提高干燥效率。

（5）干燥设备的结构对上述因素有不同程度的影响。

五、坚果炒货干燥设备

（一）概述

干燥设备又称干燥器、干燥机和烘干机，是用于进行干燥操作的设备，通过加热使物料中的水分（或其他可挥发性液体成分）汽化逸出，以获得规定含湿量的固体物料。

在生产中，坚果与籽类在熟制过程中由于生产工艺、被干燥物料的形状和性质不同，生产规模或生产能力也相差较大，对干燥产品的要求也不尽相同，因此，所采用干燥机的类型也是多种多样的。其中对流式干燥机和传导式干燥机常用于坚果炒货食品的熟制加工工艺。

（二）对流式干燥机

对流式干燥机是利用热的干燥介质与湿物料直接接触，以对流方式传递热量，并将生成的蒸汽带走，达到干燥的目的。目前用于坚果炒货行业的对流式干燥机的类型分为连续生产的带式干燥机和间歇式干燥机。

1.连续生产的带式干燥机

其结构如图1-5-17。

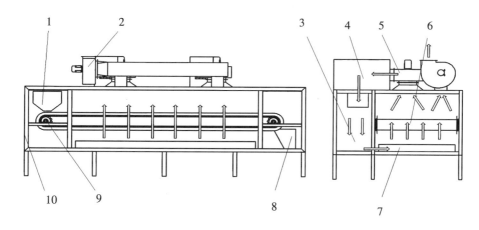

1.进料斗　2.排潮风机　3.循环风道　4.加热装置　5.循环风机
6.输送带　7.布风系统　8.出料斗　9.传动装置　10.箱体

图1-5-17　带式干燥机

按其结构分为单层干燥机和多层干燥机，如图1-5-18是单层干燥机示意图、图1-5-19是三层干燥机示意图。

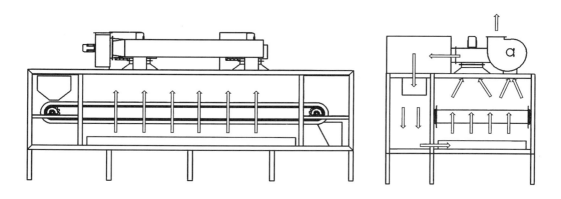

图1-5-18　单层干燥机

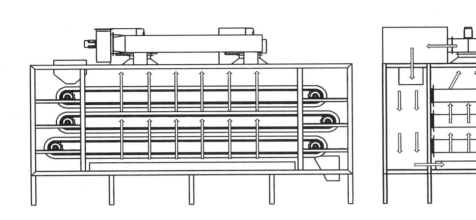

图1-5-19　三层干燥机

◎带式干燥机的结构及原理

箱体内的干燥室截面为矩形，箱体外部有活动保温门、容易拆卸的固定门及端板，防止热量损失的同时还可方便维修。箱体内部安装有网状输送带或孔板输送带。输送带可以是单层的，也可以是多层的，每条输送带宽度0.8～3 m、输送带长度4～70 m，干燥时间5～480分钟。通常在物料的运动方向上分成许多区段，每个区段都装设风机、布风系统、排潮风机和加热装置，加热装置的热源可以为蒸汽、导热油、天然气、电、煤等。

湿物料经进料斗均匀布料进入干燥机箱体内，物料随输送带缓慢移动。空气由循环风机吹或吸入加热器内，空气被加热后经风道至箱体底部，然后经布风系统向上或向下穿过输送带上的物料，热风与物料进行热交换，将物料中的水分以水蒸气的形式带走。箱体顶部排潮风机会强制将一部分湿热空气排出箱体，另一部分湿热空气会在循环风机的作用下经过加热器加热后再次循环。物料在进入干燥机箱体内开始与热风进行热交换，经输送带通过出料斗将物料送出干燥机外时，达到该物料所需最终含水率。

多层带式干燥机占地面积小，物料在箱体内多次翻转做往复运动，这时同一干燥区间内会有多层含水率不同的物料，每层间温度自然分区。所以，多层带式干燥机每层物料间不能单独控制温度。

单层带式干燥机占地面积大，物料在一个箱体内很难翻转，在不同干燥区段内，气流的方向、温度及湿度都可以不同。

◎带式干燥机的特点

（1）具有连续性干燥性能，工作效率高。

（2）可根据被干燥物料特性，分区控制。

（3）干燥速度快、蒸发强度高、干燥均匀、产品质量好。

（4）湿气集中排放、操作环境良好。

（5）适合干燥时间在20小时以内的物料。例如：蒸煮及入味后的瓜子、花生、碧根果、核桃、巴达木、夏威夷果、开心果等坚果与籽类。

2.间歇式干燥机

其结构如图1-5-20。

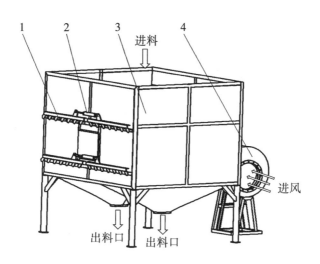

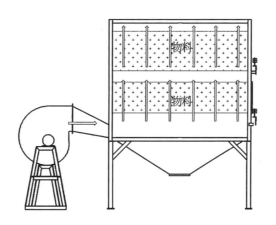

1.翻板　2.气动装置　3.箱体　4.引风机

图1-5-20　间歇式干燥机

◎间歇式干燥机的结构及原理

间歇式干燥机又称烘干塔、烘池，有圆柱形筛孔结构和方形筛孔结构。坚果炒货行业多用方形筛孔结构并称之为烘池。该干燥机的箱体为矩形，物料放置于孔板之上，间歇式干燥机内一般设置单层或多层放置物料的孔板，孔板为翻板式结构，翻板通过手动或气动装置控制做开合运动，将翻板上放置的物料放入下层。

其原理与带式干燥机类似。设备工作时，引风机将加热装置中的热风引入干燥机底部，物料放置于翻板之上，热风由下向上穿过物料，热风与物料进行热交换，将物料中的水分以水蒸气的形式带走。单层间歇式干燥机将物料烘干达到所需最终含水率后即可打开翻板出料。多层间歇式烘干机可根据烘干时间及物料含水率合理分配物料在每一层的时间，物料在落至下一次层时进行翻转，使物料烘干更加均匀。

◎间歇式干燥机的特点

（1）适用干燥时间区间较广的物料。

（2）烘干时间可以根据物料干燥状况随时调整。

（3）干燥速度慢、蒸发强度低、干燥均匀差。

（4）不适合透气性差的物料。

（三）传导式干燥机

传导式干燥机又称间接式干燥器，它利用热传导、辐射、对流的方式由热源通过金属壁向物料传递热量，物料吸收热量、水分蒸发，以此达到干燥目的。坚果炒货行业广泛应用的传导干燥机是滚筒式干燥机，业内称为炒制设备。滚筒式干燥机可分为连续式滚筒干燥机和断续式滚筒干燥机（以下称之连续式炒制设备和断续式炒制设备）。

1.连续式炒制设备（连续式滚筒干燥机）

主要用于工业化生产的坚果与籽类食品（包括传统称谓的炒货食品）生产企业。以大量连续炒制为特征，适用于炒制时间在1～30分钟、含水率（基于湿基）在25%以内的坚果与籽类食品。其结构如图1-5-21。

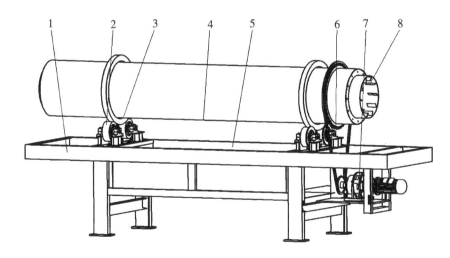

1.机架　2.滚轮　3.滚圈　4.筒体　5.燃烧室或加热装置　6.传动系统　7.减速机　8.带料板

图1-5-21　连续式炒制设备（去掉护罩）

◎连续式炒制设备的结构与工作原理

筒体上安装有滚圈，滚圈与固定在机架上的滚轮的传动工作面接触并做相对运动，滚轮上有台阶防止筒体受热膨胀后轴向蹿动。传动系统由减速机通过链条或齿轮传动，带动固定在筒体上的链轮或滚轮上的链轮，使筒体转动；筒体内壁上有若干块带料板，其作用是将物料抄起后再洒下，以增大干燥表面积，提高干燥速率，同时还促使物料向前运动。带料板的形式多种多样。同一回转筒内可采用不同的带料板，如前半部分可采用结构较简单的带料板，而后半部分采用结构较复杂的带料板。其热源可以为燃气、柴油等直接在燃烧室内燃烧来加热筒体，也可以通过管道直接附着在筒体外壁用导热油或蒸汽来加热筒体，还可以通过电磁或热风对筒体进行加热。

设备工作时，物料由进料端进入，然后随介质一起（也可不混合介质）在带料板和转动滚筒作用下向另一端移动，出料时到达设定含水率。

干燥时间由筒体长度、筒体旋转速度、带料板的形状和角度等多方面因素决定。

◎连续式炒制设备的特点

（1）连续式生产有效降低工人劳动强度，提高产量。

（2）设备稳定性及可操控性强。

（3）有效杜绝人为因素对炒制质量的影响。

（4）适用炒制时间在30分钟以内的坚果。

2.断续式炒制设备

主要用于工业化生产的坚果与籽类食品（包括传统称谓的炒货食品）生产企业，以大量断续炒制为特征。适用于炒制时间在10分钟以上、含水率（基于湿基）在20%以上的坚果与籽类食品。其结构如图1-5-22。

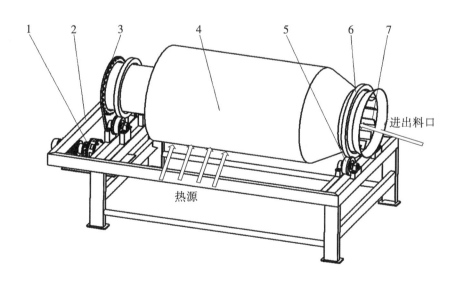

1.减速机 2.机架 3.传动部件 4.筒体 5.滚轮 6.滚圈 7.带料板

图1-5-22 断续式炒制设备（去掉护罩）

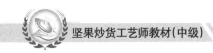

◎断续式炒制设备的结构与工作原理

传动及加热方式与连续式炒制设备相近，筒体上安装有滚圈，滚圈与固定在机架上的滚轮的传动工作面接触并做相对运动，滚轮上有台阶防止筒体受热膨胀后轴向蹿动。传动系统由减速机通过链条或齿轮传动，带动固定在筒体上的链轮或滚轮上的链轮，使筒体转动；筒体内壁上有若干块带料板，其作用是将物料抄起后再洒下，以增大干燥表面积，提高干燥速率。带料板的形式多种多样，同一回转筒内可采用不同的带料板。其热源可以为燃气、柴油等直接在燃烧室内燃烧来加热筒体，也可以通过管道直接附着在筒体外壁用导热油或蒸汽来加热筒体，还可以通过电磁或热风对筒体进行加热。

设备工作时，筒体正转，物料进入筒体内，在带料板作用下来回翻转使物料逐渐脱水干燥，达到含水率要求后物料从筒体一端或两端反转出料。

◎断续式炒制设备的特点

（1）该设备适合需要长时间干燥的坚果与籽类（如原味瓜子、花生果，浸料花生仁、瓜子），煮制入味的瓜子（如脱皮瓜子、西瓜子），入味杏核及盐渍巴达木仁等。

（2）可满足坚果与籽类不同的炒制时间、温度及旋转速度。

（3）人为因素对炒制质量有影响。

六、冷却设备

（一）概述

冷却设备又称冷却机。通过对流式热交换的方式将物料进行冷却，达到所需温度。

坚果与籽类食品在熟制程序完成后，由于当时物料具有较高的温度，不利于进行包装和储存。所以通常会通过冷却设备将物料冷却至所需温度，以便进行下一道工序。目前坚果炒货行业常用的冷却设备一般分为两种：冷却振槽和带式冷却机。

（二）冷却振槽

其结构如图1-5-23。

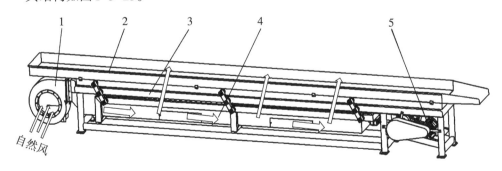

1.风机　2.输送振槽　3.机架　4.风室　5.振动装置

图1-5-23　冷却振槽

1.冷却振槽的结构及工作原理

冷却振槽由引风机及振动输送机组成。

2.振动输送机基础知识

◎分类

按其结构可分为弹性连杆式振动输送机、惯性式振动输送机、电磁式振动输送机。

◎工作原理

振动输送机是借助输送料槽的往复振动来输送物料的，物料在槽体中输送的基本方式有两种：滑行运动和抛掷运动。只需适当地选择振动输送机的运动学参数(振幅、频率、振动方向角和安装倾角)，就可使槽体中的物料按滑行或抛掷方式进行输送。振动输送机属无挠性牵引构件类连续输送设备，主要用于水平或微升角（小于10°）输送粒状或块状松散物料，亦可输送粉状物料，但不宜输送含水分较大的黏性物料。

冷却振槽工作时，振动装置带动输送振槽使振槽产生前后的往复振动，物料可以在上面由前至后的运动。运动的同时风机鼓自然风进入风室内部，风室上方为振槽，振槽由孔板制成，自然风会由孔板上的孔由下至上穿过槽体上方的物料通过热交换带走物料的热量，达到冷却的目的。

◎冷却振槽的特点

（1）结构简单，重量较轻，造价不高。

（2）可以多点给料和多点卸料。

（3）输送效率低，一般只作水平或者微角输送。

（4）对输送黏湿性物料和粒径非常小的粉状物料效果不佳。

（5）处理量低、输送距离不长。

（6）如果设计、制造或者安装调试不当时，就会产生噪声和动载荷，引起弹簧、弹板或拐臂损坏，不能正常工作。

（三）带式冷却机

其结构如图1-5-24。

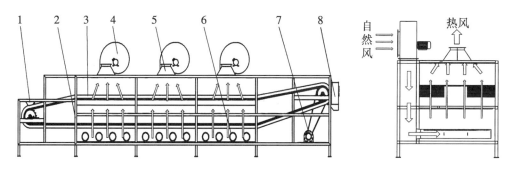

1.进料斗 2.箱体 3.输送带 4.风机 5.排风口 6.布风装置 7.传动装置 8.出料斗

图1-5-24 带式冷却机

◎带式冷却机的结构及工作原理

箱体内的冷却室截面为长方形，箱体内部安装有网状输送带或孔板输送带。通常在物料的运动方向上分成许多区段，每个区段都可装设冷却风机、布风系统。

设备工作时，物料经进料斗布料进入输送带，在动力装置作用下进入箱体冷却段，风机鼓自然风吹入箱体内布风装置，风经布风装置向上穿过物料，风与高温物料进行充分热交换，热量经排风口被强制排出至箱体外部，达到冷却的目的。

◎带式冷却机的特点

（1）处理量大，适合与较大产量的生产线配套。

（2）冷却效果好。

（3）适用范围广。

（4）占地面积大、设备造价高。

七、油炸设备

（一）油炸机

1.概述

油炸机是指通过一定的加热方式，使设备内炸油达到并保持适宜的温度，将物料投入炸油，经过一定的油炸时间，将熟料输送到下一工序的设备。

2.油炸机分类

（1）按设备运行方式分为：单机油炸机和连续油炸机。

（2）按加热方式分为：电加热油炸机、燃气加热油炸机、蒸汽加热油炸机、导热油油炸机、煤加热油炸机等。

（3）按连续油炸机机构分为：连续网带油炸机、连续滚筒油炸机、连续油幕油炸机。

（4）按原理可分为:单机油炸机、网带连续油炸机、滚筒连续油炸机、油幕式油炸机、真空油炸机。

3.单机油炸机

其结构如图1-5-25。

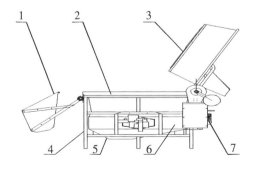

1.进料装置　2.锅体　3.炸笼　4.架体　5.放油接渣部分　6.加热系统　7.传动部分

图1-5-25　单机油炸机

◎单机油炸机的工作原理

单机油炸机又称间歇式油炸机。采用该设备油炸产品时，首先用不同的加热方式将炸油加热到指定的温度，然后将物料由上料装置投入到油炸设备，物料吸热使炸油温度下降，加热系统所产生的热量经传导使油温回升至所需温度，需油炸的物料经高温把一定的水分去掉，物料炸制完成，由出料装置将物料送出，再加入新的待油炸物料。该设备可根据不同油炸食品所需要的温度，通过调整温度控制仪来设定温度范围，以达到最佳油炸效果。

由于物料的投入是间歇的，所以又称为间歇式油炸机。单机油炸可配套在线滤油机或自带滤油机构，实现油炸过程中对油渣过滤的功能。

◎单机油炸机的特点

（1）加热方式多样，电、蒸汽、导热油、煤、天然气、液化气等各种能源都能满足单机油炸机的使用要求。

（2）结构简单，占地小，适用于各种规模的工厂生产。

4.网带连续油炸机

其结构如图1-5-26。

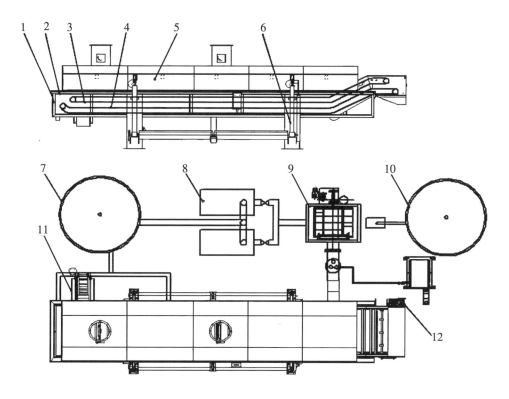

1.架体 2.油槽 3.上层网带 4.下层网带 5.集气罩 6.提升装置
7.加热装置 8.主循环泵 9.连续滤油机 10.储油罐 11.出渣机构 12.传动机构

图1-5-26 网带连续油炸机

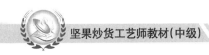

◎网带连续油炸机的工作原理

网带连续油炸机以导热油换热或燃气直接加热，通过油泵和滤油系统的循环回路，经过导热油换热器或直燃式加热器，进行热量交换。可以控制不同进油口油量，对炸油温区进行控制，对各种油炸工艺都能比较好地调节。物料在网带上移动过程与油槽内的热油充分接触，通过上下层网带和刮板带料前进。

◎网带连续油炸机的特点

(1)网带连续油炸机根据油炸物料的需求可采用色拉油、花生油、菜籽油和棕榈油等，用于炸花生、青豆、蚕豆等坚果与籽类。

(2)网带连续油炸机采用体外过滤循环油路的装置，使油在循环的流动中被加热器加热，从而使油的温度均匀稳定上升。此外，循环流动的油在经过连续滤油机过滤网时，清除油中的大小颗粒残渣，保证了油的清洁，从而使油炸的物料随时保持清洁。

(3)网带连续油炸机的结构紧凑合理，功能先进。采用双网带变频调速调节，既保证物料不同的油炸时间，又保证了物料在油层下2～3 cm处平稳加热输送；采用螺杆升降机构，可以将集气罩安全方便地升降，便于对油炸机内部和传送网带进行清理。

5.滚筒连续油炸机

其结构如图1-5-27。

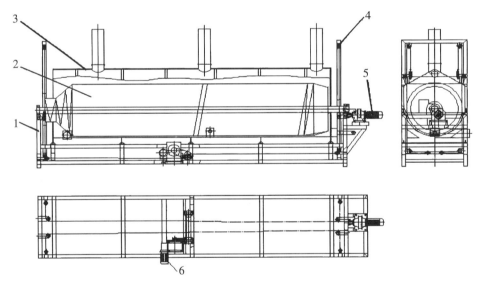

1.机体　2.转笼　3.集气罩　4.吊架总成　5.主传动减速电机　6.卷扬机减速电机

图1-5-27　滚筒连续油炸机

◎滚筒连续油炸机的工作原理

滚筒连续油炸机以导热油换热或燃气直接加热，通过油泵和滤油系统的循环回路，经过导热油换热器或直燃式加热器，进行热量交换。可以控制不同进油口油量，对炸油温区进行控制，对各种油炸工艺都能比较好地调节。物料在滚筒内移动过程与油槽内的热油充分接触，通过螺旋片旋转带动物料前进。

◎滚筒连续油炸机的特点

（1）滚筒连续油炸机根据油炸物料的需求可采用色拉油、花生油、菜籽油和棕榈油等，主要用于炸青豆、蚕豆等，滚筒油炸机产量是所有油炸机中最高的，适合大型工厂配套使用。

（2）滚筒连续油炸机采用体外过滤循环油路的装置，使油在循环的流动中被加热器加热，从而使油的温度均匀稳定上升。此外，循环流动的油在经过连续滤油机过滤网时，清除油中的大小颗粒残渣，保证了油的清洁，从而使油炸的物料随时保持清洁。

（3）滚筒连续油炸机的结构紧凑合理，功能先进。采用变频调速调节，既保证物料不同的油炸时间，又保证了旋转输送过程中物料充分与炸油接触；采用龙门架和提升装置，可以将集气罩安全方便地升降，便于对油炸机内部和转笼进行清理。

6.油幕连续油炸机

其结构如图1-5-28。

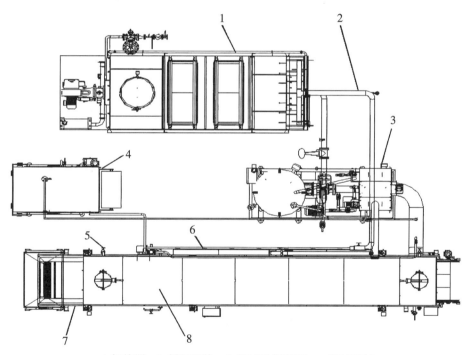

1.加热器　2.循环系统　3.粗滤及循环泵　4.精滤系统
5.清渣部　6.油幕部分　7.油炸锅体部分　8.集气罩部分

图1-5-28　油幕连续油炸机

◎油幕连续油炸机的工作原理

油幕连续油炸机为无浸入式油炸，以燃气直接加热，通过油泵和滤油系统的循环回路（可含在线连续精滤机），经过直燃式加热器，进行热量交换。通过控制加热器，精确控制进油口温度，对各种油炸工艺都能比较好地调节。物料在眼镜网带上移动过程与油幕槽淋下的热油充分接触，通过眼镜网带带动物料依次经过各油幕进行油炸并带动物料前进。

◎油幕连续油炸机的特点

（1）油炸后食品清洁：因为油幕式油炸机不浸入炸油中，在油与产品接触后，微小粉末迅速去除，食物总是暴露于过滤后的油中，消除了产品表面不美观的黑点，产品的外观质量提高，能维持产品原有特性。

（2）降低设备的清洁费用：油幕式油炸机可以在很短的时间内将设备进行自动清洁处理；可以很快进入下一个品种产品的生产；清场的费用能够降到最低；操作工人可以节省大量的清理时间。

（3）产量高：由于设备效率高，生产出的产品质量好，提高了产品的出品率，提高了油炸的一等品比率，产品产量大大提高，是规模化油炸食品的优先选择。

7.真空油炸机

其结构如图1-5-29。

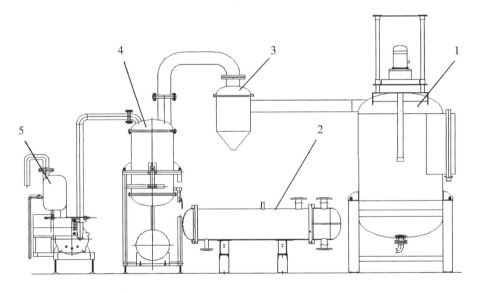

1.主机　2.加热循环系统　3.油水分离器　4.冷凝器　5.真空泵

图1-5-29　真空油炸机

◎真空油炸机的工作原理

真空低温油炸是在减压的情况下，食品中水分汽化温度降低、能在短时间内迅速脱水，实现在低温条件下对食品的油炸。热油作为食品脱水供热的介质，还能起到改善食品风味的作用。

在油炸初始阶段，首先真空度有短暂的下降，随后真空度逐步提高，有越来越多的水分蒸发，带走大量的潜热使油温下降。随后的一段时间，真空度和油温处于比较稳定的状态，水分继续蒸发，直至水分下降到一定程度时，内部水分迁移速度减缓，水分逸出速度减慢，油温和真空度又逐步提高，一直持续到油炸结束。油炸结束后，在较高的真空度下，进行离心脱油，降低油炸食品的含油率。

◎真空油炸机的特点

（1）可以降低物料中水分的蒸发温度，与常压油炸机相比，热能消耗相对较小，油炸温度大大降低，可以减少食品中维生素等热敏性成分的损失；有利于保持食品的营养成分，避免食品焦化，保持食品良好的色泽，漂亮的外观。

（2）可以造成缺氧的环境，能有效杀灭细菌和某些有害的微生物，减轻物料及炸油的氧化速度，提供了防止物料"褐变"的条件；抑制了物料霉变和细菌感染，有利于产品储存期的延长。

（3）借助压差的作用，加速物料中物质分子的运动和气体扩散，从而提高物料处理的速度和均匀性。

（4）在足够低的压强下，物料组织因外压的降低将产生一定的蓬松作用；真空状态还缩短了物料的浸渍、脱气和脱水的时间；食品具有膨化效果，提高产品的复水性。

（二）浸油机

1.概述

浸油机是将油炸后的物料进行低温油浸泡，以提高食品的口感、酥脆度和色泽度，并输送到下一工序的设备。

2.浸油机分类

浸油机可按设备运行方式分为：单机浸油机、连续浸油机。

3.单机浸油机

其结构如图1-5-30。

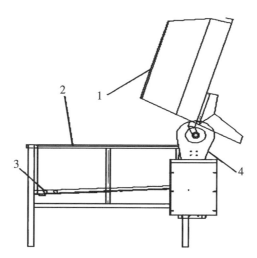

1.浸油笼　2.锅体及架体　3.循环水和压缩空气接口　4.传动装置

图1-5-30　单机浸油机

◎单机浸油机的工作原理

单机浸油机为间歇式设备，采用该设备浸油时，物料会提升锅体内油温，配套循环水和压缩空气管路对炸油进行降温，达到浸油的工艺要求。

◎单机浸油机的特点

（1）间歇式工作，配套单机油炸机使用。

（2）结构简单，占地小，适用于各种规模的工厂生产。

4.连续浸油机

其结构如图1-5-31。

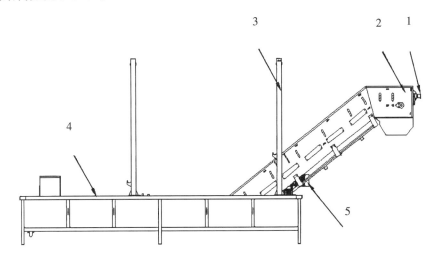

1.网带传动　2.网带架体　3.提升机构　4.油槽　5.提升传动

图1-5-31　连续浸油机

◎连续浸油机的工作原理

连续浸油机通过网带和刮板带动物料在油槽中前进，物料和油通过热量交换，对物料进行降温。

连续浸油机通过油槽内盘管或外置换热器进行降温，大规模连续生产时，常配套冷凝机组，用冷凝水循环降温。

◎连续浸油机的特点

（1）连续式浸油机常配套连续油炸机使用，生产过程全自动，不需人工操作。

（2）连续浸油机配套电机提升装置，方便设备清洗。

（3）连续浸油机的结构紧凑合理，功能先进，采用变频调速调节，既保证物料不同的浸油时间，又保证了物料平稳输送。

第二节　坚果炒货食品设备技术要求

一、工作环境条件

工作环境条件在这里是指外部环境如温度、湿度、海拔等环境因素对设备性能的影响。为保证设备有效运行率，因此，设置工作环境条件，并在该工作条件下设备应能正常工作：

（1）海拔高度不应高于2 000米。

（2）环境温度为-10 ℃~40 ℃。

（3）环境相对湿度不应大于90%。

二、标准含水率

由于坚果与籽类的特性及加工工艺的不同，所以被加工物料的含水率直接影响设备产能，因此需要设定标准含水率（湿基）。根据目前坚果与籽类原料所检测的含水率，可将原料的标准含水率设定为11%。

三、额定生产能力

由于生产工艺不同，每个坚果生产企业对成品最终含水率要求不同，成品含水率不同直接影响实测生产能力，因此需要确定额定生产能力的标准计算方法。

在符合工作环境条件下，设备正常运行2小时后，在设备出口处连续收集物料，并称重（以地中衡称重），每次1小时，间隔30分钟，共收集3次，同时测定所生产物料的含水率，以3次收集量的算术平均值作为评定依据（折算成标准含水率11 %的标准重量，检测方法按照《食品安全国家标准》GB 5009执行）。

将样品生产能力折算成标准含水率（11%）状态下的实测生产能力，实测生产能力按式（1）计算：

$$E_1 = E_2 \frac{1-\omega}{1-X} \tag{1}$$

式中：

E_1——实测生产能力，kg/h

E_2——样品生产能力，kg/h

ω——样品含水率，%

X——标准含水率11%

以3次取样所得实测生产能力的算术平均值作为整机的额定生产能力。额定生产能力按式（2）计算：

$$E = \frac{1}{n} \sum_{i=1}^{n} E_1 \qquad (2)$$

式中：

E——额定生产能力，kg/h

n——样品数，本例 $n=3$

E_1——实测生产能力，kg/h

四、材料的要求

食品机械在生产过程中，与水的接触较多，机械与设备所承受的湿度大；常在高温或低温的环境下操作，机械与设备承受的温差大；工作中与食品的腐蚀性介质直接接触，设备清洗时与酸、碱、热水等介质也直接接触等，因此，在选择食品机械与设备的用材，特别是与食品直接接触的材料时，除考虑一般机械设计所满足的如强度、刚度、耐震动等机械特性外，还要注意下列原则：

（1）用材中不应含有对人体健康有害的元素或与食品原料能发生反应的元素。

（2）有高的耐腐蚀性。

（3）易于清洗且能长期保持不变色。

（4）能在高温和低温中保持良好的机械性能。

五、受压元器件的要求及耐压试验

（1）受压元器件设计压力不小于最高工作压力的1.2倍；符合压力容器特征的按《压力容器》GB 150的规定执行。

（2）受压元器件的耐压试验：耐压试验是采用短时超载的办法对容器的强度进行全方位的考核，对判断容器的安全性至关重要。

定期检验中的在用容器耐压试验与新制造的压力容器出厂前的压力试验没有原则性区别，都必须遵从《压力容器安全技术监察规程》的规定。

六、安全防护要求

对人身易造成伤害事故的运动部件或部位以及对机器易造成损坏的部位，应设置安全防护装置，并按《安全标志及其使用导则》GB 2894进行警示标识。

七、排放、噪声要求

设备的尾气粉尘排放量应符合《环境空气质量标准》GB 3095的规定。

设备的噪声声压级应不大于85 dB(A)。

八、电气要求

（1）电气系统绝缘电阻、耐压和保护连接电路的连续性按《机械电气安全　机械电气设备》GB 5226.1的规定进行。

（2）电气系统的按钮、指示灯、显示器、配线、标记、警告标志和参照代号按《机械电气安全　机械电气设备》GB 5226.1的规定进行。

（3）闭锁/开锁装置调试：观察设备启动情况。

九、设备与生产线的配套

1.设备与生产线的设计

设备与生产线的设计主要取决于产品的生产加工工艺，设备性能要满足坚果与籽类的加工工艺，对于坚果炒货产品来说，目前最主要的工艺有烘炒类、油炸类、其他类三种。

2.确定生产工艺应遵循的原则

（1）生产工艺应合理、稳定、成熟、适合工业化生产。

（2）工艺连续性强，尽量减少手工操作及人工周转环节。

（3）工艺简单、流程简捷。

（4）运行成本低。

（5）尽可能采用先进技术和先进设备。

（6）排放达到环保要求。

3.如何确定设备与生产线

（1）确定产品生产加工工艺及产能需求。

（2）确定产品技术要求，例如：来料含水率、烘干或炒制的温度及时间、牙黄率、成品含水率、干燥均匀度、外观等参数。

（3）进行设备选型。

（4）确定设备配置清单。

（5）根据厂房所划分的该生产区域确认生产线布置图及设备连接图。

4.验收

设备的验收分为出厂前验收和安装完毕后调试验收。

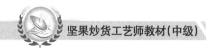

坚果炒货工艺师教材(中级)

出厂前验收由设备制造单位根据本企业及国家、行业标准进行检验，检验合格后方可出厂。安装完毕后的调试验收需要对设备及生产线进行以下检验及要求：

（1）对照生产线设备连接图及平面布置图进行设备确定。

（2）设备材料、装配、受压元器件、密封件、安全防护、排放、噪音、电气控制等要符合要求。

（3）空载运行2小时，整机各运转机构起、停3次。启动顺序按物料运行方向逆向开启各运转机构。停机顺序按物料运行方向顺向停止各运转机构，观察运行情况，无异常现象。

（4）负载运行，在正常出料2小时后，在生产线各管控点取样收集3次，参照产品技术要求对产品进行检验；

（5）设备制造单位需提供各设备、配套件的使用说明书及合格证。

第六章

食品检验基础知识

第一节　概　述

食品检验是指研究和评定食品质量及其变化的一门学科，它依据物理、化学、生物化学的一些基本理论和各种技术，按照制定的技术标准，如国际、国家食品卫生/安全标准，对食品原料、辅助材料、半成品、成品及副产品的质量进行检验检测，依据标准对检验结果进行判定，以确保产品质量合格。食品检验的内容包括对食品的外观、滋气味等的感官检验，食品中营养成分、添加剂、有害物质的检验等。

食品产品质量安全的标准主要包括四个方面的技术要求：

（1）感官指标。感官指标包括：食品的外观色泽、气味、滋味和组织形态。

（2）理化指标。理化指标包括：①食品的内在质量指标，如物理性状、有效成分（营养成分含量）和食品添加剂含量等；②反映食品质量状况恶化或对质量状况的恶化具有影响的指标，如酸价、过氧化值、羰基价、水分等；③可能严重危害人体健康的指标，如重金属、农药残留、毒素等。

（3）微生物限量指标。微生物限量指标是反映食品中对人体健康可能有一定危险性的微生物指标，如菌落总数、大肠菌数、霉菌与致病菌等微生物指标。

（4）污染物限量及真菌毒素限量指标。通过对可能对公众健康构成较大风险的真菌毒素及食品中污染物质分析，控制其限量值，如黄曲霉毒素、铅等。

狭义的食品检验通常是指食品检验机构依据《中华人民共和国食品安全法》规定及相关食品质量安全标准，对食品质量所进行的检验，包括对食品的外包装、内包装、标志、内容物和商品体外观的特性、理化指标、微生物指标以及其他一些卫生指标所进行的检验。检验方法主要有感官检验法、理化检验法、生物检验法。

第二节　常用检验检测方法

一、感官检验

食品感官检验就是凭借人体自身的感觉器官,具体地讲就是凭借眼、耳、鼻、口(包括唇和舌头)和手,对食品的质量状况作出客观的评价。也就是通过用眼睛看、鼻子嗅、耳朵听、用口品尝和用手触摸等方式,对食品的色、香、味和外观形态进行综合性感官指标鉴别和评价的方法。

食品质量的优劣直接地表现在它的感官性状上,通过感官指标来鉴别食品的优劣和真伪,不仅简便易行,而且灵敏度高,直观而实用,与使用各种理化、微生物的仪器进行分析相比,有很多优点,因而感官检验方法也是食品的生产、研发、管理人员所必须掌握的一门技能,需要进行必要的专业培训。应用感官手段来鉴别食品的质量有着非常重要的意义。

食品感官检验能否真实、准确地反映客观事物的本质,除了与人体感觉器官的健全程度和灵敏程度有关外,还与人们对客观事物的认识能力有直接的关系。只有当人体的感觉器官正常,又熟悉有关食品质量的基本常识时,才能比较准确地鉴别出食品质量的优劣。因此,熟悉本企业各类原物料、半成品、成品的感官检验方法,是作为工厂工艺质量研发人员必备的岗位能力。

感官鉴别不但能直接发现食品感官性状在宏观上出现的异常现象,而且当食品感官性状发生微观变化时也能很敏锐地察觉到。例如,食品中混有杂质、异物,发生霉变、沉淀等不良变化时,人们能够直观地鉴别出来并做出相应的决策和处理,而不需要再进行其他的检验分析。尤其重要的是,当食品的感官性状只发生微小变化,甚至这种变化轻微到有些仪器都难以准确发现时,通过人的感觉器官如嗅觉等都能给予应有的鉴别。可见,食品的感官质量鉴别有着理化和微生物检验方法所不能替代的优势。在食品的质量标准中,第一项内容一般都是感官指标,通过这些指标不仅能够直接对食品的感官性状做出判断,而且还能够据此提出必要的理化和微生物检验项目,以便进一步证实感官鉴别的准确性。

食品的感官检验方法分为:分析型感官检验和嗜好型感官检验两种。

分析型感官检验是把人的感觉作为测定仪器,测定食品的特性或差别的方法,如检测香瓜子成品的芳香味、油炸蚕豆产品的酥脆度等,评定食品的外观、香味实感差异等特性即属于分析型感官检验。分析型感官检验常用于质量控制和检测,如食品的成品标准所设立的对感官质量的条款标准，检验人员应根据标准条款要求进行检验判定符合与否。

嗜好型感官检验是根据消费者的嗜好性来判定食品特性的方法，如香瓜子的甜咸度、油炸类坚果仁产品的外观等。嗜好型感官检验常用于产品设计和销售推广。

感官检验的范围常运用在：食品原辅料、半成品、成品的质量检测与控制；食品储存保鲜；新产品开发；市场调查四个方面。

感官检测需要在特定的区域进行，最好能设定专业食品品评室，对室内的光线、通风、用水等进行规范，以确保检验结果的准确性。

二、食品理化检验

食品理化检验是指应用物理的、化学的检验检测法来检测食品的组成成分及含量。目的是对食品的某些物理常数（长度、厚度、密度、折射率、旋光度等）、食品的一般成分分析（水分、灰分、酸度、脂类、碳水化合物、蛋白质、维生素等）、食品添加剂、食品中矿物质、食品中功能性成分及食品中有毒有害物质进行检测。

物理检验是相对比较简单的检验方法，需借助简单的测量工具如直尺、游标卡尺、量筒、密度仪等设备进行测量，判定所检验样品是否符合标准要求。使用的检验设备需进行定期检定。物理的检验方法常用于包材的外观尺寸、原料容重比、大小粒径等项目。

分析化学的发展为食品质量安全检验提供了准确可靠的分析方法。随着科学技术的迅速发展，食品检验技术已能达到百万分之一甚至更高的准确度。

食品理化检验的指标主要包括食品的一般成分分析、微量元素分析、农药残留分析、兽药残留分析、霉菌毒素分析、食品添加剂分析和其他有害物质的分析等。根据被检验项目的特性，每一项指标的检验对应相应的检验方法。

除传统的常规化学分析方法外，仪器分析方法逐渐成为食品安全检验主要的手段，包括分光光度法、原子荧光光谱法、电化学法、原子吸收光谱法、气相色谱法、高效液相色谱法等。以上检验方法按照检验项目，大致可以分为无机成分分析方法和有机成分分析方法。

无机成分的分析检验项目主要包括食品中食品添加剂的甜蜜素、糖精钠，重金属微量元素的铅、砷等。分析方法主要包括原子吸收光谱法、分光光度法、电化学法、离子色谱法等方法。

有机成分的分析一般由气相色谱或高效液相色谱法以及分子光谱法完成。

对于理化检验部分中的化学分析检测可以依据《食品卫生检验方法　理化部分　总则》GB/T 5009.1—2003实验步骤要求准备试剂、样品进行数据分析处理，具体的操作步骤需从《食品安全国家标准》GB 5009或相关标准中选择适宜产品的检验方法进行，明晰细化可执行性，企业可将标准转换为更细化的检验操作规范执行。对于执行检验的人员标准没有特别要求，但质量管理体系及法规对检验人员提出了检验技能的能力要求，需要进行专业的技能培训合格后才能够上岗。

三、食品微生物检验

食品中含有蛋白质、脂肪、碳水化合物，这些成分是微生物的生长基质，所以微生物在食品中能够生长繁殖。食品腐败变质的原因有物理学、化学、生物化学和微生物学方面的原因，但最普遍、最主要的因素是微生物。环境中无处不存在微生物，食品在生产、加工、运输、储存、销售过程中，很容易被微生物污染。只要温度适宜，微生物就会生长繁殖，分解食品中的营养素，以满足自身需要。这时食品中的蛋白质就被破坏了，食品会发出臭味和酸味，失去了原有的坚韧性和弹性，颜色也会发生变化，从而造成食品变质。

微生物检验即是通过检验测定样品中的微生物指标，判定食品、食品加工环境、食品原料及其在加工过程中微生物的污染和生长的情况，为食品生产安全管理提供科学依据。

微生物检验的项目，国家食品安全标准中常规的微生物检测项目为：菌落总数、大肠菌群、致病菌等，根据食品的品种不同，标准中有增加霉菌、酵母菌等指标。

食品微生物的检验对实验室和检验人员都提出了具体的要求，详细可参照《国家食品安全标准 食品中微生物学检验 总则》GB 4789.1—2016的要求，现节选部分内容：

2　实验室基本要求

2.1　检验人员

2.1.1　应具有相应的微生物专业教育或培训经历，具备相应的资质，能够理解并正确实施检验。

2.1.2　应掌握实验室生物安全操作和消毒知识。

2.1.3　应在检验过程中保持个人整洁与卫生，防止人为污染样品。

2.1.4　应在检验过程中遵守相关安全措施的规定，确保自身安全。

2.1.5　有颜色视觉障碍的人员不能从事涉及辨色的实验。

2.2　环境与设施

2.2.1　实验室环境不应影响检验结果的准确性。

2.2.2　实验区域应与办公区域明显分开。

2.2.3　实验室工作面积和总体布局应能满足从事检验工作的需要，实验室布局宜采用单方向工作流程，避免交叉污染。

2.2.4　实验室内环境的温度、湿度、洁净度及照度、噪声等应符合工作要求。

2.2.5　食品样品检验应在洁净区域进行，洁净区域应有明显标示。

2.2.6　病原微生物分离鉴定工作应在二级或以上生物安全实验室进行。

2.3　实验设备

2.3.1　实验设备应满足检验工作的需要，常用设备见A.1。

2.3.2　实验设备应放置于适宜的环境条件下，便于维护、清洁、消毒与校准，并保持整洁与良好的工作状态。

2.3.3　实验设备应定期进行检查和/或检定（加贴标识）、维护和保养，以确保工作性能和操作安全。

2.3.4　实验设备应有日常监控记录或使用记录。

以上条款对于微生物的操作人员的技能、实验室、实验设备均提出了具体的要求，企业在选人、设计建设实验室、配备实验设备时需按照标准的要求，对于检验人员进行专业培训并取得合格证书、微生物检验室必须符合标准的卫生洁净等级要求、配备杀菌设备、实验设备按要求定期鉴定等。

对于样品采样、检验流程等可以依据《国家食品安全标准　食品中微生物学检验总则》GB 4789.1–2016相关条款的要求、根据工厂产品的特性制定企业自己的工作操作标准执行。

四、实验用试剂的要求及管理

1.化学试剂的分级

化学试剂是确保实验结果准确性的必备条件，符合一定质量要求标准的纯度较高的化学物质是分析工作的物质基础。试剂的纯度会影响到结果的准确性，试剂的纯度达不到分析检验的要求就不能得到准确的分析结果。能否正确选择、使用化学试剂，将直接影响到分析实验的成败、准确度的高低及实验成本的高低。

国家和主管部门颁布的质量指标主要包括优级纯、分级纯和化学纯三种。

（1）优级纯（GR），又称一级品或保证试剂，纯度99.8%。这种试剂纯度最高，杂质含量最低，适合于重要精密的分析工作和科学研究工作，使用绿色瓶签。

（2）分析纯（AR），又称二级试剂，纯度99.7%，略次于优级纯，适合于重要分析及一般研究工作，使用红色瓶签。

（3）化学纯（CR/CP），又称三级试剂，纯度≥99.5%，纯度与分析纯相差较大，适用于工矿、学校一般分析工作，使用蓝色（深蓝色）标签。

表1-6-1　一般试剂的规格和适用范围

等级	名称	符号	适用范围	标签
一级	优级纯(保证试剂)	GR	精密分析试验,科研用,可作基准物质	深绿色
二级	分析纯(分析试剂)	AR	常用分析试剂、科研用试剂	金光红
三级	化学纯	CR/CP	要求较低的化学分析用试剂	中蓝色

2.实验室化学试剂的管理

实验室首先应该有一套完整的请购、审批、采购、验收、入库、领用制度。要特别注意采购时要到有正规进货渠道的正规试剂店购买按照国家标准和化工部行业标准生产的试剂。试剂标签上应注有名称（包括俗名）、类别、产品标准、含量、规格、生产厂家、出厂批号（或生产日期）和保质期。

实验室化学试剂应该存放在一个独立的空间地点（试剂室或试剂柜），需要建立化验试剂清单；试剂存放地点须实行双人、双锁管理，并建立入库、领用记录表格翔实记录入库日期、数量，领用日期、数量，领用人等信息；试剂标识清晰完整易于识别；试剂按照标注储存条件适当保存，易燃易爆试剂按照其技术要求存放，易制毒品需再次上锁；易制毒品和需二次配置试剂按照实际需要用量领用；领用时注明领用时间、数量、用途，领用人和管理人员共同签字。

化验室自行配制的化学试剂，应根据其特性装在无色或有色器皿中，贴上标签注明溶液名称、溶液浓度、配制（标定）日期、配制（标定）人、有效期等。标准溶液需在其有效期内使用，定期标定，保留原始记录。过期标准溶液和溶液及时处理。

化验室废液、使用后有毒废弃试剂容器进行无害处理后报废，必要时联系有资质部门处理。

五、检验用一般器具的要求

1.器皿的选用

分析检验时离不开各种设备器皿，所需的各种器皿应根据检验方法的要求来选用。应选用硬质的玻璃器皿；有些试剂对玻璃有腐蚀性（如NaOH等），需选聚乙烯瓶贮存；遇光不稳定的试剂（如$AgNO_3/I_2$等）应选择棕色玻璃瓶避光贮存。选用时还应考虑到容量及容量精度和加热的要求等。检验中所使用的各种器皿必须洁净，否则会造成结果误差，这是微量和容量分析中极为重要的问题。

2.仪器、设备的要求

（1）玻璃量器的要求：检验方法中所使用的滴定管、移液管、容量瓶、刻度吸管、比色管等玻璃量器均须按国家有关规定及规程进行校准或检定。玻璃量器和玻璃器皿须经彻底洗净后才能使用。

（2）控温设备的要求：检验方法中所使用的恒温干燥箱、恒温水浴锅等均须按国家有关规程进行测试和校准或检定。

（3）测量仪器的要求：天平、酸度计、温度计、分光光度计、色谱仪等均应按国家有关规定及规程进行校准或检定。

六、检验的程序及相关要求

一般食品检验的程序分为五个步骤：样品的采集、样品的处理、样品的分析检测、分析结果的记录与处理及报告的签发。

（一）样品的采集

一般包括三个内容：抽样、取样和制样。采样时必须注意样品的生产日期、批号、代表性和均匀性。采样数量应能满足检验项目对试样量的需要；采样容器根据检验项目，选用硬质玻璃瓶或聚乙烯制品。采样一般步骤为：原始样的采集；原始样的混合；缩分原始样至检测需要的量。对于不同的样品应采用不同的方法进行样品的采集。

1.液体样品的采集

对于大型桶装、罐装的样品，可采用虹吸法分别吸取上、中、下层样品各0.5 L，混匀后取0.5~1 L。对于大池装样品可在池的四角、中心各上、中、下三层分别采样0.5 L，充分混匀后取0.5~1 L。

2. 固体样品的采集

应充分均匀各部位样品的原始样，以使样品具有均匀性和代表性。对于大块的样品，应切割成小块或粉碎、过筛。粉碎、过筛时不能有物料的损失和飞溅，并全部过筛，然后将原始样品充分混匀后，采用四分法进行缩分，一直至需要的样品量，一般为0.5 ~ 1 kg。

四分法的操作步骤为：先将样品充分混合后堆积成圆锥形，然后从圆锥的顶部向下压，使样品被压成3cm以内的厚度，然后从样品顶部中心按"十"字形均匀地划分成四部分，取对角的两部分样品混匀。如样品的量达到需要的量即可作为分析用样品；如样品的量仍大于需要的量，则继续按上述方法进行缩分，一直缩分到样品需要量。采样后要立即密塞，贴上标签，并认真填写采样记录。采样记录须写明样品的名称、采样单位、采样单位地址、采样日期、样品批号/编号、采样条件、包装情况、采样数

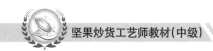

量、检验项目及采样人。样品应按不同的检验项目妥善包装、保管。

3.用于微生物检测的样品

采集与制备样品必须符合无菌操作的要求，一切直接接触样品的器具、包装物均需经过灭菌处理，防止对样品的外来污染；同时对样品的储运过程应确保样品固有微生物的状态不发生变化。

留样：一般样品在检验结束后，应保留一定的时间，以备需要时复检，具体保留时限各企业可根据样品的特性、法规要求及其他要求进行制定。样品的保存时应加封（备注样品的生产批号等信息）并保持原状，为防止样品在保存中受潮、风干、变质，保证样品的外观和化学组成不发生变化，一般需要根据食品储存要求进行保存。

（二）样品的处理

对于固体样品的检验，特别是坚果炒货类产品的检验要对缩分待检样进行去壳破碎处理。部分产品的个别检验项目为规避种皮色泽对化验试剂变化的影响，还要去除种皮，如南瓜子类原料。在检测酸价、过氧化值项目时，其他处理要求要根据对应检验项目的检验方法标准规范执行。

（三）样品的分析检测、分析结果的记录与处理

样品的分析检测、分析结果的记录与处理均需依据相关的检验标准执行，从《食品卫生检验方法理化标准汇编》GB/T 5009系列与《食品微生物学检验方法标准》GB/T 4789选择对应的项目检验标准进行检验操作及数据处理。当通过产品样品感官判断不合格时不必进行理化检验、微生物检验，可直接判为不合格产品。

报告的签发：检验报告的签发要建立流程，需要检验人、审核人、批准人签字，信息传递至相关部门及人员。

七、化验室安全防护知识

理化检测的化验室中，经常使用有腐蚀性、有毒、易燃、易爆的各类试剂和易破损的玻璃仪器及各种电器设备等。为保证检验人员的人身安全和实验室操作的正常进行，食品检验人员应具备安全操作常识，遵守实验室安全守则：

（1）化验室内严禁饮食、吸烟，严禁将试剂入口及用实验器具代替餐具。

（2）一切试剂、试样均应有标签，容器内不可装有与标签不相符的物质。

（3）试剂瓶的磨口塞粘牢打不开时，可将瓶塞在实验台边缘轻轻磕撞，使其松动；或用电吹风稍许加热瓶颈部分使其膨胀；也可在粘牢的缝隙间滴加几滴渗透力强的液

体（如乙酸乙酯、煤油、渗透剂OT、水、稀盐酸）。严禁用重物敲击，以防瓶体破裂。

（4）易燃易爆的试剂要远离火源，有人看管。易燃试剂加热时应采用水浴或沙浴，并注意避免明火。高温物体（如灼热的坩埚）应放在隔热材料上，不可随意放置。

（5）将玻璃棒、玻璃管、温度计插入或拔出胶塞、胶管时应垫有垫布，不可强行插入或拔出。装配或拆卸食品装置时，要防止玻璃棒、玻璃管突然损坏而造成对人员的刺伤。

第三节　坚果炒货产品质量检验基本知识

一、原辅料检验

（一）籽类原料质量检验

带壳类原料的检验，如葵花籽、南瓜子、西瓜籽、花生果等。

1.葵花籽

依据《食品安全国家标准　坚果与籽类食品》GB 19300、《葵花籽》GB/T 11764、《熟制葵花籽和仁》SB/T 10553、《食品安全国家标准　食品中真菌毒素限量》GB 2761、《食品安全国家标准　食品中污染物限量》GB 2762、《食品安全国家标准　食品中农药残留最大量》GB 2763制定葵花籽原料检验指标一览表如表1-6-2所示。

表1-6-2　葵花籽原料检验指标一览表

项目	定义	指标值	检验方法标准
外观、气味	品种一致,颗粒完整,饱满均匀,清洁无污染物(无明显粉尘感),色泽鲜亮;葵花籽固有的气味,无霉味,无哈喇味和其他不良气味等异味	/	GB/T 9492
杂质	通过规定圆孔筛及无使用价值的物质	≤1.5%	GB/T 11764
水分	按照GB/T 5497检测	≤11% 或内控	GB 5009.3

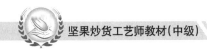

续表

项目	定义	指标值	检验方法标准
千粒重	去除杂质后完整葵花籽 1 000 粒的重量,据此综合判定葵花籽的饱满度及大小	内控。分取样品,除杂后,取缩分样,称 100g,数总粒数 N,G_1=100/N*1 000;实际千粒重(g)G=G_1×(11.0%-S%)+G_1(S%:实测的水分,应测定至小数后一位)	
霉变粒(%)	籽壳剥开后,籽仁出现黑色、褐色变质,颗粒内部已经发霉;霉变籽占检验样的百分比	≤2.0 或内控	SB/T 10553
虫蚀粒(%)	被虫蛀蚀,外壳有虫眼或伤及籽仁的颗粒,虫蚀籽占检验样的百分比	≤1.5 或内控	SB/T 10553
过氧化值	过氧化值(g/100 g)	≤0.4 或内控	GB 5009.227
酸价	酸价(KOH mg/g)	≤3.0 或内控	GB 5009.227
污染物及真菌毒素限量	黄曲霉毒素 B_1(μg/kg)	≤5.0 或内控	GB 5009.22
	铅(以 Pb 计)(mg/kg)	≤0.2	GB 5009.12
农药残留限量	依据 GB 2763,并充分调研原料产地的农药使用状况,制定农药最大残留内控标准	GB 2763	根据所识别制定的项目从 GB 5009 族标准中选择对应的方法标准
备注	1.根据每一年的原料状况,可以增加皮色(锈斑、脱皮籽)、冻籽等的控制质量标准 2.葵花籽原料的批扦样、分样按照 GB 5491《粮食油料检验扦样、分样法》执行 3.入厂检验指标可以只检:外观、杂质、水分、霉变粒、虫蚀粒,如果发现异常可增项检验酸价、过氧化值进行确认;污染物限量、农药残留限量指标需要在每个采购季分地区区域抽样形式检验 1 次 4.表格中的法规标准以编号简称,详见附录一		

2.南瓜子

依据《食品安全国家标准 坚果与籽类食品》GB 19300、《熟制南瓜子和仁》SB/T 10554、《食品安全国家标准 食品中真菌毒素限量》GB 2761、《食品安全国家标准 食品中污染物限量》GB 2762、《食品安全国家标准 食品中农药残留最大量》GB 2763制定南瓜子类原料检验指标一览表,如表1-6-3所示。

表1-6-3　南瓜子类原料检验指标一览表

项目	定义	指标值	检验方法标准
外观、气味	颗粒饱满,洁净,大小均匀,板面平整,具有南瓜子应有之色泽,且同批货色泽一致;固有南瓜子的气味,无异味	/	GB/T 5492
粒宽(mm)	以50粒籽粒的板面宽度,计算单粒平均值	根据使用规格要求内控	NY/T 966
杂质(%)	本品以外无食用价值的物质	≤0.5	NY/T 966、GB/T 5494
脏板(%)	南瓜子外壳被外来污染物污染或表面有麻点,有使用价值的籽粒	≤5或内控	NY/T 966
不完善粒(%)	包括: ①未成熟粒:籽粒发育不成熟,籽仁小于正常籽的1/2 ②破损粒:籽粒破损,伤及籽仁 ③虫蚀粒:籽粒被虫蛀蚀,伤及籽仁 ④畸形粒:籽粒弯板、翘板或裂口 ⑤发芽粒:发芽或种子芽尖已突出种皮的籽粒	≤5或内控	NY/T 966、GB/T 5494
水分(%)	按照《食品安全国家标准　食品中水分的测定》GB 5009.3检测	≤10或内控	GB 5009.3
霉变粒(%)	①单粒南瓜子表面有霉点,并且籽仁或内壳有霉点的颗粒(适用于白瓜子) ②单粒表皮有霉点、个别部位或整体大面积霉变的南瓜子(适用于角瓜子、葫芦籽、黑南瓜子)	≤1.0或内控	NY/T 966
理化指标	过氧化值(g/100 g)	≤0.4或内控	GB 5009.227
	酸价(KOH mg/g)	≤3.0或内控	GB 5009.227
污染物及真菌毒素限量	铅(以Pb计)(mg/kg)	≤0.2	GB 5009.12
	黄曲霉毒素B_1(μg/kg)	≤5.0或内控	GB 5009.22
农药残留限量	依据GB 2763,并充分调研原料产地的农药使用状况,制定农药最大残留内控标准	GB 2763	根据所识别制定的项目从GB 5009族标准中选择对应的方法标准
备注	1.根据每一年的原料状况,可以增加冻籽等控制质量标准 2.污染物限量、农药残留限量指标需要在每个采购季分地区区域抽样形式检验1次 3.表格中的法规标准以编号简称,详见附录一		

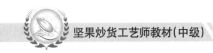

3. 西瓜籽

依据《食品安全国家标准　坚果与籽类食品》GB 19300、《熟制西瓜籽和仁》SB/T 10555、《食品安全国家标准　食品中真菌毒素限量》GB 2761、《食品安全国家标准　食品中污染物限量》GB 2762、《食品安全国家标准　食品中农药残留最大量》GB 2763制定西瓜籽类原料检验指标一览表，如表1-6-4所示。

表1-6-4　西瓜籽类原料检验指标一览表

项目	定义	指标值	检验方法标准
外观、气味	颗粒饱满，表面洁净，大小均匀，板面平整，具有西瓜籽应有之色泽，且同批货色泽一致；固有西瓜籽的气味，无异味	/	GB/T 5492
粒宽（mm）	以50粒籽粒的板面宽度，计算单粒平均值	根据使用规格要求内控	NY/T 966
杂质（%）	本品以外无食用价值的物质	≤0.5	NY/T 966、GB/T 5494
脏板（%）	西瓜籽外壳被外来污染物污染或表面有麻点，有使用价值的籽粒	≤5或内控	NY/T 966
不完善粒（%）	包括： ①未成熟粒：未成熟的白头籽、黄籽，籽仁小于正常籽的1/2 ②破损粒：籽粒破损，伤及籽仁 ③红头籽：成熟度不够，籽粒在自然光下呈现红色(红褐色)籽的西瓜籽(颗粒饱满除外) ④畸形粒：籽粒弯板、翘板或裂口	≤5或内控	NY/T 966、GB/T 5494
水分（%）	按照GB 5009.3检测	≤10或内控	GB 5009.3
霉变粒（%）	①单粒西瓜籽表面有霉点，并且籽仁或内壳有霉点的颗粒(适用于白瓜子) ②单粒表皮有霉点、个别部位或整体大面积霉变的瓜子(适用于角瓜子、葫芦籽、黑南瓜子)	≤1.0或内控	NY/T 966
理化指标	过氧化值(g/100g)	≤0.4或内控	GB 5009.227
	酸价（KOH mg/g）	≤3.0或内控	GB 5009.227

续表

项目	定义	指标值	检验方法标准
污染物及真菌毒素限量	铅(以Pb计)(mg/kg)	≤0.2	GB 5009.12
	黄曲霉毒素B$_1$(μg/kg)	≤5.0或内控	GB 5009.22
农药残留限量	依据GB 2763,并充分调研原料产地的农药使用状况,制定农药最大残留内控标准	GB 2763	根据所识别制定的项目从GB 5009族标准中选择对应的方法标准
备注	1.污染物限量、农药残留限量指标需要在每个采购季分地区区域抽样形式检验1次 2.表格中的法规标准以编号简称,详见附录一		

4. 花生

依据《食品安全国家标准　坚果与籽类食品》GB 19300、《花生》GB/T 1532、《熟制花生（仁）》SB/T 10614、《食品安全国家标准　食品中真菌毒素限量》GB 2761、《食品安全国家标准　食品中污染物限量》GB 2762、《食品安全国家标准　食品中农药残留最大量》GB 2763制定花生果/仁原料检验指标一览表，如表1-6-5所示。

表1-6-5　花生果/仁原料检验指标一览表

项目	定义	指标值	检验方法标准
外观气味	颗粒饱满,洁净,大小均匀,具有该花生应有之色泽,且同批货色泽一致;固有花生的气味,无霉味、无哈喇味和其他不良气味异味	/	GB/T 5492
杂质(%)	本品以外无食用价值的物质	果:≤1.5或内控 仁:≤1.0或内控	GB/T 5494
虫蚀粒(%)	包括: ①花生果、花生仁表面有虫眼且伤及籽仁的颗粒 ②破损粒:籽粒破损,伤及籽仁	≤5%或内控	GB/T 5494
水分(%)	按照GB 5009.3检测	果:≤10或内控 仁:≤9.0或内控	GB 5009.3
霉变(%)	花生果表面霉变或花生果表面正常,但剥开后,籽仁黑色、褐色发生霉变的颗粒	≤1.0或内控	GB/T 1532
生芽粒(%)	花生仁上的种芽或幼根突出种皮的颗粒	内控	GB/T 5494

续表

项目	定义	指标值	检验方法标准
理化指标	过氧化值(g/100g)	≤0.4或内控	GB 5009.227
	酸价（KOH mg/g）	≤3.0或内控	GB 5009.227
污染物及真菌毒素限量	铅(以Pb计)(mg/kg)	≤0.2	GB 5009.12
	镉(以Cd计)(mg/kg)	≤0.5	GB 5009.15
	黄曲霉毒素 B_1(μg/kg)	≤20	GB 5009.22
农药残留限量	依据GB 2763,并充分调研原料产地的农药使用状况,制定农药最大残留内控标准	GB 2763	根据所识别制定的项目从GB 5009检测族标准中选择对应的方法标准
备注	1. 对于花生仁原料可增加褐变粒与不完善粒指标 2. 污染物限量、农药残留限量指标需要在每个采购季分地区区域抽样形式检验1次 3. 表格中的法规标准以编号简称,详见附录一		

（二）树坚果原料质量检验

带壳类坚果类原料的检验，如核桃类（大核桃、山核桃、碧根果）、开心果、扁桃核、夏威夷果等。

1.核桃类原料检验（包括大核桃、山核桃、碧根果等核桃类原料）

依据《食品安全国家标准　坚果与籽类食品》GB 19300、《核桃坚果质量等级》GB/T 20398、《核桃坚果、核桃仁分级标准》DB52/T 1138、《生干坚果质量等级要求 碧根果》、《食品安全国家标准　食品中真菌毒素限量》GB 2761、《食品安全国家标准　食品中污染物限量》GB 2762、《食品安全国家标准　食品中农药残留最大量》GB 2763及企业生产实际需要制定核桃类原料检验指标一览表，如表1-6-6所示。

表1-6-6　核桃类原料检验指标一览表

项目	定义	指标值	检验方法标准
外观气味	颗粒饱满,洁净,大小均匀,具有核桃应有之色泽,且同批货色泽一致;固有核桃的气味,无异味	/	感官检验
坚果横径（mm）	核桃坚果中部缝合线之间的距离	内控	/
杂质（%）	本品以外无食用价值的物质	内控	/

续表

项目	定义	指标值	检验方法标准
虫蚀、霉变粒（%）	果壳上有虫眼伤及籽仁或籽仁霉变、变质的颗粒占比	内控	颗粒比
不成熟果、空壳果率（%）	①不成熟果:指果仁大小小于果壳容积的1/2而大于1/4 ②空壳果:果仁大小小于果壳容积的1/4	内控	重量比
出油果（%）	种仁内油脂氧化酸败,挥发出异味,出现核桃坚果表面油化的果	内控	重量比
水分（%）	核桃坚果中水分占坚果总重量的比率	≤8.0或内控	GB 5009.3
理化指标	过氧化值(以脂肪计)(g/100 g)	内控或≤0.08	GB 5009.227
	酸价(以脂肪计)(KOH mg/g)	内控或≤3.0	GB 5009.227
污染物及真菌毒素限量	黄曲霉毒素 B_1（μg/kg）	≤5.0	GB 5009.22
	铅(以Pb计)(mg/kg)	≤0.2	GB 5009.12
农药残留限量	依据 GB 2763,并充分调研原料产地的农药使用状况,制定农药最大残留内控标准	GB 2763	根据所识别制定的项目从 GB 5009 族标准中选择对应的方法标准
备注	1.企业可根据生产需要增设百粒重、出仁率等经济指标控制项目 2.污染物限量、农药残留限量指标需要在每个采购季分地区区域抽样形式检验1次 3.表格中的法规标准以编号简称,详见附录一		

2.开心果原料检验

依据《食品安全国家标准　坚果与籽类食品》GB 19300、《生干坚果质量等级要求　开心果》、《食品安全国家标准　食品中真菌毒素限量》GB 2761、《食品安全国家标准　食品中污染物限量》GB 2762、《食品安全国家标准　食品中农药残留最大量》GB 2763及企业生产实际需要制定开心果原料检验指标一览表，如表1-6-7所示，也可完全按照《生干坚果质量等级要求　开心果》执行。

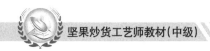

表 1-6-7　开心果原料检验指标一览表

项目	定义	指标值	检验方法标准
外观气味	外壳呈开心果应有的浅黄色或褐黄色,果仁呈开心果应有的淡红或浅绿色;具有开心果应有的气味和滋味,无其他不良气味	/	执行《生干坚果质量等级要求　开心果》
规格等级	1盎司重量开心果的颗粒数(1盎司相当于28.3 g)	内控或根据等级要求标准	/
闭口开口果(个)	未开口果:指果粒没有裂开或是裂开过细(裂开没有超过2 mm×6 mm的果)	内控或执行《生干开心果质量等级要求》	执行《生干坚果质量等级要求　开心果》
空壳	壳内无果仁或果仁大小小于1/2果壳		
未成熟果仁	果仁大于1/2果壳但小于3/4		
杂质(%)	本品以外无食用价值的物质	内控	/
霉变粒(%)	霉变粒:外壳或果仁出现霉斑的颗粒	内控或≤2.0	颗粒比
不成熟果、空壳率(%)	①不成熟果:指果仁大小小于果壳容积的1/2而大于1/4 ②空壳果:果仁大小小于果壳容积的1/4	内控	重量比
水分(%)	开心果中水分占坚果总重量的比率	≤6.0	GB 5009.3
理化指标	过氧化值(以脂肪计)(g/100 g)	≤0.08或内控	GB 5009.227
	酸价(以脂肪计)(KOH mg/g)	≤3.0或内控	GB 5009.227
污染物及真菌毒素限量	黄曲霉毒素 B_1(μg /lg)	≤5.0	GB 5009.22
	铅(以Pb计)(mg/kg)	≤0.2	GB 5009.12
农药残留	依据GB 2763,并充分调研原料原产地的农药使用状况,制定农药最大残留内控标准	GB 2763	根据识别从GB 5009检测族标准中选择对应的方法标准
备注	表格中的法规标准以编号简称,详见附录一		

3.巴旦木（扁桃核）与仁原料检验

依据《食品安全国家标准　坚果与籽类食品》GB 19300、《生干坚果质量等级要求　生干扁桃核（带壳巴旦木）》、《熟制扁桃核（巴旦木）和仁》SB/T 10673、《食品安全国家标准　食品中真菌毒素限量》GB 2761、《食品安全国家标准　食品中污染物限量》GB 2762、《食品安全国家标准　食品中农药残留最大量》GB 2763及企业生产实际需要制定巴旦木（扁桃核与仁）原料检验指标，也可完全按照《生干坚果质量等级要求　生干扁桃核（带壳巴旦木）》执行。

（三）食品添加剂原料检验

1. 甜味剂原料检验

甜味剂类的原料都是工业品原料，可选择大型规范性企业的产品，同时配合适宜的入厂检验及定期的型式检验。入厂检验的项目基本比较简单：外包装按照GB 29924《食品添加剂标识通则》检验标识内容的符合性、外包装的完整性；内容物（添加剂）检测项目包括色泽、气味、组织状态及干燥失重（减重），食品安全国家标准（GB）对应品种所要求的理化项目通过定期型式检验完成验证即可。依据的常见甜味剂标准如下：

《食品安全国家标准　食品添加剂　糖精钠》GB 1886.18—2015

《食品安全国家标准　食品添加剂　环己基氨基磺酸钠（又名甜蜜素）》GB 1886.37—2015

《食品安全国家标准　食品添加剂　天门冬酰苯丙氨酸甲酯（又名阿斯巴甜）》GB 1886.47—2016

《食品安全国家标准　食品添加剂　甜菊糖苷》GB 8270—2014

《食品安全国家标准　食品添加剂　三氯蔗糖》GB 25531—2010

《食品安全国家标准　食品添加剂　乙酰磺胺酸钾（商品名称安赛蜜）》GB 25540—2010

2.抗氧化剂原料检验

抗氧化剂类的原料都是工业品原料，可选择大型规范性企业的产品，同时配合适宜的入厂检验及定期的型式检验。入厂检验的项目比较简单：外包装按照《食品添加剂标识通则》GB 29924检验标识内容的符合性、外包装的完整性；内容物检测项目为色泽、气味、组织状态及干燥失重（减重），食品安全国家标准（GB）对应品种所要求的理化项目通过定期型式检验完成验证即可。

依据的常见抗氧化剂剂标准如下：

《食品安全国家标准　食品添加剂　特丁基对苯二酚》GB 26403—2011

《食品安全国家标准　复配食品添加剂通则》GB 26687—2011

二、生产过程质量检验

生产过程质量检验是对生产制造过程可能对成品质量带来风险的控制点进行检验的方法，生产企业需要根据生产流程分阶段设定需要控制的指标值与检验方法。

煮制工序常规监控检验项目主要是感官指标的生熟度、入味均匀度、甜咸度等，工艺执行控制的检验点是煮制温度与煮制时间。

烤制工序与炒制工序的常规控制检验项目烤（炒）制均匀度、偏煳率、破壳率等指标，工艺控制检验点是炒制温度与炒制时间。

油炸工序的常规控制检验项目是油炸均匀度、偏煳率；工艺控制检验点是油炸温度、油炸时间及油炸油的酸价及油炸油内的残渣等控制检测。

三、成品质量检验

成品质量检验包括感官指标、理化检验、微生物检验和计量检验四个方面。根据产品品类的不同检验项目有所差异。可依据GB 19300、SB/T系列行业标准的要求以及企业内部需要控制的质量项目，制定具体的产品成品检验项目，包括并不限于表1-6-8所示的项目内容。

表1-6-8　产品成品检验指标一览表

项目	定义	指标值	检验方法标准
包装外观	标签标示合规性、封口、气密性	/	内控指标
净含量	除去包装容器和其他包装材料后内容商品的量	JJF 1070	抽样方案、净含量允许短缺量等，见JJF 1070
产品感官	色泽、外观形态、口味、杂质	GB/T 22165	GB/T 22165
水分	产品中游离水分的含量	根据产品品类制定内控	GB 5009.3
盐分	产品可食用部分中氯化钠的含量	内控指标	GB 5009.44
霉变粒（%）	外壳或籽仁出现霉变的颗粒	内控或标准≤2.0(带壳)、0.5(去壳)	GB 19300

续表

项目	定义	指标值	检验方法标准
虫蚀率（%）	被虫蛀蚀，外壳有虫眼或伤及籽仁的颗粒，虫蚀籽占检验样的百分比	≤1.5或内控	SB/T 10553
过氧化值	过氧化值（g/100 g）	内控或执行标准GB 19300	GB 5009.227
酸价	酸价（KOH mg/g）		
食品添加剂	执行GB 2760	执行GB 2760	根据项目从GB 5009族标准中选择对应的方法
污染物和真菌毒素限量	污染物执行GB 2762；真菌毒素执行GB 2761		根据项目从GB 5009族标准中选择对应的方法
农药残留限量	依据GB 2763，并充分调研产地的农药使用状况，制定农药最大残留内控标准	GB 2763	根据所识别制定的项目从GB 5009检测族标准中选择对应的方法标准
备注	1.出厂检验指标项目：包括感官、水分、大肠菌群、净含量指标，检验频次为1次/批 2.企业根据控制能力设定阶段检验项目：盐分、酸价、过氧化值、甜味剂 3.型式检验项目：列表中所有项目 4.表格中的法规标准以编号简称，详见附录一		

第七章　食品包装学基础知识

第一节　现代食品包装概述

随着社会经济的发展和人们生活质量的提高，营养、卫生、安全、食用方便和多层次消费已成为现代人对食品的消费需求。食品离不开包装，包装的好坏直接影响食品的质量、档次和市场销售。近年来，国内外专业人士在包装设计和包装制作方面努力创新，运用新材料、新工艺的新型食品包装不断问世，把食品包装水平推向新的高度。

一、食品包装的含义

《包装术语》GB/T 4122中定义：食品包装为在流通过程中保护产品，方便储运，促进销售，按一定技术方法而采用的容器、材料及辅助物等的总体名称。也指为了达到上述目的而采用容器、材料和辅助物的过程中施加一定方法等的操作活动。

二、食品包装的功能

基本功能主要概括为五个方面。

1.食品安全

预包装食品标签应符合《食品安全国家标准　预包装食品标签通则》GB 7718要求。

2.保护食品

食品在储运、销售、消费等流通过程中常会受到各种不利条件及环境因素的破坏和影响，采用科学合理的包装可使食品免受或者减少这些破坏或影响，以期达到保护食品的目的。

对食品产生破坏的因素大致有两类：一类是自然因素，包括光线、氧气、水及水蒸气、温度、微生物、昆虫、尘埃等，可引起食品变色、氧化、变味、腐败和污染；另一类是人为因素，包括冲击、跌落、振动等，可引起内容物变形、破损和变质等。不同食品，不同的流通环境，对包装保护功能的要求不同。如核桃及其制品极易氧化变质，要求其包装要阻氧避光；某些地区市场高温高湿，要求其产品包装高阻湿阻氧。

3.方便储运

为生产、流通、消费等环节提供诸多方便。

4.促进销售

包装是提高食品竞争能力、促进销售的重要手段。精美的包装能在心理上征服购买者，增加其购买欲望。

随着市场竞争由食品内在质量、价格、成本的竞争转向更高层次的品牌形象竞争，包装形象将直接反映一个品牌和一个企业的形象。现代包装设计已成为企业营销战略的重要组成部分。企业竞争的最终目的是使自己的产品为广大消费者所接受，而产品的包装包含了企业名称、商标、品牌特色以及产品性能、成分含量等商品说明信息，因而包装形象比其他广告宣传媒体更直接、更生动、更广泛地面对消费者。消费者在决定购买动机时，从产品包装上得到更直观精确的品牌和企业形象。食品作为商品所具有的普遍和日常消费性特点，使得其通过包装来传达和树立企业品牌形象显得更重要。

5.提高商品价值

食品包装是食品生产的延续，食品通过包装才能免受各种损害，避免降低或失去其原有的价值。因此，投入包装的价值不但在食品出售时得到补偿，而且能增加食品的价值。食品包装的增值作用不仅体现在直接增加食品价值，而且更体现在通过包装塑造名牌所体现的品牌价值这种无形而巨大的增值方式。

第二节　坚果炒货食品包装基础知识

坚果炒货食品使用基材、油墨、胶水必须满足《食品安全国家标准　食品接触材料及制品用添加剂使用标准》GB 9685及对应基材的卫生安全指标要求。

一、坚果炒货食品常用的软包装基材

纸、聚乙烯膜、聚丙烯膜、聚酯膜、尼龙薄膜、真空蒸镀薄膜、铝箔、EVOH膜。

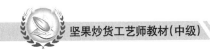

（一）纸

1.纸

《纸、纸板、纸浆及相关术语》GB/T 4687规定，纸就是从悬浮液中将植物纤维、矿物纤维、动物纤维、化学纤维或这些纤维的混合物沉积到适当的成型设备上，经过干燥制成的平整、均匀的薄页。

纸是一种多相的复合体。在纸的成分中，植物纤维素是纸页结构的基础，同时又包含各种不同的胶料、填料和染料等粒子，此外还存在若干水分和空气等液相和气相成分。多种成分构成一张纸，它们各自影响着纸的性质，如纤维的长短，纤维之间的交织状况，纤维与其他成分的分布、排列取向的不同，成纸的性质均有差异。因而不同品种的纸，其所用的纤维原料和制作工艺不尽相同，它们的结构和性质也不一样，这样才能满足各种不同用途的要求。

纸页中纤维之间的交织状况是非均态的，这与造纸设备及打浆方式有关。长网纸机有摇振器，纤维纵横交织好一些；圆网纸机纤维纵向排列较多。抄纸时大部分纤维平行于纸面，但其中的短小纤维垂直于纸面的机会稍多些，还有一部分纤维与水平面呈一定的角度，所以就形成了纸页的三维结构，导致其性质呈各向异性，即纵向和横向性质有差别，甚至竖向（即Z向）性质也不一样，进而出现正、反面差。在抄纸机上与网面接触的纸层叫正面，一般比较平滑，背离网面的纸层谓之反面，比较粗糙。另外在纸页内交织的纤维，因为长短不一，所以形成许多的毛细孔，在毛细孔里吸附着水分子或空气，其数量不尽相同，使纸页的吸收性、透气性、伸缩变形也不相同。

2.纸的分类

◎纸与纸板

造纸工业的产品通常分为纸和纸板，其界限并不十分确定，一般把定量小于225 g/m²的纸页叫作纸张或纸，把定量大于225 g/m²的叫作纸板。不过对于绘图纸、白卡纸、米卡纸等，其实是超过225 g/m²，还是习惯叫纸张；一些小于225 g/m²的折叠盒纸板，却列入纸板类。另外，把定量在200 g/m²以上，以印刷装潢为主要目的的纸，称为卡纸，如250 g/m²铜版卡（纸）、280 g/m²玻璃卡（纸）等。

◎常用食品用纸

1）牛皮纸

牛皮纸是一种通用的高级包装纸。其特点是坚韧结实，有良好的耐折度及纵向撕裂度，根据纸的外观，有单面光、双面光和条纹等品种。

牛皮纸分为A、B、C三级；分单、双牛皮纸；双面牛皮纸分压光和不压光两种。

牛皮纸应以硫酸纸浆或其他强度类似的化学纸浆为主要原料。纸面应平整，不许有折、皱、残缺、斑点、裂口、孔眼等质量问题。

2）铜版纸

铜版纸也称涂料纸，是采用漂白化学木浆为原料，制成原纸再经涂料涂布而成。

涂料是白色颜料（瓷土、硫酸钡、碳酸钙等）、黏合剂（干酪素、合成乳胶、聚乙烯醇等）以及其他添加剂（分散剂、防霉剂、润滑剂）等组成。涂布量每面涂 $12\sim20g/m^2$，然后干燥、卷绕，再送入超级压光机进行压光整饰。

铜版纸具有以下特点：

（1）印刷性好，印刷后图像清晰、光彩悦目。

（2）白度高，光亮度高，白度达85%以上，能够更好地反映出彩色图画的全部色彩，色彩鲜艳，层次丰富。

（3）表面平滑度高，其平滑度达400~600秒。

（4）涂料纸表面强度高，其涂料层耐温，耐摩擦，不掉毛、掉粉。

（5）表面效率高。

（6）含水量适中，pH值为8~9，干燥性好。

（二）聚乙烯膜

1. 高密度聚乙烯

高密度聚乙烯，又称低压聚乙烯（HDPE）的特点如下：

（1）密度最高，$0.941\sim0.965\ g/m^2$，由于结晶度高、透明性最差，是灰白色，基本不透明。

（2）具有很高的强度，冲击强度高，刚性好。

（3）耐高温性高，可在100℃下使用。

（4）电绝缘性优异，耐电压高。

（5）广泛用于购物袋、垃圾袋、撕裂膜等。

2. 中密度聚乙烯

中密度聚乙烯（MDPE）的特点如下：

（1）密度 $0.926\sim0.940\ g/m^2$，比LDPE稍高。

（2）机械强度、刚性、耐热性、耐环境应力开裂性、耐化学性、阻隔性比LDPE均有所提高，但耐冲击性降低。

3. 低密度聚乙烯

低密度聚乙烯，又称高压聚乙烯（LDPE）的特点如下：

（1）密度较低，$0.915\sim0.925\ g/m^2$。

（2）透明度较好，具有一定的光泽。

（3）机械强度较低，良好的柔软性、延伸率高，表明硬度低。

（4）具有耐低温性，脆化温度在-70℃，低温下具有良好的抗冲击性。

（5）吸水率低，防水防潮性能极大，但透气性大，保香性差。

（6）耐化学性能良好。

（7）耐热性较差，软化温度在84℃左右。

（8）电阻率高，极性小，介电损耗少。

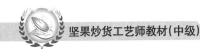

（9）耐候性差，但耐紫外线辐照及其他射线辐照性能良好。

（10）易燃烧，离火能续燃，有熔滴现象，烟雾低。

（11）无毒、无味、无臭，卫生性能好。

（12）应用于各种包装用膜、电线电缆、农业用膜等。

4.线形低密度聚乙烯

线形低密度聚乙烯（LLDPE）的特点如下：

（1）密度 0.920~0.930 g/m²，无毒无味无臭。

（2）熔点比 LDPE 高 10~20℃，熔体黏度高，加工较困难。

（3）物理机械性能明显高于 LDPE，其柔软性、韧性、耐低温性、耐穿刺性均优于 LDPE。

（4）耐环境应力极佳。

（5）热封性好，抗封口污染性较强。

（6）弹性好，可用于生产弹性膜、拉伸缠绕膜。

（7）应用于食品包装膜、农业用膜、拉伸膜、液体包装膜等。

（三）聚丙烯膜

1.聚丙烯通用型平膜

聚丙烯通用型平膜（BOPP薄膜）是将聚丙烯熔融挤出后经过纵横向拉伸所制得的薄膜，是包装上最广泛使用的薄膜之一。主要应用于包装材料，如复合膜基材，还用于印刷后做花托、装饰膜。BOPP薄膜的特点如下：

（1）拉伸强度高，弹性模量高，但抗撕强度低，刚性好。

（2）表面光泽度高，透明性好，适宜作为各种包装材料。

（3）比重小，卫生性好，无毒、无味、无臭。

（4）化学稳定性好，除强酸，如发烟硫酸、硝酸对它有腐蚀作用外，不溶于其他溶剂，只有部分烃类对其有溶胀作用。

（5）阻水性极佳，是阻湿防潮最佳材料之一，吸水率小。

（6）电绝缘性优良，高频绝缘性好。

（7）易老化变脆，耐候性差。

2. 消光BOPP薄膜

消光BOPP薄膜的表层设计为消光（粗化）层，使外观的质感类似纸张，手感舒适。一般消光表层不热封。由于消光层的存在，与BOPP薄膜相比有以下特点：

（1）消光表层能起到遮光作用，表面光泽度也大大降低。

（2）消光表层滑爽性好，因表面粗化具有防黏性，膜卷不易黏结。

（3）拉伸强度比通用膜稍低。

3.BOPP珠光膜

珠光膜是一种三层共挤复合膜，由两层热封性共聚聚丙烯（共聚PP）夹一层含有

$CaCO_3$母料的均聚聚丙烯（均聚PP）共挤成片。将还不呈珠光的原片纵横拉伸近40倍时，即成为BOPP珠光膜。这是因为微粒状（0.5~1 μm）的$CaCO_3$均匀地分散在均聚PP中，当聚丙烯（PP）被拉伸后，$CaCO_3$微粒的直径未发生变化，这样$CaCO_3$微粒分散均匀，那么拉伸形成的微孔也均匀，正是这些孔，折射光线，形成珠光色彩。

除热封型BOPP珠光膜还有非热封型的BOPP珠光膜，用户可以再复合一层PE保护膜，使用厚度为35 μm的双面热封型BOPP珠光膜，可直接用于雪糕、冰淇淋等冷饮制袋，还可用于糖果枕式包装，巧克力、香皂的防护包装及各类瓶盖内垫。厚度为30 μm的双面热封型BOPP珠光膜及复合一层PE保护膜后的膜，广泛用于饼干、甜食、糖果、风味小吃、快餐食品的包装。

4. 流延聚丙烯薄膜

流延聚丙烯薄膜（CPP薄膜）的特点是透明度高，平整度好，耐温性好，具有一定挺括度而不失柔韧性，热封性好。均聚PP热封温度范围窄、脆性大，适用于单层包装；共聚CPP的性能均衡，适宜作为复合膜内层材料。目前一般都是共聚CPP，可充分利用各种PP的特性进行组合，使CPP的性能更加全面。

5. 聚丙烯吹塑膜

聚丙烯吹塑膜（PP吹塑膜）是采用下吹方式生产的，PP在环形模口挤出吹胀后，由风环初步冷却后立即水急冷定型，干燥后卷取，制成品为筒状，也可切开为片膜。

PP吹塑膜生产工艺简单，设备投资少。成品性能与其他方式的膜比较，总体指标有一定的差距，PP吹塑膜的透明度好，刚性好，制袋简单。其厚度均匀性较差，薄膜平整度不够好。

（四）聚酯膜

1. 双向拉伸聚酯薄膜

双向拉伸聚酯薄膜（BOPET薄膜）是PET树脂T模挤出后经双向拉伸所制得，具有优良的性能。

（1）机械性能：抗拉强度是所有塑料薄膜中最高的一种，极薄的产品就能满足需要，刚性强、硬度高。

（2）耐寒耐热性：适用的温度范围为−30~150℃，在较宽的温度范围内保持优良的物理机械性能，适合绝大多数产品包装。

（3）阻隔性：优良的综合阻水、阻气性能，不像尼龙受湿度影响大，其阻水性类似于PE保护膜，透气系数小，对空气、气味的阻隔性极高，是保香性材料之一。

（4）耐化学性：耐油脂、耐大多数溶剂、耐稀酸、耐稀碱 。

（5）电气性能：绝缘性高、介电强度、体积电阻高，常作电容器等绝缘材料。

2. 其他BOPET薄膜

其他用途的BOPET品种繁多，如烫金基膜、电容器专用薄膜、涂层预处理膜等。

（五）尼龙薄膜

尼龙薄膜（BOPA薄膜）为双向拉伸尼龙膜，可用吹塑法同时双向拉伸制得，也可用T模挤出法、逐步双向拉伸法或同步双向拉伸法制得。

BOPA薄膜的特性如下：

（1）优异的强韧性，BOPA薄膜的抗拉强度、撕裂强度、抗冲击强度和破裂强度均是塑料材料中最好的之一。

（2）突出的柔韧性，耐针孔性，不易被内容物戳穿，是BOPA的一大特点，柔性好，也使包装手感好。

（3）阻隔性好，保香性好，耐除强酸外的化学品，特别是耐油性佳。

（4）使用范围宽，可以在-60~130℃之间长期使用，BOPA的机械性能在低温、高温环境下依然保持。

（5）卫生性好，无毒、无味、无臭，适用于卫生要求高的包装。

（6）光学性好，透明度高，光泽佳，装饰性好。

（7）BOPA薄膜的性能受湿度影响大，尺寸稳定性和阻隔性都受湿度的影响。BOPA薄膜受潮后，除起皱外，一般会横向伸长，纵向缩短，伸长率最大可达1%。

（六）真空蒸镀薄膜

1.真空镀铝膜

镀铝膜是唯一用于包装的金属化薄膜。镀铝膜加工方便，产品性能较高，在复合包装中获得广泛运用。

真空镀铝膜是在10~20 Pa的高真空下，将铝丝加热到1 400℃左右汽化后附着在各种基材上，形成真空镀铝薄膜，铝层厚度一般350~550 A。

真空镀铝膜的基材常用的有纸、PET、PA、BOPP、CPP、LDPE、HDPE、PT等。

真空镀铝膜的特点：

（1）具有金属光泽性，装饰性强，却无铝箔的强度低不能弯曲的特点。

（2）极大地提高了阻隔性，具有优异的阻氧、阻水、避光性。

2.陶瓷蒸镀膜

陶瓷蒸镀膜是一种新型包装膜，是以塑料薄膜或纸为基材，在高真空设备中使金属氧化物气化蒸镀在基材表面所获得的薄膜。陶瓷蒸镀膜以其特有的特殊性获得迅速发展，随着镀膜技术工艺的不断完善、产品成本的进一步降低，陶瓷蒸镀膜包装材料将具有十分广泛的应用前景。

陶瓷蒸镀膜的特性：

（1）阻隔性优异，几乎可与铝箔复合材料相近。

（2）透明性好，微波透过性好，耐高温，适用于微波食品。

（3）保香性好，效果如同玻璃包装一样，长期存储或经高温处理后，不会产生异味。

（七）铝箔

铝箔是软包装材料中唯一的金属箔类，包装上具有很长的应用时间。铝箔是金属材料，其阻水、阻气、遮光、保味性是其他任何包装材料难以匹敌的，是至今尚不能完全取代的包装材料。铝箔是采用99.0%~99.7%纯度的电解铝，经过多次压延所制得的，资源丰富，性能价格比具相当优势。

1.铝箔的特点

（1）铝箔具有闪亮的金属光泽，装饰性强。

（2）铝箔无毒、无味、无臭，适合各种食品、药品包装。

（3）相对重量轻，比重仅是铁、铜等的三分之一，富有延伸性，厚度薄，单位面积重量小。

（4）遮光性好，反光率可达95%，常用于反光材料。

（5）保护性强，使包装内容物不易遭受细菌、真菌和昆虫的侵害。

（6）高温和低温状态稳定，温度在−73~371℃时不胀缩变形。

（7）阻隔性极好，防潮、不透气、保香，可防止包装内容物的吸潮、氧化和挥发变质，其阻湿、阻氧性见表1-7-1。

表1-7-1　不同厚度的铝箔的透过率

厚度（μm）	水蒸气透过量[g/(m²·24 h)]	氧气透过量[(ml/m²·24 h)]
9	1.08~10.70	0~200
13	0.6~4.8	0~180
18	0~1.24	0~8
25	0~0.46	0
30~150	0	0

（8）铝箔易于加工，能与各种塑料薄膜及纸等复合。

（9）铝箔的缺点是本身的强度低，极易撕破，不能单独用于包装产品。折叠时易断裂，产生孔眼，不耐酸碱。

2.铝箔的质量要求

◎外观

铝箔表面应清洁、光亮、平整、无迭层、裂口、压痕，无腐蚀痕迹和燃烧的油留下的粗糙面，无润滑油痕迹和斑点，无煤油味。

◎除油污度

复合包装用铝箔的油污等级应用A-B级。

测试方法如下：将未沾污折损的铝箔样品置于45°角的托板上，在样品的两边和中间滴上试液，凡不成珠状而摊平流下的即符合该级标准。

标准液规定：

A级：系以蒸馏水试。

B级：系以含10%酒精的蒸馏水试。

C级：系以含20%酒精的蒸馏水试。

D级：系以含30%酒精的蒸馏水试。

铝箔要经过退火除去压延油污，有油污的铝箔复合后剥离强度会有明显的降低。

◎针孔

理论上铝箔是完全阻隔性材料，但铝箔在加工中受到轧制工艺、轧制油、轧制辊的状况、生产环境等因素的影响，不可避免地会出现针孔等缺陷，所以铝箔的阻隔性就取决于针孔数量和针孔大小，针孔是铝箔质量的重要指标。

GB 3198—2000（见附录一）对铝箔针孔个数及针孔直径规定如表1-7-2所示。

表7-2　铝箔针孔个数及针孔直径规定一览表

| 厚度(mm) | 针孔个数,不大于 | | | | | | 针孔直径(mm) 不大于 | | |
| | 任意1 m²内 | | | 任意4 mm×4 mm或1 mm× 16 mm面积上的针孔个数 | | | | | |
	超高精级	高精级	普通级	超高精级	高精级	普通级	超高精级	高精级	普通级
0.004 5~<0.006 0	供需双方商定						0.1	0.2	0.3
0.006 0	500	1 000	1 500	6	7	8			
>0.006 0 ~ 0.006 5	400	600	1 000						
>0.006 5 ~ 0.007 0	150	300	500						
>0.007 0 ~ 0.009 0	100	150	200						
>0.009 0 ~ 0.012 0	20	50	100						
>0.012 0 ~ 0.018 0	10	30	50	3					
>0.018 0 ~ 0.020 0	3	20	30						
>0.020 0 ~ 0.040 0	0	5	10						
>0.040 0	0	0	0	0					

（八）EVOH薄膜

EVOH即乙烯–乙烯醇的无规共聚树脂，是结晶性聚合物，1972年由日本可乐丽（Kuraray）公司首先工业化生产，是目前阻气性最好的树脂。

EVOH是一种结晶性聚合物，通常乙烯含量32%~48%之间。EVOH的熔融温度随乙烯含量的增加而下降：从乙烯含量为0时温度240℃，呈直线下降到乙烯含量为100%时温度110℃左右。密度随乙烯含量的提高而下降：乙烯含量接近于0的1.36 g/cm²（结晶型）和1.31 g/cm²（无定型）到乙烯含量接近于100%的0.96 g/cm²（无定型）和1.03 g/cm²（结晶型）。

EVOH薄膜的特性：

（1）阻气性：EVOH薄膜是气体阻隔性最佳聚合物之一，其结晶度高，在包装中，用作保香阻隔层。由于EVOH薄膜结构中含有羟基，具有亲水性和吸湿性，当吸附湿气后，气体的阻隔性受影响，加工时常把EVOH薄膜作为中间层使用。

（2）耐油耐化学性：EVOH薄膜具有高度的耐油性，对食用油、非极性油脂、有机溶剂均有良好的耐性.

（3）热稳定性：EVOH薄膜有良好的热稳定性，可以使用一般的热塑性塑料加工设备进行加工，废料可以再利用。EVOH薄膜具有很高的机械强度、弹性、表面硬度、耐磨性。

（4）光学性能好：EVOH薄膜高光泽度、低雾度、透明度高，耐紫外光、耐候性优异。

二、纸箱

纸箱又称为瓦楞纸箱，其主要原材料就是纸板，纸板由一层层瓦楞纸通过坑纸机胶合而成。最外面的那层纸称为表纸，最里面的纸称为里纸，中间凹凸不平的纸称为坑纸（瓦楞纸），两坑纸之间的纸称为芯纸。

三、罐

罐可以分为塑料罐、铁罐和纸塑复合罐。

塑料罐：常用的是PET罐和PP罐，封口方式有马口铁易拉盖封口、铝易撕盖封口、感应铝箔垫片封口、压敏垫片封口。

铁罐：分为两片罐和三片罐，其中两片罐为新型铁罐（覆膜铁）。封口方式为马口铁易拉盖封口、铝易撕盖封口。

纸塑复合罐：封口方式有马口铁易拉盖封口、铝易撕盖封口、纸塑热封封口（薯片类）。

第八章 相关法律、法规知识

作为一名坚果炒货工艺师，肩负着保障食品安全的责任，就必须有法律意识，不仅要遵守国家有关法律法规，还要学习掌握有关标准知识，了解国家有关政策规定，特别是近年来食品安全国家标准更新较快，要保持高度的敏感性，及时了解相关标准的更改动向，准确识别新发布的相关标准条款，只有这样，才能在工作中得心应手，有效保障企业经济利益。

注：本章节引用的是国家现行的法规标准，有些法规中的单位名称和标准可能更改或废止，请以最新内容为准。部分法规标准以编号简称，详见附录一。

第一节　相关法律知识

一、《中华人民共和国食品安全法》（2018年修正）的相关知识

《中华人民共和国食品安全法》是为保证食品安全，保障公众身体健康和生命安全制定，由全国人民代表大会常务委员会于2009年2月28日第十一届全国人民代表大会常务委员会第七次会议通过，2015年4月24日第十二届全国人民代表大会常务委员会第十四次会议修订，根据2018年12月29日第十三届全国人民代表大会常务委员会第七次会议《关于修改〈中华人民共和国产品质量法〉等五部法律的决定》修正。

在中华人民共和国境内从事下列活动，应当遵守本法：

第一，食品生产和加工（以下称食品生产），食品销售和餐饮服务（以下称食品经营）；

第二，食品添加剂的生产经营；

第三，用于食品的包装材料、容器、洗涤剂、消毒剂和用于食品生产经营的工具、设备（以下称食品相关产品）的生产经营；

第四，食品生产经营者使用食品添加剂、食品相关产品；

第五，食品的贮存和运输；

第六，对食品、食品添加剂、食品相关产品的安全管理。

供食用的源于农业的初级产品（以下称食用农产品）的质量安全管理，遵守《中华人民共和国农产品质量安全法》的规定。但是，食用农产品的市场销售、有关质量安全标准的制定、有关安全信息的公布和本法对农业投入品作出规定的，应当遵守本法的规定。

1.食品安全风险监测和评估

（1）食品安全风险监测

国家建立食品安全风险监测制度，对食源性疾病、食品污染以及食品中的有害因素进行监测。

• 食源性疾病

• 食品污染

• 食品中的有害因素

国务院卫生行政部门会同国务院食品安全监督管理等部门，制定、实施国家食品安全风险监测计划。

国务院食品安全监督管理部门和其他有关部门获知有关食品安全风险信息后，应当立即核实并向国务院卫生行政部门通报。对有关部门通报的食品安全风险信息以及医疗机构报告的食源性疾病等有关疾病信息，国务院卫生行政部门应当会同国务院有关部门分析研究，认为必要的，及时调整国家食品安全风险监测计划。

省、自治区、直辖市人民政府卫生行政部门会同同级食品安全监督管理等部门，根据国家食品安全风险监测计划，结合本行政区域的具体情况，制定、调整本行政区域的食品安全风险监测方案，报国务院卫生行政部门备案并实施。

（2）食品安全风险评估

国家建立食品安全风险评估制度，运用科学方法，根据食品安全风险监测信息、科学数据以及有关信息，对食品、食品添加剂、食品相关产品中生物性、化学性和物理性危害因素进行风险评估。

国务院卫生行政部门负责组织食品安全风险评估工作，成立由医学、农业、食品、营养、生物、环境等方面的专家组成的食品安全风险评估专家委员会进行食品安全风险评估。食品安全风险评估结果由国务院卫生行政部门公布。

对农药、肥料、兽药、饲料和饲料添加剂等的安全性评估，应当有食品安全风险评估专家委员会的专家参加。

食品安全风险评估不得向生产经营者收取费用，采集样品应当按照市场价格支付费用。

有下列情形之一的，应当进行食品安全风险评估：

①通过食品安全风险监测或者接到举报发现食品、食品添加剂、食品相关产品可能存在安全隐患的。

②为制定或者修订食品安全国家标准提供科学依据需要进行风险评估的。

③为确定监督管理的重点领域、重点品种需要进行风险评估的。

④发现新的可能危害食品安全因素的。

⑤需要判断某一因素是否构成食品安全隐患的。

⑥国务院卫生行政部门认为需要进行风险评估的其他情形。

2. 食品安全标准

食品安全标准是指为了保证食品安全，对食品生产经营过程中影响食品安全的各种要素以及各关键环节所规定的统一技术要求。内容主要涉及：食品、食品相关产品中危害人体健康物质的限量规定；食品添加剂的品种、使用范围、用量；专供婴幼儿的主辅食品的营养成分要求；对与食品安全、营养有关的标签、标识、说明书的要求；食品生产经营过程中的卫生要求；与食品安全有关的质量要求；食品检验方法与规程等。

食品安全标准是强制执行的标准。除食品安全标准外，不得制定其他的食品强制性标准。食品安全标准应当包括下列内容：

（1）食品、食品相关产品中的致病性微生物、农药残留、兽药残留、重金属、污染物质以及其他危害人体健康物质的限量规定。

（2）食品添加剂的品种、使用范围、用量。

（3）专供婴幼儿和其他特定人群的主辅食品的营养成分要求。

（4）对与食品安全、营养有关的标签、标识、说明书的要求。

（5）食品生产经营过程的卫生要求。

（6）与食品安全有关的质量要求。

（7）食品检验方法与规程。

（8）其他需要制定为食品安全标准的内容。

食品安全国家标准由国务院卫生行政部门会同国务院食品安全监督管理部门制定、公布，国务院标准化行政部门提供国家标准编号。食品中农药残留、兽药残留的限量规定及其检验方法与规程由国务院卫生行政部门、国务院农业行政部门会同国务院食品安全监督管理部门制定。屠宰畜、禽的检验规程由国务院农业行政部门会同国务院卫生行政部门制定。有关产品国家标准涉及食品安全国家标准规定内容的，应当与食品安全国家标准相一致。没有食品安全国家标准的，可以制定食品安全地方标准。省、自治区、直辖市人民政府卫生行政部门组织制定食品安全地方标准，应当参照执行本法有关食品安全国家标准制定的规定上，并报国务院卫生行政部门备案。企业生产的食品没有食品安全国家标准或者地方标准的，应当制定企业标准，作为组织生产的依据。国家鼓励食品生产企业制定严于食品安全国家标准或者地方标准的企业标准。企业标准应当报省卫生行政部门备案，在本企业内部适用。

3. 食品生产经营

食品生产经营应当符合食品安全标准，并符合下列要求：

（1）具有与生产经营的食品品种、数量相适应的食品原料处理和食品加工、包装、贮存等场所，保持该场所环境整洁，并与有毒、有害场所以及其他污染源保持规定的距离。

（2）具有与生产经营的食品品种、数量相适应的生产经营设备或者设施，有相应的消毒、更衣、盥洗、采光、照明、通风、防腐、防尘、防蝇、防鼠、防虫、洗涤以及处理废水、存放垃圾和废弃物的设备或者设施。

（3）有食品安全专业技术人员、管理人员和保证食品安全的规章制度。

（4）具有合理的设备布局和工艺流程，防止待加工食品与直接入口食品、原料与成品交叉污染，避免食品接触有毒物、不洁物。

（5）餐具、饮具和盛放直接入口食品的容器，使用前应当洗净、消毒，炊具、用具用后应当洗净，保持清洁。

（6）贮存、运输和装卸食品的容器、工具和设备应当安全、无害，保持清洁，防止食品污染，并符合保证食品安全所需的温度等特殊要求，不得将食品与有毒、有害物品一同运输。

（7）直接入口的食品应当有小包装或者使用无毒、清洁的包装材料、餐具。

（8）食品生产经营人员应当保持个人卫生，生产经营食品时，应当将手洗净，穿戴清洁的工作衣、帽；销售无包装的直接入口食品时，应当使用无毒、清洁的售货工具。

（9）用水应当符合国家规定的生活饮用水卫生标准。

（10）使用的洗涤剂、消毒剂应当对人体安全、无害。

（11）法律、法规规定的其他要求。

禁止生产经营下列食品：

（1）用非食品原料生产的食品或者添加食品添加剂以外的化学物质和其他可能危害人体健康物质的食品，或者用回收食品作为原料生产的食品。

（2）致病性微生物、农药残留、兽药残留、重金属、污染物质以及其他危害人体健康的物质含量超过食品安全标准限量的食品。

（3）营养成分不符合食品安全标准的专供婴幼儿和其他特定人群的主辅食品。

（4）腐败变质、油脂酸败、霉变生虫、污秽不洁、混有异物、掺假掺杂或者感官性状异常的食品。

（5）病死、毒死或者死因不明的禽、畜、兽、水产动物肉类及其制品。

（6）未经动物卫生监督机构检疫或者检疫不合格的肉类，或者未经检验或者检验

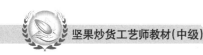

不合格的肉类制品。

（7）被包装材料、容器、运输工具等污染的食品。

（8）超过保质期的食品。

（9）无标签的预包装食品。

（10）国家为防病等特殊需要明令禁止生产经营的食品。

（11）其他不符合食品安全标准或者要求的食品。

预包装食品的包装上应当有标签。标签应当标明下列事项：

（1）名称、规格、净含量、生产日期。

（2）成分或者配料表。

（3）生产者的名称、地址、联系方式。

（4）保质期。

（5）产品标准代号。

（6）贮存条件。

（7）所使用的食品添加剂在国家标准中的通用名称。

（8）生产许可证编号。

（9）法律、法规或者食品安全标准规定应当标明的其他事项。

专供婴幼儿和其他特定人群的主辅食品，其标签还应当标明主要营养成分及其含量。

食品安全国家标准对标签标注事项另有规定的，从其规定。

二、《中华人民共和国产品质量法》（2018修正）的相关知识

《中华人民共和国产品质量法》于1993年2月22日第七届全国人民代表大会常务委员会第三十次会议通过。

该法规根据2000年7月8日第九届全国人民代表大会常务委员会第十六次会议《关于修改〈中华人民共和国产品质量法〉的决定》第一次修正；根据2009年8月27日第十一届全国人民代表大会常务委员会第十次会议《关于修改部分法律的决定》第二次修正；根据2018年12月29日第十三届全国人民代表大会常务委员会第七次会议《关于修改〈中华人民共和国产品质量法〉等五部法律的决定》第三次修正。

《中华人民共和国产品质量法》是为了加强对产品质量的监督管理，提高产品质量水平，明确产品质量责任，保护消费者的合法权益，维护社会经济秩序而制定的。在中华人民共和国境内从事产品生产、销售活动，必须遵守本法。

1.产品质量的监督

产品质量应当检验合格，不得以不合格产品冒充合格产品。可能危及人体健康和人身、财产安全的工业产品，必须符合保障人体健康和人身、财产安全的国家标准、行业标准；未制定国家标准、行业标准的，必须符合保障人体健康和人身、财

产安全的要求。禁止生产、销售不符合保障人体健康和人身、财产安全的标准和要求的工业产品。国家根据国际通用的质量管理标准，推行企业质量体系认证制度。企业根据自愿原则可以向国务院市场监督管理部门认可的或者国务院市场监督管理部门授权的部门认可的认证机构申请企业质量体系认证。经认证合格的，由认证机构颁发企业质量体系认证证书。国家参照国际先进的产品标准和技术要求，推行产品质量认证制度。企业根据自愿原则可以向国务院市场监督管理部门认可的或者国务院市场监督管理部门授权的部门认可的认证机构申请产品质量认证。经认证合格的，由认证机构颁发产品质量认证证书，准许企业在产品或者其包装上使用产品质量认证标志。

（1）国家对产品质量实行以抽查为主要方式的监督检查制度，对可能危及人体健康和人身、财产安全的产品，影响国计民生的重要工业产品以及消费者、有关组织反映有质量问题的产品进行抽查。抽查的样品应当在市场上或者企业成品仓库内的待销产品中随机抽取。监督抽查工作由国务院市场监督管理部门规划和组织。县级以上地方市场监督管理部门在本行政区域内也可以组织监督抽查。法律对产品质量的监督检查另有规定的，依照有关法律的规定执行。国家监督抽查的产品，地方不得另行重复抽查；上级监督抽查的产品，下级不得另行重复抽查。根据监督抽查的需要，可以对产品进行检验。检验抽取样品的数量不得超过检验的合理需要，并不得向被检查人收取检验费用。

（2）对依法进行的产品质量监督检查，生产者、销售者不得拒绝。

（3）依照本法规定进行监督抽查的产品质量不合格的，由实施监督抽查的市场监督管理部门责令其生产者、销售者限期改正。逾期不改正的，由省级以上人民政府市场监督管理部门予以公告；公告后经复查仍不合格的，责令停业，限期整顿；整顿期满后经复查产品质量仍不合格的，吊销营业执照。监督抽查的产品有严重质量问题的，依照本法的有关规定处罚。

（4）县级以上市场监督管理部门根据已经取得的违法嫌疑证据或者举报，对涉嫌违反本法规定的行为进行查处时，可以行使下列职权：对当事人涉嫌从事违反本法的生产、销售活动的场所实施现场检查；向当事人的法定代表人、主要负责人和其他有关人员调查、了解与涉嫌从事违反本法的生产、销售活动有关的情况；查阅、复制当事人有关的合同、发票、账簿以及其他有关资料；对有根据认为不符合保障人体健康和人身、财产安全的国家标准、行业标准的产品或者有其他严重质量问题的产品，以及直接用于生产、销售该项产品的原辅材料、包装物、生产工具，予以查封或者扣押。

2.生产者、销售者的产品质量责任和义务

（1）生产者应当对其生产的产品质量负责。产品质量应当符合下列要求：不存在危及人身、财产安全的不合理的危险，有保障人体健康和人身、财产安全的国家标准、行业标准的，应当符合该标准；具备产品应当具备的使用性能，但是，对产品存在使用性能的瑕疵作出说明的除外；符合在产品或者其包装上注明采用的产品标准，符合以产品说明、实物样品等方式表明的质量状况。

（2）产品或者其包装上的标识必须真实，并符合下列要求：有产品质量检验合格证明；有中文标明的产品名称、生产厂厂名和厂址；根据产品的特点和使用要求，需要标明产品规格、等级、所含主要成分的名称和含量的，用中文相应予以标明；需要事先让消费者知晓的，应当在外包装上标明，或者预先向消费者提供有关资料；限期使用的产品，应当在显著位置清晰地标明生产日期和安全使用期或者失效日期；使用不当，容易造成产品本身损坏或者可能危及人身、财产安全的产品，应当有警示标志或者中文警示说明。裸装的食品和其他根据产品的特点难以附加标识的裸装产品，可以不附加产品标识。

（3）易碎、易燃、易爆、有毒、有腐蚀性、有放射性等危险物品以及储运中不能倒置和其他有特殊要求的产品，其包装质量必须符合相应要求，依照国家有关规定作出警示标志或者中文警示说明，标明储运注意事项。

（4）生产者不得生产国家明令淘汰的产品；生产者不得伪造产地，不得伪造或者冒用他人的厂名、厂址；生产者不得伪造或者冒用认证标志等质量标志；生产者生产产品，不得掺杂、掺假，不得以假充真、以次充好，不得以不合格产品冒充合格产品。

（5）销售者应当建立并执行进货检查验收制度，验明产品合格证明和其他标识；销售者应当采取措施，保持销售产品的质量；销售者不得销售国家明令淘汰并停止销售的产品和失效、变质的产品。销售者销售的产品的标识应当符合本法的规定；销售者不得伪造产地，不得伪造或者冒用他人的厂名、厂址；销售者不得伪造或者冒用认证标志等质量标志；销售者销售产品，不得掺杂、掺假，不得以假充真、以次充好，不得以不合格产品冒充合格产品。

3. 损害赔偿

（1）售出的产品有下列情形之一的，销售者应当负责修理、更换、退货；给购买产品的消费者造成损失的，销售者应当赔偿损失：不具备产品应当具备的使用性能而事先未作说明的；不符合在产品或者其包装上注明采用的产品标准的；不符合以产品说明、实物样品等方式表明的质量状况的。销售者依照前款规定负责修理、更换、退货、赔偿损失后，属于生产者的责任或者属于向销售者提供产品的其他销售者（以下简称供货者）的责任的，销售者有权向生产者、供货者追偿。销售者未按照第一款规定给予修理、更换、退货或者赔偿损失的，由市场监督管理部门责令改正。生产者之间，销售者之间，生产者与销售者之间订立的买卖合同、承揽合同有不同约定的，合同当事人按照合同约定执行。

（2）因产品存在缺陷造成人身、缺陷产品以外的其他财产（以下简称他人财产）损害的，生产者应当承担赔偿责任。生产者能够证明有下列情形之一的，不承担赔偿责任：未将产品投入流通的；产品投入流通时，引起损害的缺陷尚不存在的；将产品投入流通时的科学技术水平尚不能发现缺陷的存在的。

（3）由于销售者的过错使产品存在缺陷，造成人身、他人财产损害的，销售者应当承担赔偿责任。销售者不能指明缺陷产品的生产者也不能指明缺陷产品的供货者的，销售者应当承担赔偿责任。

（4）因产品存在缺陷造成人身、他人财产损害的，受害人可以向产品的生产者要求赔偿，也可以向产品的销售者要求赔偿。属于产品的生产者的责任，产品的销售者赔偿的，产品的销售者有权向产品的生产者追偿。属于产品的销售者的责任，产品的生产者赔偿的，产品的生产者有权向产品的销售者追偿。

（5）因产品存在缺陷造成受害人人身伤害的，侵害人应当赔偿医疗费、治疗期间的护理费、因误工减少的收入等费用；造成残疾的，还应当支付残疾者生活自助费、生活补助费、残疾赔偿金以及由其扶养的人所必需的生活费等费用；造成受害人死亡的，并应当支付丧葬费、死亡赔偿金以及由死者生前扶养的人所必需的生活费等费用。因产品存在缺陷造成受害人财产损失的，侵害人应当恢复原状或者折价赔偿。受害人因此遭受其他重大损失的，侵害人应当赔偿损失。

（6）因产品存在缺陷造成损害要求赔偿的诉讼时效期间为二年，自当事人知道或者应当知道其权益受到损害时起计算。因产品存在缺陷造成损害要求赔偿的请求权，在造成损害的缺陷产品交付最初消费者满十年丧失；但是，尚未超过明示的安全使用期的除外。

（7）本法所称缺陷，是指产品存在危及人身、他人财产安全的不合理的危险；产品有保障人体健康和人身、财产安全的国家标准、行业标准的，是指不符合该标准。

（8）因产品质量发生民事纠纷时，当事人可以通过协商或者调解解决。当事人不愿通过协商、调解解决或者协商、调解不成的，可以根据当事人各方的协议向仲裁机构申请仲裁；当事人各方没有达成仲裁协议或者仲裁协议无效的，可以直接向人民法院起诉。

4. 罚则

（1）生产、销售不符合保障人体健康和人身、财产安全的国家标准、行业标准的产品的，责令停止生产、销售，没收违法生产、销售的产品，并处违法生产、销售产品（包括已售出和未售出的产品，下同）货值金额等值以上三倍以下的罚款；有违法所得的，并处没收违法所得；情节严重的，吊销营业执照；构成犯罪的，依法追究刑事责任。

（2）在产品中掺杂、掺假，以假充真，以次充好，或者以不合格产品冒充合格产品的，责令停止生产、销售，没收违法生产、销售的产品，并处违法生产、销售产品货值金额百分之五十以上三倍以下的罚款；有违法所得的，并处没收违法所得；情节严重的，吊销营业执照；构成犯罪的，依法追究刑事责任。

（3）生产国家明令淘汰的产品的，销售国家明令淘汰并停止销售的产品的，责令

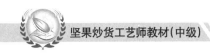

停止生产、销售，没收违法生产、销售的产品，并处违法生产、销售产品货值金额等值以下的罚款；有违法所得的，并处没收违法所得；情节严重的，吊销营业执照。

（4）销售失效、变质的产品的，责令停止销售，没收违法销售的产品，并处违法销售产品货值金额两倍以下的罚款；有违法所得的，并处没收违法所得；情节严重的，吊销营业执照；构成犯罪的，依法追究刑事责任。

（5）伪造产品产地的，伪造或者冒用他人厂名、厂址的，伪造或者冒用认证标志等质量标志的，责令改正，没收违法生产、销售的产品，并处违法生产、销售产品货值金额等值以下的罚款；有违法所得的，并处没收违法所得；情节严重的，吊销营业执照。

（6）在广告中对产品质量作虚假宣传，欺骗和误导消费者的，依照《中华人民共和国广告法》的规定追究法律责任。

（7）隐匿、转移、变卖、损毁被市场监督管理部门查封、扣押的物品的，处被隐匿、转移、变卖、损毁物品货值金额等值以上三倍以下的罚款；有违法所得的，并处没收违法所得。

（8）以暴力、威胁方法阻碍市场监督管理部门的工作人员依法执行职务的，依法追究刑事责任；拒绝、阻碍未使用暴力、威胁方法的，由公安机关依照治安管理处罚法的规定处罚。

三、《中华人民共和国消费者权益保护法》的相关知识

《中华人民共和国消费者权益保护法》于1993年10月31日第八届全国人民代表大会常务委员会第四次会议通过，根据2009年8月27日第十一届全国人民代表大会常务委员会第十次会议《关于修改部分法律的决定》第一次修正，根据2013年10月25日第十二届全国人民代表大会常务委员会第五次会议《关于修改的决定》第二次修正。

《中华人民共和国消费者权益保护法》是为保护消费者的合法权益，维护社会经济秩序，促进社会主义市场经济健康发展而制定，规定了消费者的权利、经营者的义务等相关法律问题，要求作为经营者的生产企业必须遵守。

1.消费者的主要权利（选摘）

（1）消费者在购买、使用商品和接受服务时享有人身、财产安全不受损害的权利。消费者有权要求经营者提供的商品和服务，符合保障人身、财产安全的要求。

（2）消费者享有知悉其购买、使用的商品或者接受的服务的真实情况的权利。

（3）消费者享有自主选择商品或者服务的权利。

（4）消费者享有公平交易的权利。

（5）消费者在购买商品或者接受服务时，有权获得质量保障、价格合理、计量正确等公平交易条件，有权拒绝经营者的强制交易行为。

（6）消费者因购买、使用商品或者接受服务受到人身、财产损害的，享有依法获

得赔偿的权利。

2.经营者的主要义务（选摘）

（1）经营者向消费者提供商品或者服务，应当依照本法和其他有关法律、法规的规定履行义务。经营者和消费者有约定的，应当按照约定履行义务，但双方的约定不得违背法律、法规的规定。

（2）经营者应当听取消费者对其提供的商品或者服务的意见，接受消费者的监督。

（3）经营者应当保证其提供的商品或者服务符合保障人身、财产安全的要求。对可能危及人身、财产安全的商品和服务，应当向消费者作出真实的说明和明确的警示，并说明和标明正确使用商品或者接受服务的方法以及防止危害发生的方法。

（4）经营者发现其提供的商品或者服务存在缺陷，有危及人身、财产安全危险的，应当立即向有关行政部门报告和告知消费者，并采取停止销售、警示、召回、无害化处理、销毁、停止生产或者服务等措施。采取召回措施的，经营者应当承担消费者因商品被召回支出的必要费用。

（5）经营者向消费者提供有关商品或者服务的质量、性能、用途、有效期限等信息，应当真实、全面，不得作虚假或者引人误解的宣传。经营者对消费者就其提供的商品或者服务的质量和使用方法等问题提出的询问，应当作出真实、明确的答复。

（6）经营者应当保证在正常使用商品或者接受服务的情况下其提供的商品或者服务应当具有的质量、性能、用途和有效期限；但消费者在购买该商品或者接受该服务前已经知道其存在瑕疵，且存在该瑕疵不违反法律强制性规定的除外。

（7）经营者在经营活动中使用格式条款的，应当以显著方式提请消费者注意商品或者服务的数量和质量、价款或者费用、履行期限和方式、安全注意事项和风险警示、售后服务、民事责任等与消费者有重大利害关系的内容，并按照消费者的要求予以说明。经营者不得以格式条款、通知、声明、店堂告示等方式，作出排除或者限制消费者权利、减轻或者免除经营者责任、加重消费者责任等对消费者不公平、不合理的规定，不得利用格式条款并借助技术手段强制交易。格式条款、通知、声明、店堂告示等含有前款所列内容的，其内容无效。

（8）经营者以广告、产品说明、实物样品或者其他方式表明商品或者服务的质量状况的，应当保证其提供的商品或者服务的实际质量与表明的质量状况相符。

3.争议解决及法律责任

（1）消费者和经营者发生消费者权益争议的，可以通过下列途径解决：与经营者协商和解；请求消费者协会或者依法成立的其他调解组织调解；向有关行政部门投诉；根据与经营者达成的仲裁协议提请仲裁机构仲裁；向人民法院提起诉讼。

（2）依法经有关行政部门认定为不合格的商品，消费者要求退货的，经营者应当负责退货。

（3）出现需赔偿问题后，消费者有权向销售者或生产者的任何一方要求赔偿。赔

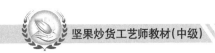

偿后，属于生产者责任的由生产者承担，属于销售者责任的由销售者承担。如原企业分立、合并的，可以向变更后承受其权利义务的企业要求赔偿。经营者提供商品有欺诈行为的，应当向消费者双倍赔偿。

（4）经营者以预收款方式提供商品或者服务的，应当按照约定提供。未按照约定提供的，应当按照消费者的要求履行约定或者退回预付款；并应当承担预付款的利息、消费者必须支付的合理费用。

（5）经营者提供商品或者服务，造成消费者或者其他受害人人身伤害的，应当赔偿医疗费、护理费、交通费等为治疗和康复支出的合理费用，以及因误工减少的收入。造成残疾的，还应当赔偿残疾生活辅助具费和残疾赔偿金。造成死亡的，还应当赔偿丧葬费和死亡赔偿金；构成犯罪的，依法追究刑事责任。

（6）经营者有生产、销售的商品不符合保障人身、财产安全要求的；在商品中掺杂、掺假，以假充真，以次充好，或者以不合格商品冒充合格商品的；生产国家明令淘汰的商品或者销售失效、变质的商品的；伪造商品的产地，伪造或者冒用他人的厂名、厂址，篡改生产日期，伪造或者冒用认证标志等质量标志的；销售的商品应当检验、检疫而未检验、检疫或者伪造检验、检疫结果的；对商品或者服务作虚假或者引人误解的宣传的；拒绝或者拖延有关行政部门责令对缺陷商品或者服务采取停止销售、警示、召回、无害化处理、销毁、停止生产或者服务等措施的；对消费者提出的修理、重做、更换、退货、补足商品数量、退还货款和服务费用或者赔偿损失的要求，故意拖延或者无理拒绝的；侵害消费者人格尊严、侵犯消费者人身自由或者侵害消费者个人信息依法得到保护的权利的；法律、法规规定的对损害消费者权益应当予以处罚的其他情形等。依照法律、法规的规定承担民事责任；法律、法规未作规定的，由工商行政管理部门责令改正，并根据情节处以罚款或责令停业整顿、吊销营业执照。

（7）经营者对行政处罚决定不服的，可以依法申请行政复议或者提起行政诉讼。

四、《中华人民共和国专利法》相关知识

《中华人民共和国专利法》于1984年3月12日第六届全国人民代表大会常务委员会第四次会议通过，根据1992年9月4日第七届全国人民代表大会常务委员会第二十七次会议《关于修改〈中华人民共和国专利法〉的决定》第一次修正，根据2000年8月25日第九届全国人民代表大会常务委员会第十七次会议《关于修改〈中华人民共和国专利法〉的决定》第二次修正；根据2008年12月27日第十一届全国人民代表大会常务委员会第六次会议《关于修改〈中华人民共和国专利法〉的决定》第三次修正。

《中华人民共和国专利法》是为了保护专利权人的合法权益，鼓励发明创造，推动发明创造的应用，提高创新能力，促进科学技术进步和经济社会发展而制定的。本法所称的发明创造是指发明、实用新型和外观设计。发明，是指对产品、方法或者其改

进所提出的新的技术方案；实用新型，是指对产品的形状、构造或者其结合所提出的适于实用的新的技术方案；外观设计，是指对产品的形状、图案或者其结合以及色彩与形状、图案的结合所作出的富有美感并适于工业应用的新设计。

1.总则

（1）对违反法律、社会公德或者妨害公共利益的发明创造，不授予专利权。

（2）执行本单位的任务或者主要是利用本单位的物质技术条件所完成的发明创造为职务发明创造。职务发明创造申请专利的权利属于该单位；申请被批准后，该单位为专利权人。

（3）两个以上单位或者个人合作完成的发明创造、一个单位或者个人接受其他单位或者个人委托所完成的发明创造，除另有协议的以外，申请专利的权利属于完成或者共同完成的单位或者个人；申请被批准后，申请的单位或者个人为专利权人。

（4）只同样的发明创造能授予一项专利权。但是，同一申请人同日对同样的发明创造既申请实用新型专利又申请发明专利，先获得的实用新型专利权尚未终止，且申请人声明放弃该实用新型专利权的，可以授予发明专利权。

（5）两个以上的申请人分别就同样的发明创造申请专利的，专利权授予最先申请的人。

（6）专利申请权和专利权可以转让。

中国单位或者个人向外国人、外国企业或者外国其他组织转让专利申请权或者专利权的，应当依照有关法律、行政法规的规定办理手续。

转让专利申请权或者专利权的，当事人应当订立书面合同，并向国务院专利行政部门登记，由国务院专利行政部门予以公告。专利申请权或者专利权的转让自登记之日起生效。

（7）发明人或者设计人有权在专利文件中写明自己是发明人或者设计人。

（8）任何单位或者个人将在中国完成的发明或者实用新型向外国申请专利的，应当事先报经国务院专利行政部门进行保密审查。保密审查的程序、期限等按照国务院的规定执行。

2.授权专利权的条件

（1）授予专利权的发明和实用新型，应当具备新颖性、创造性和实用性。

（2）申请专利的发明创造在申请日以前六个月内，有下列情形之一的，不丧失新颖性：在中国政府主办或者承认的国际展览会上首次展出的；在规定的学术会议或者技术会议上首次发表的；他人未经申请人同意而泄露其内容的。

（3）对下列各项，不授予专利权：科学发现；智力活动的规则和方法；疾病的诊断和治疗方法；动物和植物品种；用原子核变换方法获得的物质；对平面印刷品的图案、色彩或者二者的结合做出的主要起标识作用的设计。

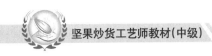

3.专利的申请

1）撰写全套专利申请资料

按国家专利局要求撰写申请资料［包括专利请求书、权利要求书、说明书（说明书有附图的，应当提交说明书附图）、说明书摘要］，申请人可以自行填写或撰写，也可以委托专利代理机构代为办理。

尽管委托专利代理是非强制性的，但是考虑到撰写申请文件的重要性与专业性，以及审批程序的法律严谨性，国家专利管理部门不接受企业或个人申报，只能委托专利代理机构。

2）提交专利申请资料

专利申报需提交资料包括：专利请求书、专利权利要求书、说明书（说明书有附图的，应当提交说明书附图）、说明书摘要，另外还需提供申请人登记表、专利代理委托书、专利费用减缓申请审批表等相关附件。

3）专利受理及受理通知书

专利申请资料撰写完成后可向专利局受理处提交申请，对符合受理条件的申请，将确定申请日，给予申请号，发出受理通知书，一般在一个月左右可以收到国家知识产权局专利局的受理通知书；不符合受理条件的，将收到不受理通知书以及退还的申请文件复印件。超过一个月尚未收到专利局通知的，申请人应当及时向专利局受理处查询，以及时发现申请文件或通知书在邮寄中可能的丢失。

4）专利申请费用缴纳

申请费以及其他费用都可以直接向专利局收费处或专利局代办处面交，或通过银行或邮局汇付。

当面交申请文件的，可以在取得受理通知书及缴纳申请费通知书以后，当时缴纳申请费。通过邮寄方式提交申请的，应当在收到受理通知书及缴纳申请费通知书以后再缴纳申请费，因为缴纳申请费需要写明相应的申请号，但是缴纳申请费的日期最迟不得超过自申请日起两个月。

5）专利审批程序

依据国家专利法规定，发明专利申请的审批程序包括受理、初审、公布、实审以及授权五个阶段。实用新型或者外观设计专利申请在审批中不进行早期公布和实质审查，只有受理、初审和授权三个阶段。

专利审批时间：实用新型专利10个月，发明专利3~4年。

6）对申请文件的主动修改和补正

申请人可以视需要选择对申请文件的主动修改和补正。发明专利申请只允许在提出实审请求时和收到专利局发出的发明专利申请进入实质审查阶段通知书之日起三个月内对申请文件进行主动修改。实用新型和外观设计专利申请，只允许在申请日起两个月内提出主动修改。

7）答复专利局的各种通知书

（1）遵守答复期限，逾期答复和不答复后果是一样的。

针对专利局审查意见通知书指出的问题，分类逐条答复。答复可以表示同意审查员的意见，按照审查意见办理补正或者对申请进行修改；不同意审查员意见的，应陈述意见及理由。

（2）属于格式或者手续方面的缺陷，一般可以通过补正消除缺陷；明显实质性缺陷一般难以通过补正或者修改消除，多数情况下只能就是否存在或属于明显实质性缺陷进行申辩和陈述意见。

（3）对发明或者实用新型专利申请的补正或者修改均不得超出原说明书和权利要求书记载的范围，对外观设计专利申请的修改不得超出原图片或者照片表示的范围。修改文件应当按照规定格式提交替换页。

（4）答复应当按照规定的格式提交文件。如提交补正书或意见陈述书。一般补正形式问题或手续方面的问题使用补正书，修改申请的实质内容使用意见陈述书，申请人不同意审查员意见，进行申辩时使用意见陈述书。

8）申请被视为撤回及其恢复

逾期未办理规定手续的，申请将被视为撤回，专利局将发出视为撤回通知书。申请人如有正当理由，可以在收到视为撤回通知书之日起两个月内，向专利局请求恢复权利，并说明理由。请求恢复权利的，应当提交"恢复权利请求书"，说明耽误期限的正当理由，缴纳恢复费，同时补办未完成的各种应当办理的手续。补办手续及补缴费用一般应当在上述两个月内完成。

9）驳回申请及请求复审

在审查程序中，申请人应审查员要求陈述意见或进行修改或补正以后，专利局认为申请仍不符合专利法及其实施细则规定的，将作出驳回申请的决定，书面通知申请人。申请人对专利局驳回申请的决定不服的，可以在收到通知之日起三个月内向国家知识产权局复审委员会请求复审。请求复审应当提交"复审请求书"一式两份，在其中说明复审的理由，复审理由应当针对专利局的驳回决定中提出的事项请求进行申诉，否则不予受理。为了支持复审理由或者消除申请文件中的缺陷，申请人在请求复审时，可以附具有关证明文件或资料，也可以对驳回决定中涉及的部分内容进行修改。复审请求应当由全体申请人共同提出。请求复审还应当缴纳规定的费用。

10）办理专利权登记手续及缴纳费用

实用新型专利申请经初步审查，发明专利申请经实质审查，未发现驳回理由的，专利局将发出授权通知书和办理登记手续通知书。申请人接到授权通知书和办理登记手续通知书以后，应当按照通知的要求在两个月之内办理登记手续并缴纳规定的费用。在期限内办理了登记手续并缴纳了规定费用的，专利局将授予专利权，颁发专利证书，在专利登记簿上记录，并在专利公报上公告，专利权自公告之日起生效。未在规定的

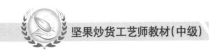

期限内按规定办理登记手续的，视为放弃取得专利权的权利。

办理登记手续时，不必再提交任何文件，申请人只需按规定缴纳专利登记费（包括公告印刷费用）和授权当年的年费、印花税，发明专利申请授权时，间距申请日超过两年的，还应当缴纳申请维持费。授权当年按照办理登记手续通知书中指明的年度缴纳相应费用。

11）视为放弃取得专利权的权利以后的恢复

申请人在规定期限内未办理登记手续的，将被视为放弃取得专利权的权利。如果申请人耽误期限有正当理由，可以请求恢复权利。恢复权利的请求应当在专利局发出的视为放弃取得专利权通知书的发文日起两个月内提出，同时应当补办登记手续（缴纳专利登记费和授权当年的年费，发明专利申请需要缴纳维持费的，还应缴纳维持费）和缴纳规定的恢复权利请求费。

12）专利权的维持

专利申请被授予专利权后，专利权人应于每一年度期满前一个月预缴下一年度的年费。期满未缴纳或未缴足，专利局将发出缴费通知书，通知专利权人自应当缴纳年费期满之日起六个月内补缴，同时缴纳滞纳金。滞纳金的金额按照每超过规定的缴费时间一个月，加收当年全额年费的5%计算；期满未缴纳的或者缴纳数额不足的，专利权自应缴纳年费期满之日起终止。

13）专利权的终止

利权的终止根据其终止的原因可分为：

（1）期限届满终止：发明专利权自申请日起算维持20年，实用新型专利权自申请日起算维持满10年，依法终止。

（2）未缴费终止：专利局发出缴费通知书，通知申请人缴纳年费及滞纳金后，申请人仍未缴纳或缴足年费及滞纳金的，专利权自上一年度期满之日起终止。

14）专利权的无效

专利申请自授权之日起，任何单位或个人认为该专利权的授予不符合专利法有关规定的，可以请求宣告该专利权无效。请求宣告专利权无效或者部分无效的，应当按规定缴纳费用，提交无效宣告请求书一式两份，写明请求宣告无效的专利名称、专利号并写明依据的事实和理由，附上必要的证据。对专利的无效请求所作出的决定任何一方如有不服的，可以在收到通知之日起三个月内向人民法院起诉。专利局在决定发生法律效力以后予以登记和公告。宣告无效的专利权视为自始即不存在。

4.专利权的保护

（1）假冒专利的，除依法承担民事责任外，由管理专利工作的部门责令改正并予公告，没收违法所得，可以并处违法所得四倍以下的罚款；没有违法所得的，可以处二十万元以下的罚款；构成犯罪的，依法追究刑事责任。

（2）有下列情形之一的，不视为侵犯专利权。

①专利产品或者依照专利方法直接获得的产品，由专利权人或者经其许可的单位、个人售出后，使用、许诺销售、销售、进口该产品的。

②在专利申请日前已经制造相同产品、使用相同方法或者已经作好制造、使用的必要准备，并且仅在原有范围内继续制造、使用的。

③临时通过中国领陆、领水、领空的外国运输工具，依照其所属国同中国签订的协议或者共同参加的国际条约，或者依照互惠原则，为运输工具自身需要而在其装置和设备中使用有关专利的。

④专为科学研究和实验而使用有关专利的。

⑤为提供行政审批所需要的信息，制造、使用、进口专利药品或者专利医疗器械的，以及专门为其制造、进口专利药品或者专利医疗器械的。

（3）犯专利权的诉讼时效为二年，自专利权人或者利害关系人得知或者应当得知侵权行为之日起计算。

第二节 相关法规知识

一、《食品生产许可管理办法》（2017修正）相关知识

《食品生产许可管理办法》于2015年8月31日国家食品药品监督管理总局令第16号公布，根据2017年11月7日国家食品药品监督管理总局局务会议《关于修改部分规章的决定》修正。

《食品生产许可管理办法》是为规范食品、食品添加剂生产许可活动，加强食品生产监督管理，保障食品安全，根据《中华人民共和国食品安全法》《中华人民共和国行政许可法》等法律法规而制定的。

食品生产许可实行一企一证原则，即同一个食品生产者从事食品生产活动，应当取得一个食品生产许可证。

1.申请与受理程序

（1）申请食品生产许可，应当先行取得营业执照等合法主体资格。

企业法人、合伙企业、个人独资企业、个体工商户等，以营业执照载明的主体作为申请人。

（2）申请食品生产许可，应当符合下列条件。具体如下：

①具有与生产的食品品种、数量相适应的食品原料处理和食品加工、包装、贮存等场所，保持该场所环境整洁，并与有毒、有害场所以及其他污染源保持规定的距离。

②具有与生产的食品品种、数量相适应的生产设备或者设施，有相应的消毒、更衣、盥洗、采光、照明、通风、防腐、防尘、防蝇、防鼠、防虫、洗涤以及处理废水、

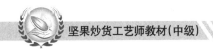

存放垃圾和废弃物的设备或者设施；保健食品生产工艺有原料提取、纯化等前处理工序的，需要具备与生产的品种、数量相适应的原料前处理设备或者设施。

③有专职或者兼职的食品安全管理人员和保证食品安全的规章制度。

④具有合理的设备布局和工艺流程，防止待加工食品与直接入口食品、原料与成品交叉污染，避免食品接触有毒物、不洁物。

⑤法律、法规规定的其他条件。

（3）申请食品生产许可，应当向申请人所在地县级以上地方食品药品监督管理部门提交下列材料：

①食品生产许可申请书。

②营业执照复印件。

③食品生产加工场所及其周围环境平面图、各功能区间布局平面图、工艺设备布局图和食品生产工艺流程图。

④食品生产主要设备、设施清单。

⑤进货查验记录、生产过程控制、出厂检验记录、食品安全自查、从业人员健康管理、不安全食品召回、食品安全事故处置等保证食品安全的规章制度。

申请人委托他人办理食品生产许可申请的，代理人应当提交授权委托书以及代理人的身份证明文件。

（4）申请人应当如实向食品药品监督管理部门提交有关材料和反映真实情况，对申请材料的真实性负责，并在申请书等材料上签名或者盖章。

2.许可证管理

（1）食品生产许可证分为正本、副本。正本、副本具有同等法律效力。

国家食品药品监督管理总局负责制定食品生产许可证正本、副本式样。省、自治区、直辖市食品药品监督管理部门负责本行政区域食品生产许可证的印制、发放等管理工作。

（2）食品生产许可证应当载明：生产者名称、社会信用代码（个体生产者为身份证号码）、法定代表人（负责人）、住所、生产地址、食品类别、许可证编号、有效期、日常监督管理机构、日常监督管理人员、投诉举报电话、发证机关、签发人、发证日期和二维码。

副本还应当载明食品明细和外设仓库（包括自有和租赁）具体地址。

（3）品生产许可证编号由SC（"生产"的汉语拼音字母缩写）和14位阿拉伯数字组成。数字从左至右依次为：3位食品类别编码、2位省（自治区、直辖市）代码、2位市（地）代码、2位县（区）代码、4位顺序码、1位校验码。

3.法律责任

（1）许可申请人隐瞒真实情况或者提供虚假材料申请食品生产许可的，由县级以上地方食品药品监督管理部门给予警告。申请人在1年内不得再次申请食品生产许可。

（2）被许可人以欺骗、贿赂等不正当手段取得食品生产许可的，由原发证的食品药品监督管理部门撤销许可，并处1万元以上3万元以下罚款。被许可人在3年内不得再次申请食品生产许可。

（3）食品生产者工艺设备布局和工艺流程、主要生产设备设施、食品类别等事项发生变化，需要变更食品生产许可证载明的许可事项，未按规定申请变更的，由原发证的食品药品监督管理部门责令改正，给予警告；拒不改正的，处2 000元以上1万元以下罚款。

（4）食品生产许可证副本载明的同一食品类别内的事项、外设仓库地址发生变化，食品生产者未按规定报告的，或者食品生产者终止食品生产，食品生产许可被撤回、撤销或者食品生产许可证被吊销，未按规定申请办理注销手续的，由原发证的食品药品监督管理部门责令改正；拒不改正的，给予警告，并处2 000元以下罚款。

（5）被吊销生产许可证的食品生产者及其法定代表人、直接负责的主管人员和其他直接责任人员自处罚决定做出之日起5年内不得申请食品生产经营许可，或者从事食品生产经营管理工作、担任食品生产经营企业食品安全管理人员。

二、《食品安全国家标准管理办法》相关知识

《食品安全国家标准管理办法》于2010年9月20日经卫生部部务会议审议通过，自2010年12月1日起实施。

（1）制定食品安全国家标准应当以保障公众健康为宗旨，以食品安全风险评估结果为依据，做到科学合理、公开透明、安全可靠。

（2）卫生部负责食品安全国家标准制（修）订工作。

卫生部组织成立食品安全国家标准审评委员会（以下简称审评委员会），负责审查食品安全国家标准草案，对食品安全国家标准工作提供咨询意见。审评委员会设专业分委员会和秘书处。

（3）食品安全国家标准制（修）订工作包括规划、计划、立项、起草、审查、批准、发布以及修改与复审等。

（4）鼓励公民、法人和其他组织参与食品安全国家标准制（修）订工作，提出意见和建议。

（5）承担标准起草工作的单位应当与卫生部食品安全主管司局签订食品安全国家标准制（修）订项目委托协议书。

（6）起草食品安全国家标准，应当以食品安全风险评估结果和食用农产品质量安全风险评估结果为主要依据，充分考虑我国社会经济发展水平和客观实际的需要，参照相关的国际标准和国际食品安全风险评估结果。

（7）卫生部负责食品安全国家标准的解释工作。食品安全国家标准的解释以卫生部发文形式公布，与食品安全国家标准具有同等效力。

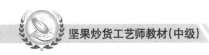

（8）发布的食品安全国家标准属于科技成果，并作为标准主要起草人专业技术资格评审的依据。

三、《食品添加剂新品种管理办法》相关知识

《食品添加剂新品种管理办法》是为加强食品添加剂新品种管理，根据《食品安全法》和《食品安全法实施条例》有关规定而制定的。

（1）食品添加剂新品种是指：未列入食品安全国家标准的食品添加剂品种；未列入卫生部公告允许使用的食品添加剂品种；扩大使用范围或者用量的食品添加剂品种。

（2）食品添加剂应当在技术上确有必要且经过风险评估证明安全可靠。

（3）用食品添加剂应当符合下列要求：不应当掩盖食品腐败变质；不应当掩盖食品本身或者加工过程中的质量缺陷；不以掺杂、掺假、伪造为目的而使用食品添加剂；不应当降低食品本身的营养价值；在达到预期的效果下尽可能降低在食品中的用量；食品工业用加工助剂应当在制成最后成品之前去除，有规定允许残留量的除外。

（4）申请食品添加剂新品种生产、经营、使用或者进口的单位或者个人（以下简称申请人），应当提出食品添加剂新品种许可申请，并提交以下材料。具体如下：

①添加剂的通用名称、功能分类，用量和使用范围。

②添加剂的质量规格要求、生产工艺和检验方法，食品中该添加剂的检验方法或者相关情况说明。

③安全性评估材料，包括生产原料或者来源、化学结构和物理特性、生产工艺、毒理学安全性评价资料或者检验报告、质量规格检验报告。

④标签、说明书和食品添加剂产品样品。

⑤其他国家（地区）、国际组织允许生产和使用等有助于安全性评估的资料。

⑥申请食品添加剂品种扩大使用范围或者用量的，可以免于提交前款第四项材料，但是技术评审中要求补充提供的除外。

⑦申请首次进口食品添加剂新品种的，除提交第六条规定的材料外，还应当提交以下材料：出口国（地区）相关部门或者机构出具的允许该添加剂在本国（地区）生产或者销售的证明材料；生产企业所在国（地区）有关机构或者组织出具的对生产企业审查或者认证的证明材料。

（5）申请人应当如实提交有关材料，反映真实情况，并对申请材料内容的真实性负责，承担法律后果。

（6）卫生部应当在受理后60日内组织医学、农业、食品、营养、工艺等方面的专家对食品添加剂新品种技术上确有必要性和安全性评估资料进行技术审查，并作出技术评审结论。对技术评审中需要补充有关资料的，应当及时通知申请人，申请人应当按照要求及时补充有关材料。

必要时，可以组织专家对食品添加剂新品种研制及生产现场进行核实、评价。

需要对相关资料和检验结果进行验证检验的，应当将检验项目、检验批次、检验方法等要求告知申请人。安全性验证检验应当在取得资质认定的检验机构进行。对尚无食品安全国家检验方法标准的，应当首先对检验方法进行验证。

（7）食品添加剂新品种行政许可的具体程序按照《行政许可法》和《卫生行政许可管理办法》等有关规定执行。

（8）根据技术评审结论，卫生部决定对在技术上确有必要性和符合食品安全要求的食品添加剂新品种准予许可并列入允许使用的食品添加剂名单予以公布。

对缺乏技术上必要性和不符合食品安全要求的，不予许可并书面说明理由。

对发现可能添加到食品中的非食用化学物质或者其他危害人体健康的物质，按照《食品安全法实施条例》第四十九条执行。

（9）卫生部根据技术上必要性和食品安全风险评估结果，将公告允许使用的食品添加剂的品种、使用范围、用量按照食品安全国家标准的程序，制定、公布为食品安全国家标准。

（10）有下列情形之一的，卫生部应当及时组织对食品添加剂进行重新评估：科学研究结果或者有证据表明食品添加剂安全性可能存在问题的；不再具备技术上必要性的。

对重新审查认为不符合食品安全要求的，卫生部可以公告撤销已批准的食品添加剂品种或者修订其使用范围和用量。

四、《食品生产许可审查通则》相关知识

2016年8月9日，国家食品药品监督管理总局以食药监食监一〔2016〕103号印发《食品生产许可审查通则》，为规范申请人按规定条件设立食品生产企业，落实质量安全主体责任，保障食品质量安全，依据《中华人民共和国食品安全法》及其实施条例、《中华人民共和国工业产品生产许可证管理条例》、《食品生产许可管理办法》等有关法律、法规、规章而制定的。

1.适用范围

通则适用于对申请人生产许可规定条件的审查工作，包括审核资料、核查现场和检验食品。

2.使用要求

本通则应当与《食品生产许可管理办法》、相应食品生产许可审查细则结合使用。《食品生产许可管理办法》及本通则涉及的相关责任主体，均应依照规定使用相应格式文书，不得缺失。

3.审查工作程序及要点

（1）收到申请人食品生产许可申请后，材料齐全并符合要求的发给申请人《食品生产许可申请受理决定书》；申请材料不符合要求，应一次告知申请人补正材料；不属

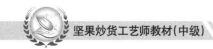

于食品生产许可事项的或不符合法律法规要求的，应发给申请人《食品生产许可申请不予受理决定书》。

（2）审核申请资料包括：审核食品安全管理制度，审核岗位责任制度；审核申请人制定的专业技术人员、管理人员岗位分工是否与生产相适应，岗位职责文本内容、说明等对相关人员专业、经历等要求是否明确。必要时审核申请材料可以与现场核查结合进行。

（3）实施现场核查包括：核查厂区环境；核查生产车间；核查原辅料及成品库房；核查生产设备设施；核查检验条件；核查工艺流程；核查相关技术人员；核查与申请材料的一致性以及是否符合审查细则的规定。

（4）形成初步审查意见和判定结果。

（5）与申请人交流沟通。

（6）审查组应当填写对设立食品生产企业的申请人规定条件审查记录表。

（7）判定原则及决定：对设立食品生产企业的申请人规定条件审查记录表中审查结论分为符合、基本符合、不符合。当全部项目的审查结论均为符合的，许可机关依法作出准予食品生产许可决定；当任何一个至八个项目审查结论为基本符合的，申请人应对基本符合项进行整改，整改应在10日内完成，申请人认为整改到位的，由当地县局予以审查确认并签字，许可机关作出准予食品生产许可决定；当任何一个项目的审查结论为不符合或者八个以上项目为基本符合、预期未完成整改或整改不到位的，许可机关依法作出不予食品生产许可决定。

（8）形成审查结论。

（9）报告和通知：需要申请人改进的，审查组织单位应在食品生产许可改进表中明确。

（10）申请人有权对审查全过程进行监督，并反馈现场核查意见。

4.生产许可检验工作程序及要点

（1）通知检验事项。

（2）样品抽取：样品一式两份，并加贴封条，填写抽样单。抽样单及样品封条应有抽样人员和申请人签字，并加盖申请人印章。

（3）选择检验机构：申请人在公布的检验机构名单中选择作为生产许可的检验机构。

（4）样品送达：申请人应当充分考虑样品的保质期，确定样品送达时间。

（5）样品接收：检验机构接收样品时应认真检查。对符合规定的，应当接受；对封条不完整、抽样单填写不明确、样品有破损或变质等情况的，应拒绝接收并当场告知申请人，及时通知审查组织部门。

（6）实施检验：检验机构应当在保质期内按检验标准检验样品，并在10日内完成检验。

（7）检验结果送达：检验完成后2日内检验机构应当向审查组织部门及申请人递送检验报告。

（8）许可检验复检：检验结果不合格的，申请人可以在15日内向许可机关提出生产许可复检申请。

（9）食品检验合格后，许可机关发放《食品生产许可证》副页。

（10）已设立食品企业、食品生产许可证延续换证，审查工作和许可检验工作可同时进行。

五、《炒货食品及坚果制品生产许可证审查细则》相关知识

1.发证产品范围及申证单元

实施食品生产许可证管理的炒货食品及坚果制品包括以果蔬籽、果仁、坚果等为主要原料，添加或不添加辅料，经炒制、烘烤（包括蒸煮后烘炒）、油炸、水煮、蒸煮、高温灭菌或其他加工工艺制成的包装食品。包括：烘炒类，如炒瓜子、炒花生等；油炸类，如油炸青豆、油炸琥珀桃仁等；其他类，如水煮花生、果仁或坚果类糖炒制品（糖炒花生、糖炒瓜子仁等）、核桃粉、芝麻粉（糊）、杏仁粉等。申证单元为1个，即炒货食品及坚果制品。

在食品生产许可证上应当注明获证产品名称即炒货食品及坚果制品，并注明产品的加工方式，即炒货食品及坚果制品（烘炒类、油炸类、其他类）。炒货食品及坚果制品分装企业应单独注明。生产许可证有效期为3年，其产品类别编号为1801。

2.基本生产流程及关键控制环节

◎基本生产流程

1）烘炒类（图1-8-1）

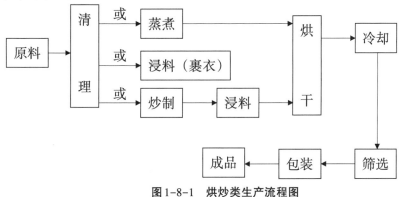

图1-8-1 烘炒类生产流程图

2）油炸类（图1-8-2）

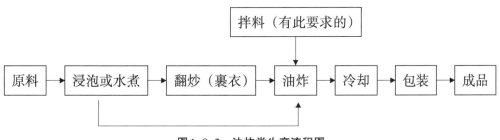

图1-8-2 油炸类生产流程图

3）其他类（图1-8-3）

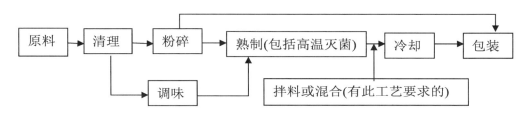

图1-8-3　其他类生产流程图

◎关键控制环节

（1）原料接收及清理控制。

（2）蒸煮或浸料时的配方控制。

（3）原料、半成品、成品的仓库储存条件控制。

（4）烘炒、油炸、熟制（包括高温灭菌）时间、温度控制；煎炸油脂更换控制。

（5）包装过程中的卫生控制。

◎容易出现的质量安全问题

（1）食品添加剂如糖精钠、甜蜜素等超标。

（2）酸价、过氧化值、羰基价超标。

（3）成品感官有霉变、虫蛀、外来杂质以及焦、生、哈喇味现象。

（4）成品微生物指标超标。

3.必备的生产资源

◎生产场所

炒货食品及坚果制品生产企业除必须具备必备的生产环境外，还应当有与企业生产相适应的原辅料库、生产车间、成品库和检验室，并按生产工艺先后次序和产品特点，将各工序分开设置，防止前后工序相互交叉污染。生产区应设置原料处理间、半成品处理（加工）间和独立的包装间。

各项工艺操作应在良好的状态下进行。尤其是包装间，使用前后均应彻底清洗、消毒。以防止食品受到腐败微生物及有毒有害物的污染和异物带入。

分装企业生产区应具备独立的包装间，其他条件应等同于炒货食品及坚果制品生产企业要求。

◎必备的生产设备

（1）清理设备。

（2）熟制（灭菌）设备（蒸煮、烘炒、干燥、油炸等相应的设备）。

（3）裹衣设备或粉碎设备或混合设备（有此类工艺要求的）。

（4）包装设备（封口、生产日期标注、计量称重等设备）。

分装企业应具备包装设备（封口、生产日期标注、计量称重等设备）。

4.产品相关标准

因2006版列举的标准有较多已作废或被替代，现行有效的标准目录详见本章第3节、第4节内容。

5.原辅材料的有关要求

生产炒货食品及坚果制品的原辅材料、包装材料必须符合相应的标准和有关规定，不符合质量卫生要求的，不得投产使用。其中坚果应符合GB 16326-2005《坚果食品卫生标准》。如使用的原辅材料为实施生产许可证管理的产品，必须选用获得生产许可证企业生产的产品。

6.必备的出厂检验设备

①天平（0.1 g）；②灭菌锅；③无菌室或超净工作台；④生物显微镜；⑤微生物培养箱；⑥圆筛（应符合相应要求，生产固、液两相产品的企业必备）。

7.检验项目

炒货食品及坚果制品的发证检验、监督检验和出厂检验按表中列出的检验项目进行。出厂检验项目中注有"*"标记的，企业应当每年检验2次（表1-8-1、表1-8-2）。

表1-8-1　炒货食品及坚果制品质量检验项目表（烘炒类和油炸类）

序号	检验项目	发证	监督	出厂	备注
1	感官	√	√	√	
2	净含量	√		√	
3	出仁率	√	√	*	咸干花生产品的检验项目
4	纯质率	√	√	*	咸干花生产品的检验项目
5	水分	√		*	花生类产品的检验项目
6	食盐	√		*	咸干花生产品的检验项目
7	酸价	√	√	*	
8	过氧化值	√	√	*	
9	羰基价	√	√	*	油炸类产品的检验项目
10	食品添加剂[糖精钠、甜蜜素、乙酰磺胺酸钾(安赛蜜)、着色剂、抗氧化剂(BHA、BHT、PG、TBHQ)等]	√	√	*	糖精钠、甜蜜素、安赛蜜为必测项目，着色剂、抗氧化剂以及其他食品添加剂根据具体情况而定
11	黄曲霉毒素B$_1$	√	√	*	烘炒类和花生类产品的检验项目
12	铅	√	√	*	油炸类和花生类产品的检验项目
13	总砷	√	√	*	油炸类和花生类产品的检验项目

续表

序号	检验项目	发证	监督	出厂	备注
14	铅	√	√	*	油炸类产品的检验项目
15	菌落总数	√	√	√	油炸类和花生类产品的检验项目
16	大肠菌群	√	√	√	
17	霉菌	√	√	*	烘炒类产品的检验项目
18	酵母	√	√	*	烘炒类产品的检验项目
19	致病菌(沙门氏菌、志贺氏菌、金黄色葡萄球菌)	√	√	*	
20	标签	√	√		

注：

1. 依据标准：GB 19300、GB 16565、GB 2760、GB 7718、QB/T 1733.1、QB/T 1733.3、QB/T 1733.5~7等。

2. 标签应标明产品名称、净含量、配料清单、制造者的名称和地址、生产日期、保质期、产品执行标准号。

表1-8-2　炒货食品及坚果制品质量检验项目表(其他类)

序号	检验项目	发证	监督	出厂	备注
1	感官	√	√	√	
2	净含量	√		√	
3	固形物含量	√		√	固、液两相产品的检验项目
4	酸价	√	√	*	
5	过氧化值	√	√	*	
6	食品添加剂〔糖精钠、甜蜜素、乙酰磺胺酸钾(安赛蜜)、着色剂、抗氧化剂(BHA、BHT、PG、TBHQ)等〕	√	√	*	糖精钠、甜蜜素、安赛蜜为必测项目,着色剂、抗氧化剂以及其他食品添加剂根据具体情况而定
7	黄曲霉毒素B_1	√	√	*	
8	铅	√	√	*	
9	总砷	√	√	*	
10	铜	√	√	*	豆类产品的检验项目
11	菌落总数	√	√	√	直接入口产品或熟制产品的检验项目
12	大肠菌群	√	√	√	直接入口产品或熟制产品的检验项目

续表

序号	检验项目	发证	监督	出厂	备注
13	致病菌(沙门氏菌、志贺氏菌、金黄色葡萄球菌)	√	√	*	
14	标签	√	√		
15	企业执行标准及标签明示的其他项目	√	√		

注:

1. 依据标准:GB 2760、GB 2761、GB 11671、GB 15199、GB 19300、GB 7718、《定量包装商品计量监督管理办法》、企业执行标准及标签明示值等。

2. 标签应标明产品名称、净含量(固形物含量)、配料清单、制造者的名称和地址、生产日期、保质期、产品执行标准号。

8.抽样方法

根据企业申请发证产品的品种进行抽样,如同时生产烘炒类、油炸类、其他类的,则3类产品分别抽取1种。

在企业的成品库内随机抽取发证检验样品,所抽样品须为相同生产日期、保质期内的合格产品。每种产品随机抽取16个包装,样品总量不得少于2kg,抽样样品基数不得少于200个包装(或不少于200 kg)。将所抽样品分成2份,1份检验,1份备查。样品确认无误后,由核查组抽样人员与被抽样单位在抽样单上签字、盖章、当场封存样品,并加贴封条。封条上应当有抽样人员签名、抽样单位盖章及封样日期。抽样单上应写明产品的加工方式(烘炒类、油炸类、其他类)。

9.其他要求

(1)本类产品允许分装。

(2)其他类炒货食品及坚果制品如没有国家标准或行业标准,企业应制定企业标准,企业标准中的检验项目数应符合表1-8-3中序号1~14规定的相应内容,各项指标应符合下表规定的技术要求。如企业标准与表1-8-3技术要求不符,发证检验和监督检验按表1-8-3要求进行检验和判定。

表1-8-3　其他类炒货食品及坚果制品质量检验技术要求表

序号	检验项目	技术要求	检测方法	备注
1	感官	应具有该类产品应有的色泽、香气、滋味和组织形态,不得有异味。同时还应符合该产品的企业执行标准	目测、尝味,企业执行标准规定的方法	

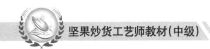

续表

序号	检验项目	技术要求	检测方法	备注
2	净含量	国家质量监督检验检疫总局75号令《定量包装商品计量监督管理办法》、企业执行标准及标签明示值	各类产品执行标准中规定的检测方法	
3	固形物含量	企业执行标准及标签明示值	GB/T 10786	固、液两相产品的检验项目
4	酸价	GB 19300	GB/T 5009.37	
5	过氧化值	GB 19300	GB/T 5009.37	
6	食品添加剂〔糖精钠、甜蜜素、乙酰磺胺酸钾（安赛蜜）、着色剂、抗氧化剂（BHA、BHT、PG、TBHQ）等〕	GB 2760	GB/T 5009.28 GB/T 5009.30 GB/T 5009.32 GB/T 5009.35 GB/T 5009.97 GB/T 5009.140	糖精钠、甜蜜素、安赛蜜为必测项目，着色剂、抗氧化剂以及其他食品添加剂根据具体情况而定
7	黄曲霉毒素B_1	GB 2761	GB/T 5009.22	花生及其制品≤20 μg/kg，其他≤5 μg/kg
8	铅	GB 11671	GB/T 5009.12	
9	总砷	GB 11671	GB/T 5009.11	
10	铜	GB 15199	GB/T 5009.13	豆类产品的检验项目
11	菌落总数	企业执行标准	GB/T 4789.2	直接入口或熟制产品的检验项目
12	大肠菌群	企业执行标准	GB/T 4789.3	直接入口或熟制产品的检验项目
13	致病菌（沙门氏菌、志贺氏菌、金黄色葡萄球菌）	不得检出	GB/T 4789.4 GB/T 4789.5 GB/T 4789.10	
14	标签	GB 7718	--	
15	企业执行标准及标签明示的其他项目	企业执行标准及标签明示值	企业执行标准规定的检测方法	

第三节 有关食品安全国家标准的相关知识

一、食品安全国家标准目录

截至2019年8月，卫健委共发布食品安全国家标准1263项，包括：通用标准11项、食品产品标准70项、特殊膳食食品标准9项、食品添加剂质量规格及相关标准591项、食品营养强化剂质量规格标准40项、食品相关产品标准15项、生产经营规范标准29项、理化检验方法标准225项、微生物检验方法标准30项、毒理学检验方法与规程标准26项、兽药残留检测方法标准29项、农药残留检测方法标准116项、被替代和已废止（待废止）标准72项，其中通用标准清单见表1-8-4。

表1-8-4 食品安全国家标准通用标准清单

序号	标准名称	标准号
1	食品安全国家标准 食品中真菌毒素限量	GB 2761—2017
2	食品安全国家标准 食品中污染物限量	GB 2762—2017
3	食品安全国家标准 食品中农药最大残留限量	GB 2763—2019
4	食品安全国家标准 食品中致病菌限量	GB 29921—2013
5	食品安全国家标准 食品中添加剂使用标准	GB 2760—2014
6	食品安全国家标准 食品接触材料及制品用添加剂使用标准	GB 9685—2016
7	食品安全国家标准 食品营养强化剂使用标准	GB 14880—2012
8	食品安全国家标准 预包装食品标签通则	GB 7718—2011
9	食品安全国家标准 预包装食品营养标签通则	GB 28050—2011
10	食品安全国家标准 预包装特殊膳食用食品标签	GB 13432—2013
11	食品安全国家标准 食品添加剂标识通则	GB 29924—2013

二、《食品生产通用卫生规范》相关知识

GB 14881—2013《食品生产通用卫生规范》属于生产经营规范标准，是规范食品

生产行为，防止食品生产过程的各种污染，生产安全且适宜食用的食品的基础性食品安全国家标准。《食品生产通用卫生规范》既是规范企业食品生产过程管理的技术措施和要求，又是监管部门开展生产过程监管与执法的重要依据，也是鼓励社会监督食品安全的重要手段。

1.《食品生产通用卫生规范》的主要内容

《食品生产通用卫生规范》的内容包括：范围，术语和定义，选址及厂区环境，厂房和车间，设施与设备，卫生管理，食品原料、食品添加剂和食品相关产品，生产过程的食品安全控制，检验，食品的贮存和运输，产品召回管理，培训，管理制度和人员，记录和文件管理。附录"食品加工过程的微生物监控程序指南"针对食品生产过程中较难控制的微生物污染因素，向食品生产企业提供了指导性较强的监控程序建立指南。

2.主要修订内容

与《食品生产通用卫生规范》GB 14881—1994相比，新标准主要有以下几方面变化：

（1）强化了源头控制，对原料采购、验收、运输和贮存等环节食品安全控制措施做了详细规定。

（2）加强了过程控制，对加工、产品贮存和运输等食品生产过程的食品安全控制提出了明确要求，并制定了控制生物、化学、物理等主要污染的控制措施。

（3）加强生物、化学、物理污染的防控，对设计布局、设施设备、材质和卫生管理提出了要求。

（4）增加了产品追溯与召回的具体要求。

（5）增加了记录和文件的管理要求。

（6）增加了附录"食品加工环境微生物监控程序指南"。

3.关于选址及厂区环境要求

食品工厂的选址及厂区环境与食品安全密切相关。适宜的厂区周边环境可以避免外界污染因素对食品生产过程的不利影响。在选址时需要充分考虑来自外部环境的有毒有害因素对食品生产活动的影响，如工业废水、废气、农业投入品、粉尘、放射性物质、虫害等。如果工厂周围无法避免的存在类似影响食品安全的因素，应从硬件、软件方面考虑采取有效的措施加以控制。厂区环境包括厂区周边环境和厂区内部环境，工厂应从基础设施（含厂区布局规划、厂房设施、路面、绿化、排水等）的设计建造到其建成后的维护、清洁等，实施有效管理，确保厂区环境符合生产要求，厂房设施能有效防止外部环境的影响。

4.关于厂房和车间的设计布局

良好的厂房和车间的设计布局有利于使人员、物料流动有序，设备分布位置合理，减少交叉污染发生风险。食品企业应从原材料入厂至成品出厂，从人流、物流、气流等因素综合考虑，统筹厂房和车间的设计布局，兼顾工艺、经济、安全等原则，满足食品卫生操作要求，预防和降低产品受污染的风险。

5.关于设施与设备

企业设施与设备是否充足和适宜，不仅对确保企业正常生产运作、提高生产效率起到关键作用，同时也直接或间接地影响产品的安全性和质量的稳定性。正确选择设施与设备所用的材质以及合理配置安装设施与设备，有利于创造维护食品卫生与安全的生产环境，降低生产环境、设备及产品受直接污染或交叉污染的风险，预防和控制食品安全事故。设施与设备涉及生产过程控制的各直接或间接的环节，其中，设施包括：供、排水设施，清洁、消毒设施，废弃物存放设施，个人卫生设施，通风设施，照明设施，仓储设施，温控设施等；设备包括生产设备、监控设备，以及设备的保养和维修等。

6.关于食品生产企业的卫生管理

卫生管理是食品生产企业食品安全管理的核心内容。卫生管理从原料采购到出厂管理，贯穿于整个生产过程。卫生管理涵盖管理制度、厂房与设施、人员健康与卫生、虫害控制、废弃物、工作服等方面管理。以虫害控制为例，食品生产企业常见的虫害一般包括老鼠、苍蝇、蟑螂等，其活体、尸体、碎片、排泄物及携带的微生物会引起食品污染，导致食源性疾病传播，因此食品企业应建立相应的虫害控制措施和管理制度。

7.如何控制食品原料、食品添加剂和食品相关产品的安全

有效管理食品原料、食品添加剂和食品相关产品等物料的采购和使用，确保物料合格是保证最终食品产品安全的先决条件。食品生产者应根据国家法规标准的要求采购原料，根据企业自身的监控重点采取适当措施保证物料合格。可现场查验物料供应企业是否具有生产合格物料的能力，包括硬件条件和管理；应查验供货者的许可证和物料合格证明文件，如产品生产许可证、动物检疫合格证明、进口卫生证书等，并对物料进行验收审核。在贮存物料时，应依照物料的特性分类存放，对有温度、湿度等要求的物料，应配置必要的设备设施。物料的贮存仓库应由专人管理，并制定有效的防潮、防虫害、清洁卫生等管理措施，及时清理过期或变质的物料，超过保质期的物料不得用于生产。不得将任何危害人体健康的非食用物质添加到食品中。此外，在食品的生产过程中使用的食品添加剂和食品相关产品应符合 GB 2760、GB 9685 等食品安全国家标准。

8.如何做好生产过程的食品安全控制

生产过程中的食品安全控制措施是保障食品安全的重中之重。企业应高度重视生产加工、产品贮存和运输等食品生产过程中的潜在危害控制，根据企业的实际情况制定并实施生物性、化学性、物理性污染的控制措施，确保这些措施切实可行和有效，并做好相应的记录。企业宜根据工艺流程进行危害因素调查和分析，确定生产过程中的食品安全关键控制环节（如杀菌环节、配料环节、异物检测探测环节等），并通过科

学依据或行业经验，制定有效的控制措施。

在降低微生物污染风险方面，通过清洁和消毒能使生产环境中的微生物始终保持在受控状态，降低微生物污染的风险。应根据原料、产品和工艺的特点，选择有效的清洁和消毒方式。例如考虑原料是否容易腐败变质，是否需要清洗或解冻处理，产品的类型、加工方式、包装形式及贮藏方式，加工流程和方法等；同时，通过监控措施，验证所采取的清洁、消毒方法行之有效。在控制化学污染方面，应对可能污染食品的原料带入、加工过程中使用、污染或产生的化学物质等因素进行分析，如重金属、农兽药残留、持续性有机污染物、卫生清洁用化学品和实验室化学试剂等，并针对产品加工过程的特点制定化学污染控制计划和控制程序，如对清洁消毒剂等专人管理，定点放置，清晰标识，做好领用记录等；在控制物理污染方面，应注重异物管理，如玻璃、金属、砂石、毛发、木屑、塑料等，并建立防止异物污染的管理制度，制定控制计划和程序，如工作服穿着、灯具防护、门窗管理、虫害控制等。

9. 如何落实食品加工过程中的微生物监控措施

微生物是造成食品污染、腐败变质的重要原因。企业应依据食品安全法规和标准，结合生产实际情况确定微生物监控指标限值、监控时点和监控频次。企业在通过清洁、消毒措施做好食品加工过程微生物控制的同时，还应当通过对微生物监控的方式验证和确认所采取的清洁、消毒措施能够有效达到控制微生物的目的。

微生物监控包括环境微生物监控和加工中的过程监控。监控指标主要以指示微生物（如菌落总数、大肠菌群、霉菌酵母菌或其他指示菌）为主，配合必要的致病菌。监控对象包括食品接触表面、与食品或食品接触表面邻近的接触表面、加工区域内的环境空气、加工中的原料、半成品，以及产品、半成品经过工艺杀菌后微生物容易繁殖的区域。

通常采样方案中包含一个已界定的最低采样量，若有证据表明产品被污染的风险增加，应针对可能导致污染的环节，细查清洁、消毒措施执行情况，并适当增加采样点数量、采样频次和采样量。环境监控接触表面通常以涂抹取样为主，空气监控主要为沉降取样，检测方法应基于监控指标进行选择，参照相关项目的标准检测方法进行检测。

监控结果应依据企业积累的监控指标限值进行评判环境微生物是否处于可控状态，环境微生物监控限值可基于微生物控制的效果以及对产品食品安全性的影响来确定。当卫生指示菌监控结果出现波动时，应当评估清洁、消毒措施是否失效，同时应增加监控的频次。如检测出致病菌时，应对致病菌进行溯源，找出致病菌出现的环节和部位，并采取有效的清洁、消毒措施，预防和杜绝类似情形发生，确保环境卫生和产品安全。

10. 食品加工过程中微生物监控计划的卫生指示菌指标与食品产品安全标准的关系

卫生指示菌一般包括菌落总数、大肠菌群、霉菌、酵母等。企业通过科学设置卫生指示菌指标和限量的方式，并在食品生产过程中采取适宜的清洁、消毒等控制措施，使生产过程始终在卫生的环境条件下进行，从而达到终产品卫生和安全的控制目标。

实行过程控制是生产安全食品的必然方式，是食品安全管理较好的发达国家普遍采用的管理方法，并得到国际食品法典委员会的大力倡导。如果不对整个生产过程的卫生状况进行有效控制，仅仅在最后工序简单地增加一道食品本不需要的消毒杀菌环节，虽然可以满足产品标准中对卫生指示菌的要求，但却可能带来难以预料的潜在食品安全风险。

为加强食品安全过程管理，目前我国各类食品产品标准中设置的卫生指示性微生物指标，如菌落总数、大肠菌群、霉菌、酵母等等，将逐步调整到各类生产规范类标准中，便于企业实行过程控制，引导企业利用卫生指示菌监控食品加工、贮存过程中的卫生状况，以及验证清洁、消毒等卫生控制措施是否有效，促使企业切实承担起保障食品安全的主体责任。食品生产企业可以结合产品类型和加工工艺，在不同的工艺环节，合理设置适合产品特点的指示菌指标要求并实施监控。当发现某监控点的指示菌水平异常时，即提示该食品生产过程相应环节的卫生管理措施可能达不到预期的效果，为此应当及时查验并提出纠正措施，以保证食品生产过程污染可控。

11.如何检验验证产品的安全

检验是验证食品生产过程管理措施有效性、确保食品安全的重要手段。通过检验，企业可及时了解食品生产安全控制措施上存在的问题，及时排查原因，并采取改进措施。企业对各类样品可以自行进行检验，也可以委托具备相应资质的食品检验机构进行检验。企业开展自行检验应配备相应的检验设备、试剂、标准样品等，建立实验室管理制度，明确各检验项目的检验方法。检验人员应具备开展相应检验项目的资质，按规定的检验方法开展检验工作。为确保检验结果科学、准确，检验仪器设备精度必须符合要求。企业委托外部食品检验机构进行检验时，应选择获得相关资质的食品检验机构。企业应妥善保存检验记录，以备查询。

12.关于食品的贮存和运输

贮存不当易使食品腐败变质，丧失原有的营养物质，降低或失去应有的食用价值。科学合理的贮存环境和运输条件是避免食品污染和腐败变质、保障食品性质稳定的重要手段。企业应根据食品的特点、卫生和安全需要选择适宜的贮存和运输条件。贮存、运输食品的容器和设备应当安全无害，避免食品污染的风险。

13.如何落实产品召回管理措施

食品召回可以消除缺陷产品造成危害的风险，保障消费者的身体健康和生命安全，体现了食品生产经营者是保障食品安全第一责任人的管理要求。食品生产者发现其生产的食品不符合食品安全标准或会对人身健康造成危害时，应立即停止生产，召回已经上市销售的食品；及时通知相关生产经营者停止生产经营，通知消费者停止消费，记录召回和通知的情况，如食品召回的批次、数量，通知的方式、范围等；及时对不安全食品采取补救、无害化处理、销毁等措施。为保证食品召回制度的实施，食品生产者应建立完善的记录和管理制度，准确记录并保存生产环节中的原辅料采购、生产加工、贮存、运输、销售等信息，保存消费者投诉、食源性疾病、食品污染事故记录，以及食品危害纠纷信息等档案。

14.关于岗位培训

食品安全的关键在于生产过程控制，而过程控制的关键在人。企业是食品安全的第一责任人，可采用先进的食品安全管理体系和科学的分析方法有效预防或解决生产过程中的食品安全问题，但这些都需要由相应的人员去操作和实施。所以对食品生产管理者和生产操作者等从业人员的培训是企业确保食品安全最基本的保障措施。企业应按照工作岗位的需要对食品加工及管理人员进行有针对性的食品安全培训，培训的内容包括：现行的法规标准、食品加工过程中卫生控制的原理和技术要求、个人卫生习惯和企业卫生管理制度、操作过程的记录等，提高员工对执行企业卫生管理等制度的能力和意识。

15.食品生产企业应建立食品安全相关的管理制度

完备的管理制度是生产安全食品的重要保障。企业的食品安全管理制度是涵盖从原料采购到食品加工、包装、贮存、运输等全过程，具体包括食品安全管理制度、设备保养和维修制度、卫生管理制度、从业人员健康管理制度、食品原料、食品添加剂和食品相关产品的采购、验收、运输和贮存管理制度、进货查验记录制度、食品原料仓库管理制度、防止化学污染的管理制度、防止异物污染的管理制度、食品出厂检验记录制度、食品召回制度、培训制度、记录和文件管理制度等。

16.关于记录和文件管理

记录和文件管理是企业质量管理的基本组成部分，涉及食品生产管理的各个方面，与生产、质量、贮存和运输等相关的所有活动都应在文件系统中明确规定。所有活动的计划和执行都必须通过文件和记录证明。良好的文件和记录是质量管理系统的基本要素。文件内容应清晰、易懂，并有助于追溯。当食品出现问题时，通过查找相关记录，可以有针对性地实施召回。

17.《食品生产通用卫生规范》与各类良好生产规范（GMP）、危害分析与关键控制点体系（HACCP）的关系

《食品生产通用卫生规范》规定了原料采购、加工、包装、贮存和运输等环节的场所、设施、人员的基本要求和管理准则，并制定了控制生物、化学、物理污染的主要措施，在内容上涵盖了从原料到产品全过程的食品安全管理要求，并突出了在生产过程关键环节对各种污染因素的分析和控制要求。《食品生产通用卫生规范》体现了良好生产规范（GMP）从厂房车间、设施设备、人员卫生、记录文档等硬件和软件两方面对企业总体、全面的食品安全要求，也体现了危害分析和关键控制点体系（HACCP）

针对企业内部高风险环节预先做好判断和控制的管理思想。食品生产企业可以在执行《食品生产通用卫生规范》的基础上建立 HACCP 等食品安全管理体系，进一步提高食品安全管理水平。

18.和其他食品安全国家标准的衔接

《食品生产通用卫生规范》是食品生产必须遵守的基础性标准。企业在生产食品时所使用的食品原料、食品添加剂和食品相关产品以及最终产品均应符合相关食品安全法规标准的要求，如《食品中污染物限量》GB 2762—2012、《食品中致病菌限量》GB 29921—2013、《食品添加剂使用标准》GB 2760—2011、《预包装食品标签通则》GB 7718—2011、《预包装食品营养标签通则》GB 28050—2011 等。

19.关于《食品生产通用卫生规范》的实施

食品生产者、食品安全监管机构和检验机构应严格按照《食品生产通用卫生规范》规定执行。食品生产企业要组织相应的卫生规范等食品安全知识的培训，促进从业人员遵守食品安全相关法律法规标准和执行各项食品安全管理制度的意识和责任，提高相应的知识水平，自觉规范生产行为，同时严格按照卫生规范要求，从防止生物、化学、物理污染、防止生产加工过程污染和建立质量安全控制体系等角度全面开展自查自纠和整改。

三、《食品安全国家标准　预包装食品标签通则》相关知识

食品标签是向消费者传递产品信息的载体。做好预包装食品标签管理，既是维护消费者权益，保障行业健康发展的有效手段，也是实现食品安全科学管理的需求。

1.《预包装食品标签通则》GB 7718—2011与相关部门规章、规范性文件的关系

《预包装食品标签通则》GB 7718—2011 属于食品安全国家标准，相关规定、规范性文件规定的相应内容不一致的，应当按照 GB 7718 执行。

GB 7718 规定了预包装食品标签的通用性要求，如果其他食品安全国家标准有特殊规定的，应同时执行预包装食品标签的通用性要求和特殊规定。

2.关于预包装食品的定义

根据《食品安全法》和《定量包装商品计量监督管理办法》，参照以往食品标签管理经验，本标准将"预包装食品"定义为：预先定量包装或者制作在包装材料和容器中的食品，包括预先定量包装以及预先定量制作在包装材料和容器中并且在一定量限范围内具有统一的质量或体积标识的食品。预包装食品首先应当预先包装，此外包装上要有统一的质量或体积的标示。

3.关于"直接提供给消费者的预包装食品"和"非直接提供给消费者的预包装食品"标签标示的区别

直接提供给消费者的预包装食品，所有事项均在标签上标示。非直接向消费者提

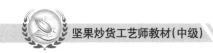

供的预包装食品标签上必须标示食品名称、规格、净含量、生产日期、保质期和贮存条件，其他内容如未在标签上标注，则应在说明书或合同中注明。

4.关于"直接提供给消费者的预包装食品"的情形

一是生产者直接或通过食品经营者（包括餐饮服务）提供给消费者的预包装食品；二是既提供给消费者，也提供给其他食品生产者的预包装食品。进口商经营的此类进口预包装食品也应按照上述规定执行。

5.关于"非直接提供给消费者的预包装食品"的情形

一是生产者提供给其他食品生产者的预包装食品；二是生产者提供给餐饮业作为原料、辅料使用的预包装食品。进口商经营的此类进口预包装食品也应按照上述规定执行。

6.关于不属于GB 7718管理的标示标签情形

一是散装食品标签；二是在储藏运输过程中以提供保护和方便搬运为目的的食品储运包装标签；三是现制现售食品标签。以上情形也可以参照GB 7718执行。

7.GB 7718对生产日期的定义

GB 7718规定的"生产日期"是指预包装食品形成最终销售单元的日期。原《预包装食品标签通则》GB 7718—2004中"包装日期""灌装日期"等术语在GB 7718中统一为"生产日期"。

8.如果产品中没有添加某种食品配料，仅添加了相关风味的香精香料，是否允许在标签上标示该种食品实物图案？

标签标示内容应真实准确，不得使用易使消费者误解或具有欺骗性的文字、图形等方式介绍食品。当使用的图形或文字可能使消费者误解时，应用清晰醒目的文字加以说明。

9.关于标签中使用繁体字

GB 7718规定食品标签使用规范的汉字，但不包括商标。"规范的汉字"指《通用规范汉字表》中的汉字，不包括繁体字。食品标签可以在使用规范汉字的同时，使用相对应的繁体字。

10.关于标签中使用"具有装饰作用的各种艺术字"

"具有装饰作用的各种艺术字"包括篆书、隶书、草书、手书体字、美术字、变体字、古文字等。使用这些艺术字时应书写正确、易于辨认、不易混淆。

11.关于标签的中文、外文对应关系

预包装食品标签可同时使用外文，但所用外文字号不得大于相应的汉字字号。

对于GB 7718以及其他法律、法规、食品安全标准要求的强制标识内容，中文、外文应有对应的关系。

12.关于最大表面面积大于10 cm²但小于等于35 cm²时的标示要求

食品标签应当按照GB 7718要求标示所有强制性内容。根据标签面积具体情况，标签内容中的文字、符号、数字的高度可以小于1.8 mm，应当清晰，易于辨认。

13.强制标示内容既有中文又有字母字符时，如何判断字体高度是否满足大于等于1.8 mm字高要求

中文字高应大于等于1.8 mm，kg、mL等单位或其他强制标示字符应按其中的大写字母或"k、f、l"等小写字母判断是否大于等于1.8 mm。

14.销售单元包含若干可独立销售的预包装食品时，直接向消费者交付的外包装（或大包装）标签标示要求

该销售单元内的独立包装食品应分别标示强制标示内容。外包装（或大包装）的标签标示分为两种情况：

一是外包装（或大包装）上同时按照GB 7718要求标示。如果该销售单元内的多件食品为不同品种时，应在外包装上标示每个品种食品的所有强制标示内容，可将共有信息统一标示。

二是若外包装（或大包装）易于开启识别或透过外包装（或大包装）能清晰识别内包装物（或容器）的所有或部分强制标示内容，可不在外包装（或大包装）上重复标示相应的内容。

15.销售单元包含若干标示了生产日期及保质期的独立包装食品时，外包装上的生产日期和保质期如何标示

可以选择以下三种方式之一标示：一是生产日期标示最早生产的单件食品的生产日期，保质期按最早到期的单件食品的保质期标示；二是生产日期标示外包装形成销售单元的日期，保质期按最早到期的单件食品的保质期标示；三是在外包装上分别标示各单件食品的生产日期和保质期。

16.关于反映食品真实属性的专用名称

反映食品真实属性的专用名称通常是指国家标准、行业标准、地方标准中规定的食品名称或食品分类名称。若上述名称有多个时，可选择其中的任意一个，或不引起歧义的等效的名称；在没有标准规定的情况下，应使用能够帮助消费者理解食品真实属性的常用名称或通俗名称。能够反映食品本身固有的性质、特性、特征，具有明晰产品本质、区分不同产品的作用。

17.如何避免商品名称产生的误解

当使用的商品名称含有易使人误解食品属性的文字或术语（词语）时，应在所示名称的同一展示版面邻近部位使用同一字号标示食品真实属性的专用名称。如果因字号或字体颜色不同而易使人误解时，应使用同一字号及同一字体颜色标示食品真实属性的专用名称。

18.关于单一配料的预包装食品是否标示配料表

单一配料的预包装食品应当标示配料表。

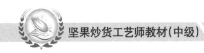

19.关于配料名称的分隔方式

配料表中配料的标示应清晰，易于辨认和识读，配料间可以用逗号、分号、空格等易于分辨的方式分隔。

20.关于可食用包装物的含义及标示要求

可食用包装物是指由食品制成的，既可以食用又承担一定包装功能的物质。这些包装物容易和被包装的食品一起被食用，因此应在食品配料表中标示其原料。对于已有相应的国家标准和行业标准的可食用包装物，当加入量小于预包装食品总量25%时，可免于标示该可食用包装物的原始配料。

21.关于胶原蛋白肠衣的标示

胶原蛋白肠衣属于食品复合配料，已有相应的国家标准和行业标准。根据《预包装食品标签通则》GB 7718—2011中4.1.3.1.3的规定，对胶原蛋白肠衣加入量小于食品总量25%的肉制品，其标签上可不标示胶原蛋白肠衣的原始配料。

22.确定食品配料表中配料标示顺序时，配料的加入量以何种单位计算

按照食品配料加入的质量或重量计，按递减顺序一一排列。加入的质量百分数（m/m）不超过2%的配料可以不按递减顺序排列。

23.关于复合配料在配料表中的标示

复合配料在配料表中的标示分以下两种情况：

（1）如果直接加入食品中的复合配料已有国家标准、行业标准或地方标准，并且其加入量小于食品总量的25%，则不需要标示复合配料的原始配料。加入量小于食品总量25%的复合配料中含有的食品添加剂，若符合《食品添加剂使用标准》GB 2760规定的带入原则且在最终产品中不起工艺作用的，不需要标示，但复合配料中在终产品起工艺作用的食品添加剂应当标示。推荐的标示方式为：在复合配料名称后加括号，并在括号内标示该食品添加剂的通用名称，如"酱油（含焦糖色）"。

（2）如果直接加入食品中的复合配料没有国家标准、行业标准或地方标准，或者该复合配料已有国家标准、行业标准或地方标准且加入量大于食品总量的25%，则应在配料表中标示复合配料的名称，并在其后加括号，按加入量的递减顺序一一标示复合配料的原始配料，其中加入量不超过食品总量2%的配料可以不按递减顺序排列。

24.复合配料需要标示其原始配料的，如果部分原始配料与食品中的其他配料相同，如何标示？

可以选择以下两种方式之一标示：一是参照第23条款（2）标示；二是在配料表中直接标示复合配料中的各原始配料，各配料的顺序应按其在终产品中的总量决定。

25.关于食品添加剂通用名称的标示方式

应标示其在《食品添加剂使用标准》GB 2760中的通用名称。在同一预包装食品的标签上，所使用的食品添加剂可以选择以下三种形式之一标示：一是全部标示食品添加剂的具体名称；二是全部标示食品添加剂的功能类别名称以及国际编码（INS号），如果某种食品添加剂尚不存在相应的国际编码，或因致敏物质标示需要，可以标示其具体名称；三是全部标示食品添加剂的功能类别名称，同时标示具体名称。

例如，食品添加剂"丙二醇"可以选择标示为：①丙二醇；②增稠剂（1520）；③增稠剂（丙二醇）。

26.关于食品添加剂通用名称标示注意事项

（1）食品添加剂可能具有一种或多种功能，《食品添加剂使用标准》GB 2760列出了食品添加剂的主要功能，供使用参考。生产经营企业应当按照食品添加剂在产品中的实际功能在标签上标示功能类别名称。

（2）如果《食品添加剂使用标准》GB 2760中对一个食品添加剂规定了两个及以上的名称，每个名称均是等效的通用名称。以"环己基氨基磺酸钠（又名甜蜜素）"为例，"环己基氨基磺酸钠"和"甜蜜素"均为通用名称。

（3）"单，双甘油脂肪酸酯（油酸、亚油酸、亚麻酸、棕榈酸、山嵛酸、硬脂酸、月桂酸）"可以根据使用情况标示为"单双甘油脂肪酸酯"或"单双硬脂酸甘油酯"或"单硬脂酸甘油酯"等。

（4）根据食物致敏物质标示需要，可以在《食品添加剂使用标准》GB 2760规定的通用名称前增加来源描述。如"磷脂"可以标示为"大豆磷脂"。

（5）根据《食品添加剂使用标准》GB 2760规定，"阿斯巴甜"应标示为"阿斯巴甜（含苯丙氨酸）"。

27.关于配料表中建立"食品添加剂项"

配料表应当如实标示产品所使用的食品添加剂，但不强制要求建立"食品添加剂项"。食品生产经营企业应选择《预包装食品标签通则》附录B中的任意一种形式标示。

28.添加两种或两种以上同一功能食品添加剂，可否一并标示

食品中添加了两种或两种以上同一功能的食品添加剂，可选择分别标示各自的具体名称；或者选择先标示功能类别名称，再在其后加括号标示各自的具体名称或国际编码（INS号）。举例：可以标示为"卡拉胶，瓜尔胶""增稠剂（卡拉胶，瓜尔胶）"或"增稠剂（407，412）"。如果某一种食品添加剂没有INS号，可同时标示其具体名称。举例："增稠剂（卡拉胶，聚丙烯酸钠）"或"增稠剂（407，聚丙烯酸钠）"。

29.关于复配食品添加剂的标示

应当在食品配料表中一一标示在终产品中具有功能作用的每种食品添加剂。

30.关于食品添加剂中辅料的标示

食品添加剂含有的辅料不在终产品中发挥功能作用时，不需要在配料表中标示。

31.关于加工助剂的标示

加工助剂不需要标示。

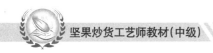

32.关于酶制剂的标示

酶制剂如果在终产品中已经失去酶活力的，不需要标示；如果在终产品中仍然保持酶活力的，应按照食品配料表标示的有关规定，按制造或加工食品时酶制剂的加入量，排列在配料表的相应位置。

33.关于食品营养强化剂的标示

食品营养强化剂应当按照《食品营养强化剂使用标准》GB 14880或原卫生部公告中的名称标示。

34.关于既可以作为食品添加剂或食品营养强化剂又可以作为其他配料使用的配料的标示

既可以作为食品添加剂或食品营养强化剂又可以作为其他配料使用的配料，应按其在终产品中发挥的作用规范标示。当作为食品添加剂使用，应标示其在《食品添加剂使用标准》GB 2760中规定的名称；当作为食品营养强化剂使用，应标示其在《食品营养强化剂使用标准》GB 14880中规定的名称；当作为其他配料发挥作用，应标示其相应具体名称。如味精（谷氨酸钠）既可作为调味品又可作为食品添加剂，当作为食品添加剂使用时，应标示为谷氨酸钠；当作为调味品使用时，应标示为味精。如核黄素、维生素E、聚葡萄糖等既可作为食品添加剂又可作为食品营养强化剂，当作为食品添加剂使用时，应标示其在《食品添加剂使用标准》GB 2760中规定的名称；当作为食品营养强化剂使用时，应标示其在《食品营养强化剂使用标准》GB 14880中规定的名称。

35.关于食品中菌种的标示

《卫生部办公厅关于印发〈可用于食品的菌种名单〉的通知》（卫办监督发〔2010〕65号）和原卫生部2011年第25号公告分别规定了可用于食品和婴幼儿食品的菌种名单。预包装食品中使用了上述菌种的，应当按照《预包装食品标签通则》GB 7718—2011的要求标注菌种名称，企业可同时在预包装食品上标注相应菌株号及菌种含量。自2014年1月1日起食品生产企业应当按照以上规定在预包装食品标签上标示相关菌种。2014年1月1日前已生产销售的预包装食品，可继续使用现有标签，在食品保质期内继续销售。

36.关于定量标示配料或成分的情形

一是如果在食品标签或说明书上强调含有某种或多种有价值、有特性的配料或成分，应同时标示其添加量或在成品中的含量；二是如果在食品标签上强调某种或多种配料或成分含量较低或无时，应同时标示其在终产品中的含量。

37.关于不要求定量标示配料或成分的情形

只在食品名称中出于反映食品真实属性需要，提及某种配料或成分而未在标签上特别强调时，不需要标示该种配料或成分的添加量或在成品中的含量。只强调食品的口味时也不需要定量标示。

38.关于葡萄酒中二氧化硫的标示

根据《预包装食品标签通则》GB 7718—2011和《发酵酒及其配制酒》GB 2758—

2012及其实施时间的规定，允许使用了食品添加剂二氧化硫的葡萄酒在2013年8月1日前在标签中标示为二氧化硫或微量二氧化硫；2013年8月1日以后生产、进口的使用食品添加剂二氧化硫的葡萄酒，应当标示为二氧化硫，或标示为微量二氧化硫及含量。

39.关于植物油配料在配料表中的标示

植物油作为食品配料时，可以选择以下两种形式之一标示：

（1）标示具体来源的植物油，如：棕榈油、大豆油、精炼大豆油、葵花籽油等，也可以标示相应的国家标准、行业标准或地方标准中规定的名称。如果使用的植物油由两种或两种以上的不同来源的植物油构成，应按加入量的递减顺序标示。

（2）标示为"植物油"或"精炼植物油"，并按照加入总量确定其在配料表中的位置。如果使用的植物油经过氢化处理，且有相关的产品国家标准、行业标准或地方标准，应根据实际情况，标示为"氢化植物油"或"部分氢化植物油"，并标示相应产品标准名称。

40.关于食用香精、食用香料的标示

使用食用香精、食用香料的食品，可以在配料表中标示该香精香料的通用名称，也可标示为"食用香精"，或者"食用香料"，或者"食用香精香料"。

41.关于香辛料、香辛料类或复合香辛料作为食品配料的标示

（1）如果某种香辛料或香辛料浸出物加入量超过2%，应标示其具体名称。

（2）如果香辛料或香辛料浸出物（单一的或合计的）加入量不超过2%，可以在配料表中标示各自的具体名称，也可以在配料表中统一标示为"香辛料""香辛料类"或"复合香辛料"。

（3）复合香辛料添加量超过2%时，按照复合配料标示方式进行标示。

42.关于果脯蜜饯类水果在配料表中的标示

（1）如果加入的各种果脯或蜜饯总量不超过10%，可以在配料表中标示加入的各种蜜饯果脯的具体名称，或者统一标示为"蜜饯""果脯"。

（2）如果加入的各种果脯或蜜饯总量超过10%，则应标示加入的各种蜜饯果脯的具体名称。

43.关于净含量标示

净含量标示由净含量、数字和法定计量单位组成。标示位置应与食品名称在包装物或容器的同一展示版面。所有字符高度（以字母L、k、g等计）应符合GB 7718标准4.1.5.4的要求。"净含量"与其后的数字之间可以用空格或冒号等形式区隔。"法定计量单位"分为体积单位和质量单位。固态食品只能标示质量单位，液态、半固态、黏性食品可以选择标示体积单位或质量单位。

44.赠送装或促销装预包装食品净含量的标示

赠送装（或促销装）的预包装食品的净含量应按照GB 7718的规定进行标示，可以分别标示销售部分的净含量和赠送部分的净含量，也可以标示销售部分和赠送部分

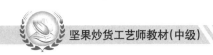

的总净含量并同时用适当的方式标示赠送部分的净含量。如"净含量500 g、赠送50 g""净含量500+50 g""净含量550 g（含赠送50 g）"等。

45.关于无法清晰区别固液相产品的固形物含量的标示

固、液两相且固相物质为主要食品配料的预包装食品，应在靠近"净含量"的位置以质量或质量分数的形式标示沥干物（固形物）的含量。

半固态、黏性食品、固液相均为主要食用成分或呈悬浮状、固液混合状等无法清晰区别固液相产品的预包装食品无须标示沥干物（固形物）的含量。预包装食品由于自身的特性，可能在不同的温度或其他条件下呈现固、液不同形态的，不属于固、液两相食品，如蜂蜜、食用油等产品。

46.关于规格的标示

单件预包装食品的规格等同于净含量，可以不另外标示规格，具体标示方式参见《预包装食品标签通则》中附录C的C.2.1；预包装内含有若干同种类预包装食品时，净含量和规格的具体标示方式参见附录C的C.2.3；预包装食品内含有若干不同种类预包装食品时，净含量和规格的具体标示方式参见附录C的C.2.4。

标示"规格"时，不强制要求标示"规格"两字。

47.关于标准中的产地

"产地"指食品的实际生产地址，是特定情况下对生产者地址的补充。如果生产者的地址就是产品的实际产地，或者生产者与承担法律责任者在同一地市级地域，则不强制要求标示"产地"项。以下情况应同时标示"产地"项：一是由集团公司的分公司或生产基地生产的产品，仅标示承担法律责任的集团公司的名称、地址时，应同时用"产地"项标示实际生产该产品的分公司或生产基地所在地域；二是委托其他企业生产的产品，仅标示委托企业的名称和地址时，应用"产地"项标示受委托企业所在地域。

48.集团公司与子公司签订委托加工协议且子公司生产的产品不对外销售时，如何标示生产者、经销者名称地址和产地

按照食品生产经营企业间的委托加工方式标示。

49.关于标准中的地级市

食品产地可以按照行政区划标示到直辖市、计划单列市等副省级城市或者地级城市。地级市的界定按国家有关规定执行。

50.关于联系方式的标示

联系方式应当标示依法承担法律责任的生产者或经销者的有效联系方式。联系方式应至少标示以下内容中的一项：电话（热线电话、售后电话或销售电话等）、传真、电子邮件等网络联系方式、与地址一并标示的邮政地址（邮政编码或邮箱号等）。

51.关于质量（品质）等级的标示

如果食品的国家标准、行业标准中已明确规定质量（品质）等级的，应按标准要求标示质量（品质）等级。产品分类、产品类别等不属于质量等级。

52. 关于豁免标示的情形

GB 7718豁免标示内容有两种情形：一是规定了可以免除标示保质期的食品种类；二是规定了当食品包装物或包装容器的最大表面面积小于10cm²时可以免除的标示内容。两种情形分别考虑了食品本身的特性和在小标签上标示大量内容存在困难。豁免意味着不强制要求标示，企业可以选择是否标示。

GB 7718豁免条款中的"固体食糖"为白砂糖、绵白糖、红糖和冰糖等，不包括糖果。

53. 进口预包装食品应如何标示食品标签

进口预包装食品的食品标签可以同时使用中文和外文，也可以同时使用繁体字。《预包装食品标签通则》GB 7718—2011中强制要求标示的内容应全部标示，推荐标示的内容可以选择标示。进口预包装食品同时使用中文与外文时，其外文应与中文强制标识内容和选择标示的内容有对应关系，即中文与外文含义应基本一致，外文字号不得大于相应中文汉字字号。对于特殊包装形状的进口食品，在同一展示面上，中文字体高度不得小于外文对应内容的字体高度。

对于采用在原进口预包装食品包装外加贴中文标签方式进行标示的情况，加贴中文标签应按照《预包装食品标签通则》GB 7718—2011的方式标示；原外文标签的图形和符号不应有违反《预包装食品标签通则》GB 7718—2011及相关法律法规要求的内容。

进口预包装食品外文配料表的内容均须在中文配料表中有对应内容，原产品外文配料表中没有标注，但根据我国的法律、法规和标准应当标注的内容，也应标注在中文配料表中（包括食品生产加工过程中加入的水和单一原料等）。

进口预包装食品应标示原产国或原产地区的名称，以及在中国依法登记注册的代理商、进口商或经销者的名称、地址和联系方式；可不标示生产者的名称、地址和联系方式。原有外文的生产者的名称地址等不需要翻译成中文。

进口预包装食品的原产国国名或地区区名，是指食品成为最终产品的国家或地区名称，包括包装（或灌装）国家或地区名称。进口预包装食品中文标签应当如实准确标示原产国国名或地区区名。

进口预包装食品可免于标示相关产品标准代号和质量（品质）等级。如果标示了产品标准代号和质量（品质）等级，应确保真实、准确。

54. 进口预包装食品如仅有保质期和最佳食用日期，如何标示生产日期

应根据保质期和最佳食用日期，以加贴、补印等方式如实标示生产日期。

55. 关于日期标示不得另外加贴、补印或篡改

GB 7718中"日期标示不得另外加贴、补印或篡改"是指在已有的标签上通过加贴、补印等手段单独对日期进行篡改的行为。如果整个食品标签以不干胶形式制作，

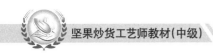

包括"生产日期"或"保质期"等日期内容,整个不干胶加贴在食品包装上符合GB 7718规定。

56. 标示日期时使用"见包装"字样,是否需要指明包装的具体位置

应当区分以下两种情况:一是包装体积较大,应指明日期在包装物上的具体部位;二是小包装食品,可采用"生产日期见包装""生产日期见喷码"等形式。以上要求是为了方便消费者找到日期信息。

57. 关于产品标准代号的标示

应当标示产品所执行的标准代号和顺序号,可以不标示年代号。产品标准可以是食品安全国家标准、食品安全地方标准、食品安全企业标准或其他国家标准、行业标准、地方标准和企业标准。

标题可以采用但不限于这些形式:产品标准号、产品标准代号、产品标准编号、产品执行标准号等。

58. 关于绿色食品标签的标识

根据《预包装食品标签通则》GB 7718—2011规定,预包装食品(不包括进口预包装食品)应标示产品所执行的标准代号。标准代号是指预包装食品产品所执行的涉及产品质量、规格等内容的标准,可以是食品安全国家标准、食品安全地方标准、食品安全企业标准,或其他相关国家标准、行业标准、地方标准。按照《绿色食品标志管理办法》(农业部令2012年第6号)规定,企业在产品包装上使用绿色食品标志,即表明企业承诺该产品符合绿色食品标准。企业可以在包装上标示产品执行的绿色食品标准,也可以标示其生产中执行的其他标准。

59. 关于致敏物质的标示

食品中的某些原料或成分,被特定人群食用后会诱发过敏反应,有效的预防手段之一就是在食品标签中标示所含有或可能含有的食品致敏物质,以便提示有过敏史的消费者选择适合自己的食品。GB 7718参照国际食品法典标准列出了八类致敏物质,鼓励企业自愿标示以提示消费者,有效履行社会责任。八类致敏物质以外的其他致敏物质,生产者也可自行选择是否标示。具体标示形式由食品生产经营企业参照以下自主选择。

致敏物质可以选择在配料表中用易识别的配料名称直接标示,如:牛奶、鸡蛋粉、大豆磷脂等;也可以选择在邻近配料表的位置加以提示,如:"含有……"等;对于配料中不含某种致敏物质,但同一车间或同一生产线上还生产含有该致敏物质的其他食品,使得致敏物质可能被带入该食品的情况,则可在邻近配料表的位置使用"可能含有……""可能含有微量……""本生产设备还加工含有……的食品""此生产线也加工含有……的食品"等方式标示致敏物质信息。

60. 关于包装物或包装容器最大表面积的计算

《预包装食品标签通则》中附录A给出了包装物或包装容器最大表面面积计算方

法，其中A.1和A.2分别规定了长方体形和圆柱形最大表面面积计算方法，是规则形状（体积）的计算方式。A.3给出了不规则形状（体积）的计算方法。在计算包装物或包装容器最大表面面积时应遵照执行。

61.关于预包装食品包装物不规则表面积的计算

不规则形状食品的包装物或包装容器应以呈平面或近似平面的表面为主要展示版面，并以该版面的面积为最大表面面积。如有多个平面或近似平面时，应以其中面积最大的一个为主要展示版面；如这些平面或近似平面的面积也相近时，可自主选择主要展示版面。包装总表面积计算可在包装未放置产品时平铺测定，但应除去封边及不能印刷文字部分所占尺寸。

62.关于《预包装食品标签通则》附录B

食品生产者在配料表中标示食品添加剂时，必须从附录B中选择一种标示形式。附录B用具体示例详细说明了食品添加剂在配料表中的不同标示方式，食品生产经营企业可以按食品的特性，选择其中的一种来标示配料表。但配料表中各配料之间的分隔方式和标点符号不做特别要求。

63.关于《预包装食品标签通则》附录C

附录C集中了一些标签项目推荐标示形式的示例。食品生产者在标示相应的标签项目时，应与推荐形式的基本含义保持一致，但文字表达方式、标点符号的选用等不限于示例中的形式。

附录C运用了大量的示例来说明净含量和规格、日期、保质期及贮存条件的标示方式。食品生产经营企业可以根据需要，选用其中的一种，但并非必须与之完全相同，也可以按照食品或包装的特性，在不改变基本含义的前提下，对推荐的形式做适当的修改。

64.关于如何实施标准

在GB 7718实施日期之前，允许并鼓励食品生产经营企业执行此标准。为节约资源、避免浪费，在实施日期前可继续使用符合原《预包装食品标签通则》GB 7718—2004要求的食品标签。在GB 7718实施日期之后，食品生产企业必须执行此标准，但在实施日期前使用旧版标签的食品可在产品保质期内继续销售。

四、《食品安全国家标准　预包装食品营养标签通则》相关知识

1.营养标签识别和编写方法依据标准

GB 28050《食品安全国家标准 预包装营养标签通则》、卫计委关于GB 28050问答、GB/Z 21922—2008《食品营养成分基本术语》。

2.GB 28050规定的基本要求

（1）预包装食品营养标签标示的任何营养信息，应真实、客观，不得虚假，不得

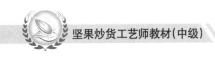

夸大产品的营养作用或其他作用。

（2）预包装营养标签应使用中文。如同时使用外文标示的，其内容应当与中文相对应，外文字号不得大于中文字号。

（3）营养成分表应以一个"方框表"的形式表示（特殊情况除外），方框可为任何尺寸，并与包装的基线垂直，表头为"营养成分表"。营养成分表中包括营养成分的名称、含量值和占营养素参考值（NRV）的百分比。

（4）食品营养成分含量应以具体数值标示，各营养成分的营养素参考值（NRV）见 GB 28050 附录 A。

（5）营养标签的推荐格式见 GB 28050 附录 B，食品企业可根据食品的营养特性、包装面积的大小和形状等因素选择使用其中的一种格式。

（6）营养标签应标在向消费者交货的最小销售单元的包装上。

3. GB 28050 规定的强制标示内容

◎能量和核心营养素

即【1+4】：能量 + 蛋白质、脂肪、碳水化合物、钠

当标示其他成分时，应采取适当形式使能量和核心营养素的标示更加醒目。

标示"醒目"途径：

（1）增加字号。

（2）改变字体（如斜体、加粗、加黑）。

（3）改变颜色（字体或背景颜色）。

（4）改变对齐方式等。

◎其他强制标示内容

（1）按国家相关标准使用了营养强化剂的预包装食品，在标示能量和核心营养素内容的基础上，还应标示强化后食品中该营养素的含量及其占 NRV 的百分比。

标准之间的配套关系：GB 14880 规定使用量；由于食品本底中营养素含量变化较大，因此在营养标签中对强化后的营养素含量强制要求标示。

（2）当食品配料中含有或生产过程中使用了氢化和（或）部分氢化油脂时，还应标示出反式脂肪（酸）的含量。

（3）当对除能量和核心营养素外的营养成分进行营养声称或营养成分功能声称时，在营养成分表中还须标示出该营养成分的含量及其占 NRV 的百分比。

除能量和核心营养素外，其他营养素不声称不强制，若声称，则强制。

如高钙奶，除 1+4 外，还需强制标示钙含量。

4. 营养成分的表达方式

预包装食品中营养成分的含量应以每 100 g 和（或）每 100 ml 和（或）每份食品可食部来标示。当用份标示时，应标明每份食品的量。份的大小可根据食品的特点规定。

营养成分表中强制标示和可选择性标示的营养成分的名称、顺序、标示单位、修约间隔、"0"界限值应符合表1-8-5所示。当缺少某一营养成分时，依序上移。

表1-8-5 营养成分表达方式

能量和营养成分的标示名称和顺序	表达单位	修约间隔	"0"界限值（每100 g或100 ml）
能量	千焦（kJ）	1	≤17 kJ
蛋白质	克（g）	0.1	≤0.5 g
脂肪	克（g）	0.1	≤0.5 g
饱和脂肪（酸）	克（g）	0.1	≤0.1 g
反式脂肪（酸）	克（g）	0.1	≤0.3 g
单不饱和脂肪（酸）	克（g）	0.1	≤0.1 g
多不饱和脂肪（酸）	克（g）	0.1	≤0.1 g
胆固醇	毫克（mg）	1	≤5 mg
碳水化合物	克（g）	0.1	≤0.5 g
糖（乳糖）	克（g）	0.1	≤0.5 g
膳食纤维（或单体成分，或可溶性、不可溶性膳食纤维）	克（g）	0.1	≤0.5 g
钠	毫克（mg）	1	≤5 mg
维生素A	微克视黄醇当量（μgRE）	1	≤8 μgRE
维生素D	微克（μg）	0.1	≤0.1 μg
维生素E	毫克a-生育酚当量（mg a-TE）	0.01	≤0.28 mg a-TE
维生素K	微克（μg）	0.1	≤1.6 μg
维生素B_1（硫胺素）	毫克（mg）	0.01	≤0.03 mg
维生素B_2（核黄素）	毫克（mg）	0.01	≤0.03 mg
维生素B_6	毫克（mg）	0.01	≤0.03 mg
维生素B_{12}	微克（μg）	0.01	≤0.05 μg
维生素C（抗坏血酸）	毫克（mg）	0.1	≤2.0 mg
烟酸（烟酰胺）	毫克（mg）	0.01	≤0.28 mg
叶酸	微克（μg）或微克叶酸当量（μgDFE）	1	≤8 μg
泛酸	毫克（mg）	0.01	≤0.10 mg
生物素	微克（μg）	0.1	≤0.6 μg

续表

能量和营养成分的标示名称和顺序	表达单位	修约间隔	"0"界限值（每100 g或100 ml）
胆碱	毫克(mg)	0.1	≤ 9.0 mg
磷	毫克(mg)	1	≤ 14 mg
钾	毫克(mg)	1	≤ 20 mg
镁	毫克(mg)	1	≤ 6 mg
钙	毫克(mg)	1	≤ 8 mg
铁	毫克(mg)	0.1	≤ 0.3 mg
锌	毫克(mg)	0.01	≤ 0.30 mg
碘	微克(μg)	0.1	≤ 3.0 μg
硒	微克(μg)	0.1	≤ 1.0 μg
铜	毫克(mg)	0.01	≤ 0.03 mg
氟	毫克(mg)	0.01	≤ 0.02 mg
锰	毫克(mg)	0.01	≤ 0.06 mg

5.能量和营养成分含量的允许误差范围

见表1-8-6。

表1-8-6 食品营养成分允许误差范围

食品营养成分	允许误差范围
食品的蛋白质,多不饱和及单不饱和脂肪(酸),碳水化合物,糖(仅限乳糖),总的、可溶性或不溶性膳食纤维及其单体,维生素(不包括维生素D、维生素A),矿物质(不包括钠)、强化的其他营养成分	≥80%标示值
食品中的能量以及脂肪、饱和脂肪(酸)、反式脂肪(酸),胆固醇,钠,糖(除外乳糖)	≤120%标示值
食品中的维生素D和维生素A	80%~180%标示值

6.免除强制标示营养标签的情况

（1）生鲜食品，如包装的生肉、生鱼、生蔬菜和水果、禽蛋等。

（2）乙醇含量≥0.5%的饮料酒类。

（3）包装总表面积≤100 cm²或最大表面面积≤20 cm²的食品。

（4）现制现售的食品。

（5）包装的饮用水。

（6）每日食用量≤10 g或10 ml的预包装食品。

（7）其他法律法规标准规定可以不标示营养标签的预包装食品。

免除强制标示营养标签的食品如果在其包装上出现任何营养信息时，则需按照要求强制标注。

7.GB 28050附录A：营养素参考值（NRV）

见表1-8-7。

表1-8-7　各营养成分的营养素参考值

营养成分	NRV	营养成分	NRV	营养成分	NRV
能　量	8400 kJ	维生素B$_1$	1.4 mg	钠	2 000 mg
蛋白质	60 g	维生素B$_2$	1.4 mg	镁	300 mg
脂　肪	≤ 60 g	维生素B$_6$	1.4 mg	铁	15 mg
饱和脂肪酸	≤ 20 g	维生素B$_{12}$	2.4 μg	锌	15 mg
胆固醇	≤ 300 mg	维生素C	100 mg	碘	150 μg
碳水化合物	300 g	烟酸	14 mg	硒	50 μg
膳食纤维	25 g	叶酸	400 μgDFE	铜	1.5 mg
维生素A	800 μgRE	泛酸	5 mg	氟	1 μg
维生素D	5 μg	生物素	30 μg	锰	3 mg
维生素E	14 mg a-TE	胆碱	450 mg	磷	700 mg
维生素K	80 μg	钙	800 mg	钾	2 000 mg

8.GB 28050附录B：营养标签的推荐格式

格式一：仅标示能量和核心营养素的营养成分表（见表1-8-8）

表1-8-8　能量和核心营养素的营养成分表

项目	每100克(g)或100毫升(ml)或每份	营养素参考值%（NRV%）
能量	千焦(kJ)	%
蛋白质	克(g)	%
脂肪	克(g)	%
碳水化合物	克(g)	%
钠	毫克(mg)	%

格式二：能量、核心营养素+其他营养成分标注（见表1-8-9）

表1-8-9 能量、核心营养素+其他营养成分表

项目	每100 g(ml)或每份	营养素参考值%(NRV%)
能量	千焦(kJ)	%
蛋白质	克(g)	%
脂肪 ——饱和脂肪	克(g) 克(g)	%
胆固醇	毫克(mg)	%
碳水化合物 ——糖	克(g) 克(g)	%
膳食纤维	克(g)	%
钠	毫克(mg)	%
维生素A	微克视黄醇当量(μgRE)	%
钙	毫克(mg)	%

注：1.能量和核心营养成分应为粗体或其他方法使其显著。

2.膳食纤维不包含在碳水化合物中的标准,若包含在碳水化合物中,标注方式同糖"——膳食纤维"

格式三：附有营养声称和营养成分功能声称的格式（见表1-8-10）

表1-8-10 营养成分表(附营养声称和营养成分功能声称)

项目	每100g(ml)或每份	营养素参考值%(NRV%)
能量	千焦(kJ)	%
蛋白质	克(g)	%
脂肪	克(g)	%
碳水化合物	克(g)	%
钠	毫克(mg)	%

注：1.营养声称如:低脂肪XX。

2.营养成分功能声称如:每日膳食中脂肪提供的能量占总能量的比例不宜超过30%。

3.营养声称、营养成分功能声称可以在标签的任意位置,但其字号不得大于食品名称和商标。

格式四：附有外文的格式 （见表1-8-11）

表1-8-11　营养成分表(附外文)

项目/Items	每100 g(ml)，或每份 per 100 g(ml)or per Serving	营养素参考值% （NRV%）
能量/Energy	千焦(kJ)	%
蛋白质/Protein	克(g)	%
脂肪/ fat	克(g)	%
碳水化合物/Carbohydrate	克(g)	%
钠/ Sodium	毫克(mg)	%

格式五：横排格式（见表1-8-12）

表1-8-12　营养成分表(横排式)

项目	每100 g(ml) 或每份	营养素参考值% （NRV%）	项目	每100 g(ml) 或每份	营养素参考值% （NRV%）
能量	千焦(kJ)	%	碳水化合物	克(g)	%
蛋白质	克(g)	%	钠	毫克(mg)	%
脂肪	克(g)	%			

格式六：文字格式

> 包装的总面积小于100cm²的食品,如进行营养成分标示,允许用非表格的形式,并可省略营养素参考值(NRV)的标示。根据包装特点,营养成分从左到右横向排开,或者自上而下排开。
>
> 如:营养成分/100g:能量XX kJ,蛋白质XX g,脂肪XX g,碳水化合物XX g,钠XX mg。

9.相关指标值的计算和获取方法

◎关于能量及其折算

能量指食品中蛋白质、脂肪、碳水化合物等产能营养素在人体代谢中产生能量的总和。

营养标签上标示的能量主要由计算法获得，即蛋白质、脂肪、碳水化合物等产能营养素的含量乘以各自相应的能量系数（见表1-8-13）并进行加和，能量值以千焦（kJ）为单位标示。当产品营养标签中标示核心营养素以外的其他产能营养素如膳食纤维等，还应计算膳食纤维等提供的能量；未标注其他产能营养素时，在计算能量时可以不包括其提供的能量。

表1-8-13　食品中产能营养素的能量折算系数

成分	折算系数	成分	折算系数
蛋白质	17	乙醇(酒精)	29
脂肪	37	有机酸	13
碳水化合物	17	膳食纤维*	8

注:*包括膳食纤维的单体成分,如不消化的低聚糖、不消化淀粉、抗性糊精等。

◎关于蛋白质及其含量

蛋白质是一种含氮有机化合物，以氨基酸为基本单位组成。

食品中蛋白质含量可通过"总氮量"乘以"蛋白质折算系数"计算（公式和折算系数如下），还可通过食品中各氨基酸含量的总和来确定。

蛋白质（g/100 g）=总氮量（g/100 g）×蛋白质折算系数

不同食品中蛋白质折算系数见表1-8-14。对于含有两种或两种以上蛋白质来源的加工食品，统一使用折算系数6.25。

表1-8-14　蛋白质折算系数

食物	折算系数	食物	折算系数
纯乳与纯乳制品	6.38	肉与肉制品	6.25
面粉	5.70	花生	5.46
玉米、高粱	6.24	芝麻、向日葵	5.30
大米	5.95	大豆蛋白制品	6.25
大麦、小米、燕麦、裸麦	5.83	大豆及其粗加工制品	5.71

◎关于脂肪及其含量

脂肪的含量可通过测定粗脂肪或总脂肪获得，在营养标签上两者均可标示为"脂肪"。粗脂肪是食品中一大类不溶于水而溶于有机溶剂（乙醚或石油醚）的化合物的总称，除了甘油三酯外，还包括磷脂、固醇、色素等，可通过索氏抽提法或罗高氏法等方法测定。总脂肪是通过测定食品中单个脂肪酸含量并折算脂肪酸甘油三酯总和获得的脂肪含量。

◎关于碳水化合物及其含量

碳水化合物是指糖（单糖和双糖）、寡糖和多糖的总称，是提供能量的重要营养素。

食品中碳水化合物的量可按减法或加法计算获得。减法是以食品总质量为100，减去蛋白质、脂肪、水分、灰分和膳食纤维的质量，称为"可利用碳水化合物"；或以食品总质量为100，减去蛋白质、脂肪、水分、灰分的质量，称为"总碳水化合物"。在标签上，上述两者均以"碳水化合物"标示。加法是以淀粉和糖的总和为"碳水化合物"。

◎关于反式脂肪酸

反式脂肪酸是油脂加工中产生的含1个或1个以上非共轭反式双键的不饱和脂肪酸的总和，不包括天然反式脂肪酸。在食品配料中含有或生产过程中使用了氢化和（或）部分氢化油脂时，应标示反式脂肪（酸）含量。

配料中含有以氢化油和（或）部分氢化油为主要原料的产品，如人造奶油、起酥油、植脂末和代可可脂等，也应标示反式脂肪（酸）含量，但是若上述产品中未使用氢化油的，可由企业自行选择是否标示反式脂肪酸含量。

食品中天然存在的反式脂肪酸不要求强制标示，企业可以自愿选择是否标示。若企业对反式脂肪酸进行声称，则需要强制标示出其含量，并且必须符合标准中的声称要求。

如何理解配料表中含有氢化和/或部分氢化油，但营养成分表中反式脂肪酸含量为"0"的情况？

当配料中氢化油和/或部分氢化油所占比例很小，或者植物油氢化比较完全，产生的反式脂肪酸含量很低时，终产品中反式脂肪酸含量低于"0"界限值，此时反式脂肪酸应标示为"0"。

◎关于维生素E

维生素E是具有生育酚活性的化合物的总和。食品中的维生素E有多种形式（如α-生育酚、β-生育酚、γ-生育酚、δ-生育酚和相应的三烯生育酚）。

食品中的维生素E以"毫克（mg）"或"α-生育酚当量（α-TE）"标示。

由于不同形式的维生素E在体内利用率不同，食品中的总维生素E用α-生育酚当量（α-TE，mg）表达时，计算公式如下：

α-生育酚当量=α-生育酚+0.5×β-生育酚+0.1×γ-生育酚+0.3×δ-三烯生育酚

◎关于叶酸

叶酸主要包括叶酸（蝶酰谷氨酸）和具有叶酸生物学活性的物质。

食品中叶酸以"微克（μg）"或"微克叶酸当量（μg DFE）"标示。

食品中天然存在和人工合成的叶酸吸收利用程度不同，用下式计算总的食品叶酸当量（μg DFE）：

食品叶酸当量=食品中天然的叶酸+1.7×强化叶酸

10. 数值分析、产生和核查

◎获得营养成分含量的方法

1）直接检测

选择国家标准规定的检测方法，在没有国家标准方法的情况下，可选用美国官方分析化学师转协会（AOAC）推荐的方法或公认的其他方法，通过检测产品直接得到营养成分含量数值。

2）间接计算

（1）利用原料的营养成分含量数据，根据原料配方计算获得。

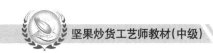

（2）利用可信赖的食物成分数据库数据，根据原料配方计算获得。

对于采用计算法的，企业负责计算数值的准确性，必要时可用检测数据进行比较和评价。为保证数值的溯源性，建议企业保留相关信息，以便查询和及时纠正相关问题。

◎可用于计算的原料营养成分数据来源

供货商提供的检测数据；企业产品生产研发中积累的数据；权威机构发布的数据，如《中国食物成分表》。

◎可使用的食物成分数据库

（1）中国疾病预防控制中心营养与食品安全所编著的《中国食物成分表》第一册和第二册。

（2）如《中国食物成分表》未包括相关内容，还可参考以下资料：美国农业部发布的 *USDA National Nutrient Database for Standard Reference*、英国食物标准局和食物研究所发布的 *McCance and Widdowson's the Composition of Foods* 或其他国家的权威数据库资料。

◎关于营养成分的检测

营养成分检测应首先选择国家标准规定的检测方法或与国家标准等效的检测方法，没有国家标准规定的检测方法时，可参考国际组织标准或权威科学文献。

企业可自行开展营养成分的分析检测，也可委托有资质的检验机构完成。

◎关于检测批次和样品数

正常检测样品数和检测次数越多，越接近真实值。在实际操作中，对于营养素含量不稳定或原料本底值容易变动的食品，应相应增加检测批次。

企业可以根据产品或营养成分的特性，确定抽检样品的来源、批次和数量。原则上这些样品应能反映不同批次的产品，具有产品代表性，保证标示数据的可靠性。

◎关于标示数值的准确性

企业可以基于计算或检测结果，结合产品营养成分情况，并适当考虑该成分的允许误差来确定标签标示的数值。当检测数值与标签标示数值出现较大偏差时，企业应分析产生差异的原因，如主要原料的季节性和产地差异、计算和检测误差等，及时纠正偏差。

判定营养标签标示数值的准确性时，应以企业确定标签数值的方法作为依据。

◎营养标签标示值允许误差与执行的产品标准之间的关系

营养标签的标示值应真实客观地反映产品中营养成分的含量，而允许误差则是判断标签标示值是否正确的依据，但不能仅以允许误差判定产品是否合格。如果相应产品的标准中对营养素含量有要求，应同时符合产品标准的要求和营养标签标准规定的允许误差范围。

如《灭菌乳》（GB 25190-2010）中规定牛乳中蛋白质含量应≥2.9 g/100 g，若该产品营养标签上蛋白质标示值为3.0 g/100g，判定产品是否合格应看其蛋白质实际含量是否≥2.9 g/100 g。

◎关于能量值与供能营养素提供能量之和的关系

标签上能量值理论上应等于供能营养素（蛋白质、脂肪、碳水化合物等）提供能量之和，但由于营养成分标示值的"修约"、供能营养素符合"0"界限值要求而标示为"0"等原因，可能导致能量计算结果不一致。

◎采用计算法制作营养标签的示例

以产品A为例。

第一步：确认产品A的配方和原辅材料清单（见表1-8-15）。

表1-8-15　产品A的配方和原辅材料清单

原辅材料名称	占总配方百分比(%)
原料A	X
原料B	X
原料C	X
原料D	X

第二步：收集各类原辅材料的营养成分信息，并记录每个营养数据的来源（见表1-8-16）。

表1-8-16　各类原辅材料的营养成分信息

原辅材料名称	原辅材料的营养成分信息(每100g)				数据来源
	蛋白质(g)	脂肪(g)	碳水化合物(g)	钠(mg)	
原料A	X	X	X	X	《中国食物成分表》第一册
原料B	X	X	X	X	供应商提供
原料C	X	X	X	X	供应商提供
原料D	X	X	X	X	《中国食物成分表》第二册

第三步：通过上述原辅材料的营养成分数据，计算产品A的每种营养成分数据和能量值，并结合能量及各营养成分的允许误差范围，对能量和营养成分数值进行修约（见表1-8-17）。

表1-8-17　产品A修约前后能量和营养成分数值

项目	100克(修约前)	100克(修约后)
能量	X	X
蛋白质	X	X
脂肪	X	X
碳水化合物	X	X
钠	X	X

第四步：根据修约后的能量、营养成分数值和营养素参考值，计算NRV，并根据包装面积和设计要求，选择适当形式的营养成分表。

11.其他

◎销售单元内包含多种不同食品时，外包装的标示

（1）标示包装内食品营养成分的平均含量。平均含量可以是整个大包装的检验数据，也可以是按照比例计算的营养成分含量，如表1-8-18所示。

表1-8-18　包装内食品营养成分表

项目	每100 g	NRV%
能量	kJ	%
蛋白质	g	%
脂肪	g	%
碳水化合物	g	%
钠	mg	%

（2）分别标示各食品的营养成分含量，共有信息可共用，如表1-8-19所示。

表1-8-19　各食品营养成分表

项目	食品1		食品2		食品3	
	每100 g	NRV%	每100 g	NRV%	每100 g	NRV%
能量	kJ	%	kJ	%	kJ	%
蛋白质	g	%	g	%	g	%
脂肪	g	%	g	%	g	%
碳水化合物	g	%	g	%	g	%
钠	mg	%	mg	%	mg	%

同一包装内含有可由消费者酌情添加的配料（如方便面的调料包、膨化食品的蘸酱包等）时，也可采用本方法进行标示。

（3）当豁免强制标示营养标签的预包装食品作为赠品时，可以不在外包装上标示赠品的营养信息。

◎关于原料、产品特性及生产工艺的描述

对原料特性和生产工艺的描述不属于营养声称，如脱盐乳清粉等，其描述应符合相应法律、法规或标准的要求。

五、《食品安全国家标准　食品添加剂使用标准》（GB 2760-2014）相关知识

产品中添加的食品添加剂名称和添加量应符合GB 2760-2014《食品安全国家标

准 食品添加剂使用标准》的规定，具体如下：

1.食品添加剂相关定义

◎食品添加剂：为改善食品品质和色、香、味，以及为防腐、保鲜和加工工艺的需要而加入食品中的人工合成或者天然物质。食品用香料、胶基糖果中基础剂物质、食品工业用加工助剂也包括在内。

◎最大使用量：食品添加剂使用时所允许的最大添加量。

◎最大残留量：食品添加剂或其分解产物在最终食品中的允许残留水平。

◎食品工业用加工助剂：保证食品加工能顺利进行的各种物质，与食品本身无关。如助滤、澄清、吸附、脱模、脱色、脱皮、提取溶剂、发酵用营养物质等。

◎国际编码系统 （INS）：食品添加剂的国际编码，用于代替复杂的化学结构名称表述。

◎中国编码系统 （CNS）：食品添加剂的中国编码，由食品添加剂的主要功能类别代码和在本功能类别中的顺序号组成。

2.食品添加剂的带入原则

带入原则：

在下列情况下食品添加剂可以通过食品配料（含食品添加剂）带入食品中：

（1）根据GB 2760，食品配料中允许使用该食品添加剂。

（2）食品配料中该添加剂的用量不应超过允许的最大使用量。

（3）应在正常生产工艺条件下使用这些配料，并且食品中该添加剂的含量不应超过由配料带入的水平。

（4）由配料带入食品中的该添加剂的含量应明显低于直接将其添加到该食品中通常所需要的水平。

当某食品配料作为特定终产品的原料时，批准用于上述特定终产品的添加剂允许添加到这些食品配料中，同时该添加剂在终产品中的量应符合GB 2760的要求。在所述特定食品配料的标签上应明确标示该食品配料用于上述特定食品的生产。

3.食品添加剂使用规定

（1）GB 2760中的表 A.1列出的同一功能的食品添加剂（相同色泽着色剂、防腐剂、抗氧化剂）在混合使用时，各自用量占其最大使用量的比例之和不应超过 1 。

（2）GB 2760中的表 A.2规定了可在各类食品（GB 2760中的表 A.3所列食品类别除外）中按生产需要适量使用的食品添加剂。

（3）GB 2760表 A.1和表 A.2未包括对食品用香料和用作食品工业用加工助剂的食品添加剂的有关规定。

4.举例坚果与籽类食品可使用食品添加剂查询方案及清单

查GB 2760中关于坚果与籽类食品的分类表可知：

04.0 水果、蔬菜（包括块根类）、豆类、食用菌、藻类、坚果以及籽类等

04.05　坚果和籽类

04.05.01　新鲜坚果与籽类

04.05.02　加工坚果与籽类

04.05.02.01　熟制坚果与籽类

04.05.02.01.01　带壳熟制坚果与籽类

04.05.02.01.02　脱壳熟制坚果与籽类

04.05.02.02　—

04.05.02.03　坚果与籽类罐头

04.05.02.04　坚果与籽类的泥（酱），包括花生酱等

04.05.02.05　其他加工的坚果与籽类（如腌渍的果仁）

食品分类号04.0可用的添加剂也可使用在坚果与籽类食品中，如表1-8-20所示。

表1-8-20　食品分类号04.0及坚果与籽类食品中可用的添加剂

添加剂	功能	最大使用量(g/kg)	CNS号	INS号	备注
ε-聚赖氨酸盐酸盐	防腐剂	0.30	17.038	—	

食品分类号04.05坚果和籽类可用的食品添加剂清单：无。

食品分类号04.05.01新鲜坚果与籽类可用的食品添加剂清单：无。

食品分类号04.05.02加工坚果与籽类可用的食品添加剂清单，如表1-8-21所示。

表1-8-21　加工坚果与籽类可用的食品添加剂清单

添加剂	功能	最大使用量(g/kg)	CNS号	INS号	备注
N-[N-(3,3-二甲基丁基)]—L-α-天门冬氨—L—苯丙氨酸1-甲酯(又名纽甜)	甜味剂	0.032	19.019	961	
β-胡萝卜素	着色剂	1.0	08.010	160(a)	
亮蓝及其铝色淀	着色剂	0.025	08.007	133	以亮蓝计
麦芽糖醇和麦芽糖醇液	甜味剂、稳定剂、水分保持剂、乳化剂、膨松剂、增稠剂	按生产需要适量使用	19.005，19.022	965(i)，965(ii)	
柠檬黄及其铝色淀	着色剂	0.1	08.005，08.005	102	以柠檬黄计
日落黄及其铝色淀	着色剂	0.1	08.006	110	以日落黄计

续表

添加剂	功能	最大使用量(g/kg)	CNS号	INS号	备注
三氯蔗糖(又名蔗糖素)	甜味剂	1.0	19.016	955	
索马甜	甜味剂	0.025	19.020	957	
天门冬酰苯丙氨酸甲酯(又名阿斯巴甜)*	甜味剂	0.5	19.004	951	
叶绿素铜钠盐，叶绿素铜钾盐	着色剂	0.5	08.009	141(ⅱ)	
诱惑红及其铝色淀	着色剂	0.1	08.012,08.012	129	以诱惑红计

注:*添加阿斯巴甜的食品应标明"阿斯巴甜(含苯丙氨酸)"。

食品分类号04.05.02.01熟制坚果与籽类可用的食品添加剂清单，如表1-8-22所示。

表1-8-22　熟制坚果与籽类可用的食品添加剂清单

添加剂	功能	最大使用量(g/kg)	CNS号	INS号	备注
丙二醇脂肪酸酯	乳化剂、稳定剂	2.0	10.020	477	仅限油炸坚果与籽类
茶多酚(又名维多酚)	抗氧化剂	0.2	04.005	—	仅限油炸坚果与籽类。以油脂中儿茶素计
赤藓红及其铝色淀	着色剂	0.025	08.003	127	仅限油炸坚果与籽类。以赤藓红计
靛蓝及其铝色淀	着色剂	0.05	08.008	132	仅限油炸坚果与籽类。以靛蓝计
丁基羟基茴香脑(BHA)	抗氧化剂	0.2	04.001	320	仅限油炸坚果与籽类。以油脂中的含量计
二丁基羟基甲苯(BHT)	抗氧化剂	0.2	04.002	321	仅限油炸坚果与籽类。以油脂中的含量计
二氧化钛	着色剂	10.0	08.011	171	仅限油炸坚果与籽类

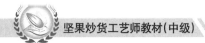

续表

添加剂	功能	最大使用量（g/kg）	CNS号	INS号	备注
甘草抗氧化物	抗氧化剂	0.2	04.008	—	仅限油炸坚果与籽类。以甘草酸计
红花黄	着色剂	0.5	08.103	—	仅限油炸坚果与籽类
红曲米,红曲红	着色剂	按生产需要适量使用	08.119,08.120	—	仅限油炸坚果与籽类
姜黄	着色剂	按生产需要适量使用	08.102	100(ii)	仅限油炸坚果与籽类
姜黄素	着色剂	按生产需要适量使用	08.132	100(i)	仅限油炸坚果与籽类
聚甘油脂肪酸酯	乳化剂、稳定剂、增稠剂、抗结剂	10.0	10.022	475	仅限油炸坚果与籽类
辣椒红	着色剂	按生产需要适量使用	08.106	—	仅限油炸坚果与籽类
亮蓝及其铝色淀	着色剂	0.05	08.007	133	仅限油炸坚果与籽类。以亮蓝计
磷酸,焦磷酸二氢二钠,焦磷酸钠,磷酸二氢钙,磷酸二氢钾,磷酸氢二铵,磷酸氢二钾,磷酸氢钙,磷酸三钙,磷酸三钾,磷酸三钠,六偏磷酸钠,三聚磷酸钠,磷酸二氢钠,磷酸氢二钠,焦磷酸四钾,焦磷酸一氢三钠,聚偏磷酸钾,酸式焦磷酸钙	水分保持剂、膨松剂、酸度调节剂、稳定剂、凝固剂、抗结剂	2.0	01.106,15.008,15.004,15.007,15.010,06.008,15.009,06.006,02.003,01.308,15.001,15.002,15.003,15.005,15.006,15.017,15.013,15.015,15.016	338,450i,450iii,341i,340i,342ii,340ii,341ii,341iii,340iii,339iii,452i,451i,339i,339ii,450(v),450(ii),452(ii),450(vii)	仅限油炸坚果与籽类。可单独或混合使用,最大使用量以磷酸根(PO_4^{3-})计

续表

添加剂	功能	最大使用量（g/kg）	CNS号	INS号	备注
硫代二丙酸二月桂酯	抗氧化剂	0.2	04.012	389	仅限油炸坚果与籽类
没食子酸丙酯（PG）	抗氧化剂	0.1	04.003	310	仅限油炸坚果与籽类。以油脂中的含量计
迷迭香提取物	抗氧化剂	0.3	04.017	—	仅限油炸坚果与籽类
迷迭香提取物（超临界二氧化碳萃取法）	抗氧化剂	0.3	04.022	—	仅限油炸坚果与籽类
山梨糖醇和山梨糖醇液	甜味剂、膨松剂、乳化剂、水分保持剂、稳定剂、增稠剂	按生产需要适量使用	19.006，19.023	420(i)，420(ii)	仅限油炸坚果与籽类
特丁基对苯二酚（TBHQ）	抗氧化剂	0.2	04.007	319	以油脂中的含量计
甜菊糖苷	甜味剂	1.0	19.008	960	以甜菊醇当量计
维生素E(dl-α-生育酚，d-α-生育酚，混合生育酚浓缩物)	抗氧化剂	0.2	04.016	307	仅限油炸坚果与籽类。以油脂中的含量计
胭脂虫红	着色剂	0.1	08.145	120	仅限油炸坚果与籽类。以胭脂红酸计
乙酰磺胺酸钾（又名安赛蜜）	甜味剂	3.0	19.011	950	
栀子黄	着色剂	1.5	08.112	—	仅限油炸坚果与籽类
栀子蓝	着色剂	0.5	08.123	—	仅限油炸坚果与籽类
竹叶抗氧化物	抗氧化剂	0.5	04.019	—	仅限油炸坚果与籽类

食品分类号04.05.02.01.01带壳熟制坚果与籽类可用的食品添加剂清单，如表1-8-23所示。

表1-8-23　带壳熟制坚果与籽类可用的食品添加剂清单

添加剂	功能	最大使用量(g/kg)	CNS号	INS号	备注
环己基氨基磺酸钠（又名甜蜜素），环己基氨基磺酸钙	甜味剂	6.0	19.002	952	以环己基氨基磺酸计
糖精钠	甜味剂、增味剂	1.2	19.001	954	以糖精计

食品分类号04.05.02.01.02脱壳熟制坚果与籽类可用的食品添加剂清单，如表1-8-24所示。

表1-8-24　脱壳熟制坚果与籽类可用的食品添加剂清单

添加剂	功能	最大使用量(g/kg)	CNS号	INS号	备注
环己基氨基磺酸钠（又名甜蜜素），环己基氨基磺酸钙	甜味剂	1.2	19.002	952	以环己基氨基磺酸计
糖精钠	甜味剂、增味剂	1.0	19.001	954	以糖精计

食品分类号04.05.02.03坚果与籽类罐头可用的食品添加剂清单，如表1-8-25所示。

表1-8-25　坚果与籽类罐头可用的食品添加剂清单

添加剂	功能	最大使用量(g/kg)	CNS号	INS号	备注
丁基羟基茴香脑（BHA）	抗氧化剂	0.2	04.001	320	以油脂中的含量计
二丁基羟基甲苯（BHT）	抗氧化剂	0.2	04.002	321	以油脂中的含量计
二氧化硫,焦亚硫酸钾,焦亚硫酸钠,亚硫酸钠,亚硫酸氢钠,低亚硫酸钠	漂白剂、防腐剂、抗氧化剂	0.05	05.001, 05.002, 05.003, 05.004, 05.005, 05.006	220, 224, 223, 221, 222, —	最大使用量以二氧化硫残留量计
没食子酸丙酯（PG）	抗氧化剂	0.1	04.003	310	以油脂中的含量计
特丁基对苯二酚（TBHQ）	抗氧化剂	0.2	04.007	319	以油脂中的含量计
乙二胺四乙酸二钠	稳定剂、凝固剂、抗氧化剂、防腐剂	0.25	18.005	386	
栀子黄	着色剂	0.3	08.112	—	

食品分类号04.05.02.04坚果与籽类的泥（酱），包括花生酱等可用的食品添加剂清单，如表1-8-26所示。

表1-8-26　坚果与籽类的泥(酱)，包括花生酱等可用的食品添加剂清单

添加剂	功能	最大使用量（g/kg）	CNS号	INS号	备注
N-[N-(3,3-二甲基丁基)]-L-α-天门冬氨-L-苯丙氨酸1-甲酯(又名纽甜)	甜味剂	0.033	19.019	961	
甲壳素(又名几丁质)	增稠剂、稳定剂	2.0	20.018	—	

GB 2760中表A.2为可在各类食品中按生产需要适量使用的食品添加剂名单，如表1-8-27所示。

表1-8-27　可在各类食品中按生产需要适量使用的食品添加剂名单

添加剂	功能	CNS号	INS号	备注
醋酸酯淀粉	增稠剂	20.039	1420	
单,双甘油脂肪酸酯(油酸、亚油酸、棕榈酸、山嵛酸、硬脂酸、月桂酸、亚麻酸)	乳化剂	10.006	471	
柑橘黄	着色剂	08.143	—	
瓜尔胶	增稠剂	20.025	412	
果胶	增稠剂	20.006	440	
海藻酸钠(又名褐藻酸钠)	增稠剂	20.004	401	
槐豆胶(又名刺槐豆胶)	增稠剂	20.023	410	
黄原胶(又名汉生胶)	稳定剂、增稠剂	20.009	415	
卡拉胶	增稠剂	20.007	407	
抗坏血酸(又名维生素C)	抗氧化剂	04.014	300	
抗坏血酸钠	抗氧化剂	04.015	301	
抗坏血酸钙	抗氧化剂	04.009	302	
酪蛋白酸钠(又名酪朊酸钠)	乳化剂	10.002	—	
磷脂	抗氧化剂、乳化剂	04.010	322	
氯化钾	其他	00.008	508	

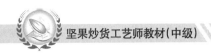

续表

添加剂	功能	CNS号	INS号	备注
柠檬酸脂肪酸甘油酯	乳化剂	10.032	472c	
羟丙基二淀粉磷酸酯	增稠剂	20.016	1442	
乳酸	酸度调节剂	01.102	270	
乳酸钠	水分保持剂、酸度调节剂、抗氧化剂、膨松剂、增稠剂、稳定剂	15.012	325	
乳酸脂肪酸甘油酯	乳化剂	10.031	472b	
乳糖醇(又名4-β-D吡喃半乳糖-D-山梨醇)	甜味剂	19.014	966	
羧甲基纤维素钠	增稠剂	20.003	466	
碳酸钙(包括轻质和重质碳酸钙)	面粉处理剂、膨松剂	13.006	170i	
碳酸钾	酸度调节剂	01.301	501i	
碳酸钠	酸度调节剂	01.302	500i	
碳酸氢铵	膨松剂	06.002	503ii	
碳酸氢钾	酸度调节剂	01.307	501ii	
碳酸氢钠	膨松剂、酸度调节剂、稳定剂	06.001	500ii	
微晶纤维素	抗结剂、增稠剂、稳定剂	02.005	460i	
辛烯基琥珀酸淀粉钠	乳化剂	10.030	1450	
D-异抗坏血酸及其钠盐	抗氧化剂	04.004,04.018	315,316	
5′-呈味核苷酸二钠(又名呈味核苷酸二钠)	增味剂	12.004	635	
5′-肌苷酸二钠	增味剂	12.003	631	
5′-鸟苷酸二钠	增味剂	12.002	627	
DL-苹果酸钠	酸度调节剂	01.309	—	
L-苹果酸	酸度调节剂	01.104	—	
DL-苹果酸	酸度调节剂	01.309	—	
α-环状糊精	稳定剂、增稠剂	18.011	457	
γ-环状糊精	稳定剂、增稠剂	18.012	458	
阿拉伯胶	增稠剂	20.008	414	

续表

添加剂	功能	CNS号	INS号	备注
半乳甘露聚糖	其他	00.014	—	
冰乙酸（又名冰醋酸）	酸度调节剂	01.107	260	
冰乙酸（低压羰基化法）	酸度调节剂	01.112	—	
赤藓糖醇[4]	甜味剂	19.018	968	生产菌株分别为 Moniliella pollinis，Trichosporonides megachiliensis 和解脂假丝酵母 Candida lipolytica。
改性大豆磷脂	乳化剂	10.019	—	
甘油（又名丙三醇）	水分保持剂、乳化剂	15.014	422	
高粱红	着色剂	08.115	—	
谷氨酸钠	增味剂	12.001	621	
海藻酸钾（又名褐藻酸钾）	增稠剂	20.005	402	
甲基纤维素	增稠剂	20.043	461	
结冷胶	增稠剂	20.027	418	
聚丙烯酸钠	增稠剂	20.036	—	
磷酸酯双淀粉	增稠剂	20.034	1412	
罗汉果甜苷	甜味剂	19.015	—	
酶解大豆磷脂	乳化剂	10.040	—	
明胶	增稠剂	20.002	—	
木糖醇	甜味剂	19.007	967	
柠檬酸	酸度调节剂	01.101	330	
柠檬酸钾	酸度调节剂	01.304	332ii	
柠檬酸钠（枸橼酸钠）	酸度调节剂、稳定剂	01.303	331iii	
柠檬酸一钠	酸度调节剂	01.306	331i	
葡萄糖酸-δ-内酯	稳定和凝固剂	18.007	575	
葡萄糖酸钠	酸度调节剂	01.312	576	
羟丙基淀粉	增稠剂、膨松剂、乳化剂、稳定剂	20.014	1440	
羟丙基甲基纤维素（HPMC）	增稠剂	20.028	464	

续表

添加剂	功能	CNS号	INS号	备注
琼脂	增稠剂	20.001	406	
乳酸钾	水分保持剂	15.011	326	
酸处理淀粉	增稠剂	20.032	1401	
天然胡萝卜素	着色剂	08.147	—	
甜菜红	着色剂	08.101	162	
氧化淀粉	增稠剂	20.030	1404	
氧化羟丙基淀粉	增稠剂	20.033	—	
乙酰化单、双甘油脂肪酸酯	乳化剂	10.027	472a	
乙酰化二淀粉磷酸酯	增稠剂	20.015	1414	
乙酰化双淀粉己二酸酯	增稠剂	20.031	1422	

GB 2760附录C为可用的食品用加工助剂名单，如表1-8-28所示。

表1-8-28　可用的食品用加工助剂名单

中文名称	英文名称	功能	使用范围
氨水（包括液氨）	ammonia		在各类食品加工过程中使用，残留量不需限定
甘油（又名丙三醇）	glycerine（glycerol）		
丙酮	acetone		
丙烷	propane		
单,双甘油脂肪酸酯	mono-and diglycerides of fatty acids		
氮气	nitrogen		
二氧化硅	silicon dioxide		
二氧化碳	carbon dioxide		
硅藻土	diatomaceous earth		
过氧化氢	hydrogen peroxide		
活性炭	activated carbon		
磷脂	phospholipid		
硫酸钙	calcium sulfate		
硫酸镁	magnesium sulfate		
硫酸钠	sodium sulfate		
氯化铵	ammonium chloride		
氯化钙	calcium chloride		

续表

中文名称	英文名称	功能	使用范围
氯化钾	potassium chloride		在各类食品加工过程中使用，残留量不需限定
柠檬酸	citric acid		
氢气	hydrogen		
氢氧化钙	calcium hydroxide		
氢氧化钾	potassium hydroxide		
氢氧化钠	sodium hydroxide		
乳酸	lactic acid		
硅酸镁	magnesium silicate		
碳酸钙（包括轻质和重质碳酸钙）	calcium carbonate（light，heavy）		
碳酸钾	potassium carbonate		
碳酸镁（包括轻质和重质碳酸镁）	magnesium carbonate（light，heavy）		
碳酸钠	sodium carbonate		
碳酸氢钾	potassium hydrogen carbonate		
碳酸氢钠	sodium hydrogen carbonate		
纤维素	cellulose		
盐酸	hydrochloric acid		
氧化钙	calcium oxide		
氧化镁（包括重质和轻质）	magnesium oxide（heavy，light）		
乙醇	ethanol		
冰乙酸（又名冰醋酸）	acetic acid		
植物活性炭	vegetable carbon（activated）		
乙二胺四乙酸二钠	disodium EDTA	吸附剂、螯合剂	熟制坚果与籽类、啤酒和配制酒的加工工艺、发酵工艺、饮料的加工工艺

可用添加剂检索方案：

第一步：定位食品在分类表中的位置。

第二步：查阅 GB 2760 中表 A.1 相关食品类别中允许使用的添加剂品种及使用条件。

第三步：查阅上一级中允许使用的添加剂品种及使用条件，直至分类系统第一级。

第四步：查阅 GB 2760 中表 A.2 中可在各类食品可用的添加剂品种。

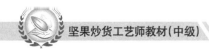

第五步:查阅GB 2760中附录C中可用的加工助剂名单及使用条件。

第六步:汇总查询结果。

如:熟制葵花籽可用的添加剂有(熟制葵花籽为带壳熟制坚果与籽类本标准中04.05.02.01.01):

> 04.0(表1-8-20)+04.05+ 04.05.02(表1-8-21)+ 04.05.02.01(表1-8-22)+ 04.05.02.01.01(表1-8-23)+ 表 A.2(表1-8-27)+附录C(表1-8-28)

注:查询单个添加剂使用情况可查GB 2760。

查某一类产品中可以使用的添加剂,可以在食品伙伴网中查询:

六、《食品安全国家标准 食品中污染物限量》(GB 2762—2017)相关内容

1. 2017版与2012版的食品中污染物限量变化情况

(1)删除了稀土限量要求。根据中国居民膳食稀土元素暴露风险评估,在代表性稀土元素镧、铈、钇的大鼠90天经口灌胃试验中,除了高剂量镧影响动物体重增重和进食量外,未发现镧、铈、钇具有明显的亚慢性毒性。从食物中目前的稀土元素含量水平来看,除了茶叶、食用菌、藻类中的稀土元素含量相对较高外,其他各类常见食物中的稀土元素含量处于较低水平。无论是一般人群还是潜在高暴露人群(如长期饮用紧压茶的成年人、稀土矿区居民),平均每日从膳食中摄入的稀土元素均未超过镧(代表总稀土元素)临时每日允许摄入量的5%,可以认为目前稀土元素的膳食暴露量不会对健康构成潜在危害。基于中国居民膳食稀土元素暴露风险评估结果,第一届食品安全国家标准审评委员会取消了植物性食品中稀土限量要求,真可谓是茶企的福音呀!

(2)修改了原标准中的应用原则。2012版应用原则中的3.5 "干制食品中污染物限量以相应食品原料脱水率或浓缩率折算。脱水率或浓缩率可通过对食品的分析、生产者提供的信息以及其他可获得的数据信息等确认"由"限量指标对制品有要求的情况下,其中干制品种污染物限量以相应新鲜食品中污染物限量结合其脱水率或浓缩率折算。脱水率或浓缩率可通过对食品的分析、生产者提供的信息以及其他可获得的数据信息等确认。有特别规定的除外"替代。

（3）增加了螺旋藻及其制品中的铅限量要求。

（4）调整了黄花菜中镉限量要求。

（5）增加了特殊医学用途配方食品、辅食营养补充品、运动营养食品、孕妇及乳母营养补充食品中污染物限量要求。

（6）更新了检测方法标准号。

（7）增加了无机砷限量检验要求的说明。2017版中增加"对于制定无机砷限量的食品可先测定其总砷，当总砷水平不超过无机砷限量值时，不必测定无机砷；否则，需再测定无机砷。"

2. GB 2762—2017标准中关于坚果与籽类食品的要求

见表1-8-29。

表1-8-29　坚果与籽类食品中污染物限量

序号	污染物名称	食品类别(名称)	限量	检测方法
1	铅(以Pb计)(mg/kg)	豆类	0.2	GB 5009.12
		豆类制品(豆浆除外)	0.5	
		坚果及籽类(咖啡豆除外)	0.2	
2	镉(以Cd计)(mg/kg)	豆类	0.2	GB 5009.15
		花生	0.5	
3	铬(以Cr计)(mg/kg)	豆类	1.0	GB 5009.123

附录　食品类别(名称)说明

豆类及其制品	豆类（干豆、以干豆磨成的粉）
	豆类制品
	非发酵豆制品（例如豆浆、豆腐类、豆干类、腐竹类、熟制豆类、大豆蛋白膨化食品、大豆素肉等）
	发酵豆制品（例如腐乳类、纳豆、豆豉、豆豉制品等）
	豆类罐头
坚果及籽类	生干坚果及籽类
	木本坚果（树果）
	油料(不包括谷物种子和豆类)
	饮料及甜味种子（例如可可豆、咖啡豆等）

续表

坚 果 及 籽 类	坚果及籽类制品
	熟制坚果及籽类（带壳、脱壳、包衣）
	坚果及籽类罐头
	坚果及籽类的泥（酱）（例如花生酱等）
	其他坚果及籽类制品（例如腌渍的果仁等）

七、《食品安全国家标准　食品中真菌毒素限量》（GB 2761—2017）相关内容

我国食品中真菌毒素限量及污染物限量标准在不断完善，2017 年 9 月 17 日 GB 2761—2017《食品安全国家标准　食品中真菌毒素限量》正式施行。

1.主要修订内容

此次 GB 2761 的修订，主要新增了葡萄酒和咖啡中赭曲霉毒素 A 限量要求、增加了特殊医学用途配方食品、辅食营养补充品、运动营养食品、孕妇及乳母营养补充食品中真菌毒素限量要求。此外，结合《食品安全国家标准　食品中真菌毒素限量》（GB 2761—2011）发布实施后遇到的一些问题，兼顾与其他相关标准相协调，对标准文本内容做了进一步修订完善。

2.关于污染物的定义

食品污染物是食品从生产（包括农作物种植、动物饲养和兽医用药）、加工、包装、贮存、运输、销售直至食用等过程中产生的或由环境污染带入的、非有意加入的化学性危害物质。GB 2761 中规定了我国食品中真菌毒素的限量要求。

3.关于标准实施的原则

GB 2761 在实施中应当遵循以下原则：

（1）食品生产企业应当严格依据法律法规和标准组织生产，符合食品污染物（真菌毒素）限量标准要求。

（2）对标准未涵盖的其他食品污染物（真菌毒素），或未制定限量管理值或控制水平的，食品生产者应当采取控制措施，使食品中污染物（真菌毒素）含量达到尽可能的最低水平。

（3）重点做好食品原料污染物（真菌毒素）控制，从食品源头降低和控制食品中污染物（真菌毒素）。

（4）鼓励生产企业采用严于 GB 2761—2017 的控制要求，严格生产过程食品安全管理，降低食品中污染物（真菌毒素）的含量，推动食品产业健康发展。

4.与相关标准的衔接

GB 2761是食品安全国家标准，属于强制执行的标准。标准实施后，其他相关规定不一致的，应当按照GB 2761执行。

食品生产经营者应当严格执行食品生产经营规范标准，严格生产经营过程的污染物控制。食品污染物的检验方法应按照新的GB 2761引用的检验方法执行。

5.增加了葡萄酒和咖啡中赭曲霉毒素A限量

欧洲食品中赭曲霉毒素A风险评估报告曾指出，人类摄入赭曲霉毒素A主要来自谷物，其次是葡萄酒和咖啡等。结合我国葡萄酒和咖啡中赭曲霉毒素A污染及产品消费量情况，对我国葡萄酒和咖啡中赭曲霉毒素A的暴露风险进行了评估。根据风险评估结果，新的GB 2761中增加了葡萄酒和咖啡中赭曲霉毒素A限量要求。

6.修改干制食品中污染物指标表述方式

鉴于GB 2761中没有需应用干制品脱水率折算原则的食品类别，因此在新修订的GB 2761中删除了原标准中应用原则的3.5条款。

7.修改完善GB 2761的附录A食品类别（名称）说明

食品类别（名称）说明（附录A）用于界定污染物限量的适用范围，借鉴了《食品和饲料中污染物和毒素通用标准》中的食品分类系统，并参考了我国现有食品分类，结合我国食品中污染物的污染状况制定。附录A涉及22大类食品，每大类下分为若干亚类，依次分为次亚类、小类等。此次标准修订分别对GB 2761附录A做了如下修订：

（1）调整GB 2761附录A中坚果及籽类分类。坚果及籽类的行业分类标准《坚果炒货食品分类》（SB/T 10671—2012）中将"包衣的坚果及籽类"归属于"熟制坚果及籽类"，且一般坚果炒货行业中称"新鲜坚果及籽类"为"生干坚果及籽类"。因此，此次修订GB 2761时，按照行业分类调整了附录A中坚果及籽类的分类。

（2）GB 2761附录A中"其他乳制品"后增加"酪蛋白"的举例。《食品安全国家标准 酪蛋白》标准已制定完成，为便于其污染物指标及真菌毒素指标的引用参照，在乳及乳制品分类中"其他乳制品"后增加"酪蛋白"的举例。

（3）GB 2761附录A中将"鲜味剂和助鲜剂"调整为"味精"。与《食品安全国家标准 味精》（GB 2720—2015）标准名称对应，将"鲜味剂和助鲜剂"调整为"味精"。

（4）GB 2761附录A中将"酱及酱制品"调整为"酿造酱"。与《食品安全国家标准 酿造酱》（GB 2718-2014）标准名称对应，将"酱及酱制品"调整为"酿造酱"。

（5）调整GB 27611附录A中饮料类分类。根据《饮料通则》（GB/T 10789—2015）及《固体饮料》（GB/T 29602—2013）修改了饮料类分类。例如，将"果蔬汁类"调整为"果蔬汁类及其饮料"、在举例中明确固体饮料包括"研磨咖啡（烘焙咖啡）"。

（6）修改GB 2761附录A中"特殊膳食用食品"分类。根据《食品安全国家标准 预包装特殊膳食用食品标签》（GB 13432-2013）"附录A 特殊膳食用食品的类别"，修

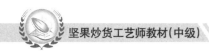

改GB 2761及GB 2762附录A食品类别（名称）说明中"特殊膳食用食品"分类。

8.更新配套检验方法标准号

随着标准清理整合工作的完成，GB 2761所配套的检验方法标准号有所变动，为保障标准的可实施性，此次GB 2761修订时将配套检验方法标准号予以更新。

9.GB 2761-2017标准中关于坚果与籽类食品的要求

表1-8-30　坚果与籽类食品中真菌毒素限量

序号	污染物名称	食品类别（名称）	限量	检测方法
1	黄曲霉毒素 B₁（μg/kg）	豆类	—	GB 5009.22
		花生及其制品	20	
		其他熟制坚果及籽类	5.0	
2	赭曲霉毒素 A（μg/kg）	豆类	5.0	GB 5009.9

附录　食品类别（名称）说明

豆类及其制品	豆类（干豆、以干豆磨成的粉） 豆类制品 　非发酵豆制品（例如豆浆、豆腐类、豆干类、腐竹类、熟制豆类、大豆蛋白膨化食品、大豆素肉等） 　发酵豆制品（例如腐乳类、纳豆、豆豉、豆豉制品等） 　豆类罐头
坚果及籽类	生干坚果及籽类 　木本坚果（树果） 　油料(不包括谷物种子和豆类) 　饮料及甜味种子(例如可可豆、咖啡豆等) 坚果及籽类制品 　熟制坚果及籽类(带壳、脱壳、包衣) 　坚果及籽类罐头 　坚果及籽类的泥(酱)(例如花生酱等) 　其他坚果及籽类制品(例如腌渍的果仁等)

八、《食品安全国家标准　食品中致病菌限量》（GB 29921—2013）相关内容

致病菌是常见的致病性微生物，能够引起人或动物疾病。食品中的致病菌主要有沙门氏菌、副溶血性弧菌、大肠杆菌、金黄色葡萄球菌等。《食品安全国家标准　食品

中致病菌限量》（GB 29921—2013）属于通用标准，适用于预包装食品。其他相关规定不一致的，应当按照GB 29921执行。其他食品标准中如有致病菌限量要求，应当引用GB 29921规定或者与其保持一致。

1.标准的实施要求

《食品中致病菌限量》于2014年7月1日实施，食品生产经营单位、食品安全监管机构和检验机构应按照GB 29921执行。致病菌检验应按照GB 29921引用的检验方法执行。

食品生产经营者应当严格执行食品生产经营规范标准或采取相应控制措施，严格生产经营过程的微生物控制，确保产品符合GB 29921规定。

国家卫生计生委将组织对GB 29921实施情况进行跟踪评价，根据评价情况适时修订完善标准。

2.标准的适用范围和主要内容

GB 29921适用于预包装食品。GB 29921规定了肉制品、水产制品、即食蛋制品、粮食制品、即食豆类制品、巧克力类及可可制品、即食果蔬制品、饮料、冷冻饮品、即食调味品、坚果籽实制品等11类食品中沙门氏菌、单核细胞增生李斯特氏菌、大肠埃希氏菌O157:H7、金黄色葡萄球菌、副溶血性弧菌等5种致病菌限量规定。

非预包装食品的生产经营者应当严格生产经营过程卫生管理，尽可能降低致病菌污染风险。

罐头食品应达到商业无菌要求，不适用于GB 29921。

3.标准适用的主要食品类别

（1）肉制品。GB 29921中的肉制品包括熟肉制品和即食生肉制品。熟肉制品指以猪、牛、羊、鸡、兔、狗等畜、禽肉为主要原料，经酱、卤、熏、烤、腌、蒸、煮等任何一种或多种加工方法制成的直接可食的肉类加工制品。即食生肉制品指以畜、禽等肉为主要原料经发酵或特殊工艺加工制成的直接可食的生肉制品。

（2）水产制品。GB 29921中的水产制品包括熟制水产品、即食生制水产品和即食藻类制品。熟制水产品指以鱼类、甲壳类、贝类、软体类、棘皮类等动物性水产品为主要原料，经蒸、煮、烘烤、油炸等加热熟制过程制成的直接食用的水产加工制品。即食生制水产品指食用前经洁净加工而不经过加热或加热不彻底可直接食用的生制水产品，包括活、鲜、冷冻鱼（鱼片）、虾、头足类及活蟹、活贝等，也包括以活泥螺、活蟹、活贝、鱼子等为原料，采用盐渍或糟、醉加工制成的可直接食用的腌制水产品。即食藻类制品指以藻类为原料，按照一定工艺加工制成的可直接食用的藻类制品，包括经水煮、油炸或其他加工藻类。

（3）即食蛋制品。GB 29921中的即食蛋制品指以生鲜禽蛋为原料，添加或不添加辅料，经相应工艺加工制成的直接可食的再制蛋（不改变物理性状）及蛋制品（改变其物理性状）。

（4）粮食制品。GB 29921中的粮食制品指以大米、小麦、杂粮、块根植物、玉米等为主要原料或提取物，经加工制成的、带或不带馅（料）的各种熟制制品，包括即食谷物（麦片类）、方便面米制品、速冻面米食品（熟制）和焙烤类食品。焙烤类食品指以粮食、油脂、食糖、蛋为主要原料，添加适量的辅料，经配制、成型、熟制等工序制成的各种焙烤类食品，包括糕点、蛋糕、片糕、饼干、面包等食品。

（5）即食豆类制品。GB 29921中的即食豆类制品包括发酵豆制品和非发酵豆制品。即食发酵豆制品包括腐乳、豆豉、纳豆和其他湿法生产的发酵豆制品。即食非发酵豆制品包括豆浆、豆腐、豆腐干（含豆干再制品）、大豆蛋白类和其他湿法生产的非发酵豆制品，也包括各种熟制豆制品。

（6）巧克力类及可可制品。GB 29921中的巧克力类及可可制品包括巧克力类（包括巧克力及其制品、代可可脂巧克力及其制品、相应的酱、馅）、可可制品（包括可可液块、可可饼块、可可粉）。GB 29921未对作为原料的各种可可脂进行致病菌限量规定。

（7）即食果蔬制品。GB 29921中的即食水果制品指以水果为原料，按照一定工艺加工制成的即食水果制品，包括冷冻水果、水果干类、醋/油或盐渍水果、果酱、果泥、蜜饯凉果、水果甜品、发酵的水果制品及其他加工的即食鲜果制品。即食蔬菜制品指以蔬菜为原料，按照一定工艺加工制成的即食蔬菜制品，包括冷冻蔬菜、干制蔬菜、腌渍蔬菜、蔬菜泥/酱（番茄沙司除外）、发酵蔬菜制品及其他加工的即食新鲜蔬菜制品。

（8）饮料（包装饮用水、碳酸饮料除外）。GB 29921中的饮料包括果蔬汁类、蛋白饮料类、水基调味饮料类、茶、咖啡、植物饮料、固体饮料类、其他饮料类等（不包括饮用水和碳酸饮料）。

（9）冷冻饮品。GB 29921中的冷冻饮品包括冰淇淋类、雪糕（泥）类和食用冰、冰棍类。冷冻饮品指以饮用水、食糖、乳制品、水果制品、豆制品、食用油等为主要原料，添加适量的辅料制成的冷冻固态饮品。

（10）即食调味品。GB 29921中的即食调味品包括酱油（酿造酱油、配制酱油）、酱（酿造酱、配制酱）、即食复合调味料（沙拉酱、肉汤、调味清汁及以动物性原料和蔬菜为基料的即食酱类）及水产调味料（鱼露、蚝油、虾酱）等。GB 29921不对香辛料类调味品规定致病菌限量。

（11）坚果籽实制品。GB 29921中的坚果籽实制品包括坚果及籽类的泥（酱）以及腌制果仁类制品。

4.标准中的致病菌指标设置

（1）沙门氏菌。沙门氏菌是全球和我国细菌性食物中毒的主要致病菌，各国普遍提出该致病菌限量要求。起草组梳理我国现行食品标准中沙门氏菌规定，参考国际食品法典委员会（CAC）、国际食品微生物标准委员会（ICMSF）、欧盟、澳大利亚和新西兰、美国、加拿大等国际组织和国家的即食食品中沙门氏菌限量标准及规定，按照二级采样方案对所有11类食品设置沙门氏菌限量规定，具体为$n=5$，$c=0$，$m=0$（即在被检的5份样品中，不允许任一样品检出沙门氏菌）。

（2）单核细胞增生李斯特氏菌。单核细胞增生李斯特氏菌是重要的食源性致病菌。鉴于我国没有充足的临床数据支持，根据我国风险监测结果，从保护公众健康角度出发，参考联合国粮农组织/世界卫生组织即食食品中单核细胞增生李斯特氏菌的风险评估报告和CAC、欧盟、ICMSF等国际组织即食食品中单核细胞增生李斯特氏菌限量标准，按二级采样方案设置了高风险的即食肉制品中单核细胞增生李斯特氏菌限量规定，具体为$n=5$，$c=0$，$m=0$（即在被检的5份样品中，不允许任一样品检出单核细胞增生李斯特菌）。

（3）大肠埃希氏菌O157:H7。美国、日本等国家曾发生牛肉和蔬菜引起的大肠埃希氏菌O157:H7食源性疾病。我国虽无典型的预包装熟肉制品引发的大肠埃希氏菌O157:H7食源性疾病，但为降低消费者健康风险，结合风险监测和风险评估情况，按二级采样方案设置熟牛肉制品和生食牛肉制品、生食果蔬制品中大肠埃希氏菌O157:H7限量规定，具体为$n=5$，$c=0$，$m=0$（即在被检的5份样品中，不允许任一样品检出大肠埃希氏菌O157:H7）。

（4）金黄色葡萄球菌。金黄色葡萄球菌是我国细菌性食物中毒的主要致病菌之一，其致病力与该菌产生的金黄色葡萄球菌肠毒素有关。根据风险监测和评估结果，参考CAC、ICMSF、澳大利亚和新西兰等国际组织和国家不同类别即食食品中金黄色葡萄球菌限量标准，按三级采样方案设置肉制品、水产制品、粮食制品、即食豆类制品、即食果蔬制品、饮料、冷冻饮品及即食调味品等8类食品中金黄色葡萄球菌限量，具体为$n=5$，$c=1$，$m=100$ CFU/g（mL），$M=1\,000$ CFU/g（mL），即食调味品中金黄色葡萄球菌限量为$n=5$，$c=2$，$m=100$ CFU/g（mL），$M=1\,0000$ CFU/g（mL）。

（5）副溶血性弧菌。副溶血性弧菌是我国沿海及部分内地区域食物中毒的主要致病菌，主要污染水产制品或者交叉污染肉制品等，其致病性与带菌量及是否携带致病基因密切相关。起草组梳理现行水产品中副溶血性弧菌的相关标准，结合风险监测和风险评估结果，参考ICMSF、欧盟、加拿大、日本、澳大利亚和新西兰等国际组织和国家的水产品中副溶血性弧菌限量标准，按三级采样方案设置水产制品、水产调味品中副溶血性弧菌的限量，具体为$n=5$，$c=1$，$m=100$ MPN/g（mL），$M=1\,000$ MPN/g（mL）。

5.其他问题

乳与乳制品、特殊膳食食品中的致病菌限量，按照现行食品安全国家标准执行。

由于蜂蜜、脂肪和油及乳化脂肪制品、果冻、糖果、食用菌等食品或原料的微生物污染的风险很低，参照CAC、ICMSF等国际组织的制标原则，暂不设置上述食品的致病菌限量。GB 29921在实施过程中，根据风险监测和风险评估结果，适时修订增加相关食品类别。

志贺氏菌污染通常是由于手被污染、食物被飞蝇污染、饮用水处理不当或者下水道污水渗漏所致。根据我国志贺氏菌食品安全事件情况，以及我国多年风险监测极少在加工食品中检出志贺氏菌，参考CAC、ICMSF、欧盟、美国、加拿大、澳大利亚和新西兰等国际组织和国家的规定，GB 29921未设置志贺氏菌限量规定。

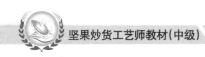

6. GB 29921-2013标准中关于坚果与籽类食品的要求

表1-8-31　坚果与籽类食品中致病菌限量

食品类型	致病菌指标	采样方案及限量(若非指定,均以/25 g或/25 mL表示)				检验方法	备注
		n	c	m	M		
坚果籽实制品 [坚果及籽类的泥(酱)、腌制果仁类]	沙门氏菌	5	0	0	—	GB 4789.4	

注:1.食品类别用于界定致病菌限量的适用范围,仅适用于GB 29921。

　　2.n为同一批次产品应采集的样品件数;c为最大可允许超出m值的样品数;m为致病菌指标可接受水平的限量值;M为致病菌指标的最高安全限量值。

九、《食品安全国家标准　食品中农药最大残留限量》(GB 2763—2016)相关内容

《食品安全国家标准　食品中农药最大残留限量》GB 2763—2016于2016年12月18日由国家卫计委、农业部、国家食品药品监督管理总局发布,代替GB 2763—2014《食品安全国家标准　食品中农药最大残留限量》国家标准,规定了433种农药在13大类农产品中4 140个残留限量,较2014版增加490项,基本涵盖了我国已批准使用的常用农药和居民日常消费的主要农产品。2017年6月18日GB 2763正式实施。

1.对比GB 2763《食品安全国家标准　食品中农药最大残留限量》2016版和2014版

1)前言

GB 2763的前言部分主要内容是起草规则、代替对象、主要技术变化,实施后失效的标准。前言中最重要的部分就是罗列了2016版实施后失效的标准清单,一系列的限量标准将随着2016版的农残限量标准的实施而失效。

这意味着2017年6月18日之后,关于食品中农残限量的规定只要查GB 2763—2016,不必再担心不同标准之间对同一农药残留有不同的规定限量。

2)范围

此部分给出了新的统计数据"GB 2763规定了433种农药4 140项残留限量"。其余部分与旧版相同。

3)规范性引用文件

此部分最大变化是引用了一大批新发布的检测方法类的国家标准。

4)术语和定义

此部分纯术语和定义,与2014版比较没有变化。

5）技术要求

技术要求是新版标准变化最大的部分。主要有以下变化：

（1）对原标准中吡草醚、氟唑磺隆、甲咪唑烟酸、氟吡菌胺、克百威、三唑酮和三唑醇等7种农药残留物定义；对敌草快等5种农药每日允许摄入量等信息进行了核实修订。

（2）从2014版的387种农药增加至2016版的433种农药。新增46种农药名单：

2，4-滴异辛酯、2甲4氯异辛酯、苯嘧磺草胺、苯嗪草酮、吡唑草胺、丙硫多菌灵、除虫菊素、毒草胺、多抗霉素、呋虫胺、氟吡菌酰胺、复硝酚钠、甲磺草胺、井冈霉素、抗倒酯、苦参碱、醚苯磺隆、嘧啶肟草醚、扑草净、嗪草酸甲酯、氰氟虫腙、氰烯菌酯、炔苯酰草胺、噻虫胺、三苯基乙酸锡、三氯吡氧乙酸、杀螺胺乙醇胺盐、莎稗磷、虱螨脲、特丁津、调环酸钙、五氟磺草胺、烯丙苯噻唑、烯肟菌酯、烯效唑、辛菌胺、辛酰溴苯腈、溴氰虫酰胺、唑胺菌酯、唑啉草酯、啶菌噁唑、丁吡吗啉、噁唑酰草胺、甲哌鎓、丁酰肼、唑嘧菌胺。

（3）从2014版的3 650项最大残留限量增加至4 140项农药最大残留限量。

（4）增加11项检测方法标准，删除10项检测方法标准，修改28项检测方法标准名称。新增检测方法标准清单：

GB 23200.54《食品安全国家标准》食品中甲氧基丙烯酸酯类杀菌剂残留量的测定 气相色谱-质谱法。

GB 23200.32《食品安全国家标准》食品中丁酰肼残留量的测定气相色谱-质谱法。

GB 23200.37《食品安全国家标准》食品中烯啶虫胺、呋虫胺等20种农药残留量的测定 液相 色谱-质谱/质谱法。

GB 23200.43《食品安全国家标准》粮谷及油籽中二氯喹啉酸残留量的测定 气相色谱法。

GB 23200.46《食品安全国家标准》食品中嘧霉胺、嘧菌胺、腈菌唑、嘧菌酯残留量的测定 气 相色谱-质谱法。

GB 23200.51《食品安全国家标准》食品中呋虫胺残留量的测定液相色谱-质谱/质谱法。

GB 23200.69《食品安全国家标准》食品中二硝基苯胺类农药残留量的测定 液相色谱-质谱/ 质谱法。

GB 23200.70《食品安全国家标准》食品中三氟羧草醚残留量的测定 液相色谱-质谱/质谱法 。

GB 23200.74《食品安全国家标准》食品中井冈霉素残留量的测定液相色谱-质谱/质谱法。

GB/T 23750 植物性产品中草甘膦残留量的测定 气相色谱-质谱法。

GB/T 23816 大豆中三嗪类除草剂残留量的测定。

（5）修改了丙环唑等8种农药的英文通用名。

（6）将苯噻酰草胺、灭锈胺和代森铵的限量值由临时限量修改为正式限量。

技术要求部分也是此类限量标准最常被使用的部分，简单来说就是一本限量字典，专门用来查询各类农药的限量标准。该部分是按农药品种来编写，每一种农药条目下大多包括了农药名称、用途、ADI值、残留物、限量表、检测方法等条目。

如果查某一具体农药在食品中的最大残留限量，比较简单，根据目录查到具体农药即可。但如果要查某一食品在 GB 2763 中的各种农药限量要求就麻烦得多，得把433种农药全部查一遍才能确定，还需注意不要将这一食品所在的食品类别给遗漏了。标准原文是这么写的"如某种农药的最大残留限量应用于某一食品类别时，在该食品类别下的所有食品均适用，有特别规定的除外"。以茶叶为例，在 GB 2763 中茶叶归为饮料类，所以除了查各农药限量表中茶叶的限量外，还需注意是否出现饮料类的限量。

6）附录

GB 2763附录 A 主要是规定食品类别及测定部位，主要变化如下：

（1）新增了水果（核果类）的类别说明青梅，枣修改为枣（鲜）。

（2）新增了水果（浆果和其他小型水果）的类别说明中露莓的备注：包括波森莓和罗甘莓。

（3）水果（热带和亚热带水果）的类别说明中将大型果的木瓜修改为番木瓜。

（4）新增了干制水果的类别说明中枣（干）等。

（5）将饮料食品类别修改为饮料类。

（6）新增了干制蔬菜的食品类别说明，见表1-8-32。

表1-8-32　干制蔬菜的食品类别说明

食品类别	类别说明	测定部位
干制蔬菜	脱水蔬菜、干豇豆、萝卜干等	全部

2. GB 2763-2016标准中关于坚果与籽类食品可用农药及主要用途（举例）

◎葵花籽

表1-8-33　葵花籽可用农药及主要用途

序号	农药名称	主要用途	序号	农药名称	主要用途
1	百草枯	除草剂	8	氯氟氰菊酯和高效氯氟氰菊酯	杀虫剂
2	苯醚甲环唑	杀菌剂	9	氯菊酯	杀虫剂
3	氟硅唑	杀菌剂	10	氯氰菊酯和高效氯氰菊酯	杀虫剂
4	甲硫威	杀软体动物剂	11	咪鲜胺和咪鲜胺锰盐	杀菌剂
5	甲霜灵和精甲霜灵	杀菌剂	12	噻节因	调节剂
6	腈苯唑	杀菌剂	13	烯草酮	除草剂
7	抗蚜威	杀虫剂	14	溴氰菊酯	杀虫剂

◎花生果、花生仁

表1-8-34 花生果、花生仁可用农药及主要用途

序号	农药名称	主要用途	序号	农药名称	主要用途
1	矮壮素	植物生长调节剂	32	精噁唑禾草灵	除草剂
2	胺鲜酯	植物生长调节剂	33	精二甲吩草胺	除草剂
3	百菌清	杀菌剂	34	克百威	杀虫剂
4	苯醚甲环唑	杀菌剂	35	喹禾灵和精喹禾灵	除草剂
5	苯线磷	杀虫剂	36	联苯三唑醇	杀菌剂
6	吡虫啉	杀虫剂	37	硫线磷	杀虫剂
7	吡氟禾草灵和精吡氟禾草灵	除草剂	38	氯氟氰菊酯和高效氯氟氰菊酯	杀虫剂
8	吡唑醚菌酯	杀菌剂	39	氯菊酯	杀虫剂
9	丙环唑	杀菌剂	40	氯氰菊酯和高效氯氰菊酯	杀虫剂
10	丙硫菌唑	杀菌剂	41	灭线磷	杀线虫剂
11	代森锰锌	杀菌剂	42	内吸磷	杀虫/杀螨剂
12	代森锌	杀菌剂	43	扑草净	除草剂
13	敌百虫	杀虫剂	44	氰戊菊酯和S-氰戊菊酯	杀虫剂
14	地虫硫磷	杀虫剂	45	乳氟禾草灵	除草剂
15	丁硫克百威	杀虫剂	46	噻吩磺隆	除草剂
16	丁酰肼	生长调节剂	47	三氟羧草醚	除草剂
17	毒死蜱	杀虫剂	48	杀线威	杀虫剂
18	多菌灵	杀菌剂	49	水胺硫磷	杀虫剂
19	多效唑	植物生长调节剂	50	特丁硫磷	杀虫剂
20	噁草酮	除草剂	51	涕灭威	杀虫剂
21	二嗪磷	杀虫剂	52	五氯硝基苯	杀菌剂
22	氟吡甲禾灵和高效氟吡甲禾灵	除草剂	53	戊唑醇	杀菌剂
23	氟虫腈	杀虫剂	54	烯草酮	除草剂
24	氟磺胺草醚	除草剂	55	烯禾啶	除草剂
25	氟乐灵	除草剂	56	烯效唑	植物生长调节剂
26	甲拌磷	杀虫剂	57	辛硫磷	杀虫剂
27	甲草胺	除草剂	58	溴氰菊酯	杀虫剂
28	甲基硫菌灵	杀菌剂	59	乙草胺	除草剂
29	甲基异柳磷	杀虫剂	60	乙羧氟草醚	除草剂
30	甲咪唑烟酸	除草剂	61	异丙甲草胺和精异丙甲草胺	除草剂
31	甲霜灵和精甲霜灵	杀菌剂	62	增效醚	增效剂

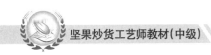

◎腰果仁、夏威夷果仁

表1-8-35　腰果仁、夏威夷果仁可用农药及主要用途

序号	农药名称	主要用途	序号	农药名称	主要用途
1	2,4-滴和2,4-滴钠盐	除草剂	11	氯虫苯甲酰胺(无测定方法)	杀虫剂
2	百草枯(无测定方法)	除草剂	12	氯氟氰菊酯和高效氯氟氰菊酯	杀虫剂
3	苯醚甲环唑	杀菌剂	13	氯氰菊酯和高效氯氰菊酯	杀虫剂
4	多菌灵	杀菌剂	14	噻虫啉	杀虫剂
5	多杀霉素	杀虫剂	15	噻螨酮	杀螨剂
6	腈苯唑	杀菌剂	16	四螨嗪	杀螨剂
7	联苯肼酯	杀螨剂	17	戊唑醇	杀菌剂
8	磷化氢	杀虫剂	18	亚胺硫磷	杀虫剂
9	硫酰氟(无测定方法)	杀虫剂	19	氯丹	杀虫剂
10	螺虫乙酯(无测定方法)	杀虫剂	—	—	—

◎开心果

表1-8-36　开心果可用农药及主要用途

序号	农药名称	主要用途	序号	农药名称	主要用途
1	2,4-滴和2,4-滴钠盐	除草剂	11	氯虫苯甲酰胺(无测定方法)	杀虫剂
2	百草枯(无测定方法)	除草剂	12	氯氟氰菊酯和高效氯氟氰菊酯	杀虫剂
3	苯醚甲环唑	杀菌剂	13	氯菊酯	杀虫剂
4	多菌灵	杀菌剂	14	氯氰菊酯和高效氯氰菊酯	杀虫剂
5	多杀霉素	杀虫剂	15	噻虫啉	杀虫剂
6	腈苯唑	杀菌剂	16	噻螨酮	杀螨剂
7	联苯肼酯	杀螨剂	17	四螨嗪	杀螨剂
8	磷化氢	杀虫剂	18	戊唑醇	杀菌剂
9	硫酰氟(无测定方法)	杀虫剂	19	亚胺硫磷	杀虫剂
10	螺虫乙酯(无测定方法)	杀虫剂	20	氯丹	杀虫剂

◎核桃、核桃仁

表1-8-37 核桃、核桃仁可用农药及主要用途

序号	农药名称	主要用途	序号	农药名称	主要用途
1	2,4-滴和2,4-滴钠盐	除草剂	14	硫酰氟(无测定方法)	杀虫剂
2	阿维菌素	杀虫剂	15	螺虫乙酯(无测定方法)	杀虫剂
3	百草枯(无测定方法)	除草剂	16	氯虫苯甲酰胺(无测定方法)	杀虫剂
4	苯丁锡	杀螨剂	17	氯氟氰菊酯和高效氯氟氰菊酯	杀虫剂
5	苯醚甲环唑	杀菌剂	18	氯氰菊酯和高效氯氰菊酯	杀虫剂
6	虫酰肼	杀虫剂	19	噻虫啉	杀虫剂
7	多菌灵	杀菌剂	20	噻螨酮	杀螨剂
8	多杀霉素	杀虫剂	21	四螨嗪	杀螨剂
9	二嗪磷	杀虫剂	22	戊唑醇	杀菌剂
10	伏杀硫磷	杀虫剂	23	溴氰菊酯	杀虫剂
11	腈苯唑	杀菌剂	24	亚胺硫磷	杀虫剂
12	联苯肼酯	杀螨剂	25	乙烯利	植物生长调节剂
13	磷化氢	杀虫剂	26	氯丹	杀虫剂

◎碧根果、碧根果仁、山核桃

表1-8-38 碧根果、碧根果仁、山核桃可用农药及主要用途

序号	农药名称	主要用途	序号	农药名称	主要用途
1	2,4-滴和2,4-滴钠盐	除草剂	13	硫酰氟(无测定方法)	杀虫剂
2	百草枯(无测定方法)	除草剂	14	螺虫乙酯(无测定方法)	杀虫剂
3	保棉磷	杀虫剂	15	氯苯嘧啶醇	杀菌剂
4	苯丁锡	杀螨剂	16	氯虫苯甲酰胺(无测定方法)	杀虫剂
5	苯醚甲环唑	杀菌剂	17	氯氟氰菊酯和高效氯氟氰菊酯	杀虫剂
6	丙环唑	杀菌剂	18	氯氰菊酯和高效氯氰菊酯	杀虫剂
7	虫酰肼	杀虫剂	19	噻虫啉	杀虫剂
8	多菌灵	杀菌剂	20	噻螨酮	杀螨剂
9	多杀霉素	杀虫剂	21	四螨嗪	杀螨剂
10	腈苯唑	杀菌剂	22	戊唑醇	杀菌剂
11	联苯肼酯	杀螨剂	23	亚胺硫磷	杀虫剂
12	磷化氢	杀虫剂	24	氯丹	杀虫剂

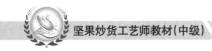

十、《食品安全国家标准　坚果与籽类食品》（GB 19300—2014）相关内容

GB 19300—2014《坚果与籽类食品》代替 GB 19300—2003《烘炒食品卫生标准》和 GB 16326—2005《坚果食品卫生标准》。

1.GB 19300—2014 与 GB 19300—2003 和 GB 16326—2005 相比的主要变化

（1）熟制葵花籽过氧化值由 0.50 修改为 0.80。

（2）增加了生干坚果与籽类食品的安全指标要求。

（3）将豆类明确列为坚果与籽类食品：避免了市场监管将豆类归为豆制品的歧义。

（4）删除了油炸类坚果与籽类菌落总数要求。

（5）修改了油炸坚果与籽类食品过氧化值要求：由 0.25 改为 0.50。

（6）大肠菌群检测方法和限量均更改。

（7）删除了酵母检测指标要求。

（8）霉变由原标准的无霉变改为带壳 2.0%，去壳 0.5%。

（9）删除了无虫蚀要求。

2.术语和定义

◎坚果与籽类食品

以坚果、籽类或其籽仁等为主要原料，经加工制成的食品。

◎坚果

具有坚硬外壳的木本类植物的籽粒，包括核桃、板栗、杏核、扁桃核、山核桃、开心果、香榧、夏威夷果、松子等。

◎籽类

瓜、果、蔬菜、油料等植物的籽粒，包括葵花籽、西瓜籽、南瓜子、花生、蚕豆、豌豆、大豆等。

◎籽仁（含果仁）

坚果、籽类去除外壳后的部分。

◎生干坚果与籽类食品

经过清洗、筛选或去壳、干燥等处理，未进行熟制工艺加工的坚果与籽类食品。

◎熟制坚果与籽类食品

以坚果、籽类或其籽仁为主要原料，添加或不添加辅料，经烘炒、油炸、蒸煮或其他等熟制加工工艺制成的食品。

注：熟制坚果与籽类也是传统称谓的炒货食品

◎霉变粒

带壳产品外壳出现霉斑和籽仁出现霉斑的颗粒；去壳产品籽仁出现霉斑的颗粒。

3.技术要求

◎原料要求

原料应符合相应的标准和有关规定。

◎感官要求

感官要求应符合表1-8-39的规定。

表1-8-39 感官要求

项 目	要 求	检验方法
滋味、气味	不得有酸败等异味	取适量样品,将样品置于清洁、干燥的白瓷盘中,在自然光下观察杂质,嗅其气味,品尝滋味,做出评价。霉变粒以粒数比计,具体检验方法见GB 19300附录A
霉变粒(%) 带壳产品 ≤ 去壳产品 ≤	 2.0 0.5	
杂质	无正常视力可见外来异物	

◎理化指标

理化指标应符合表1-8-40的规定。

表1-8-40 理化指标

项 目	指 标				检验方法
	生干		熟制		
	坚果	籽类	葵花籽	其他	
过氧化值*(以油脂计)(g/100g)≤	0.08	0.40	0.80	0.50	样品前处理见附录B,按GB/T 5009.37中规定的方法测定
酸价*(以油脂计,KOH)(mg/g)≤	3				

注:*脂肪含量低的蚕豆、板栗,其酸价、过氧化值不作要求

◎污染物限量和真菌毒素限量

(1)污染物限量应符合GB 2762的规定,其中豆类食品应符合GB 2762中对豆类及其制品的规定,其他品种应符合GB 2762中坚果及籽类规定。

(2)真菌毒素限量应符合GB 2761的规定,其中豆类应符合GB 2761中对豆类及其制品的规定,其他品种应符合GB 2761中对坚果及籽类规定。

◎农药残留限量

生干坚果与籽类食品农药残留限量应符合GB 2763及国家有关规定和公告。

◎微生物限量

(1)致病菌限量应符合GB 29921的规定。

(2)熟制坚果与籽类及直接食用的生干坚果与籽类大肠菌群、霉菌、酵母应符合

表1-8-41的规定。

表1-8-41　微生物限量

项　　目	采样方案 [a] 限量(若非指定,均以CFU/g表示)				检验方法
	n	c	m	M	
大肠菌群(MPN/g)	5	2	10	10^2	GB 4789.3平板计数法
霉菌 [b] ≤	25				GB 4789.15

注: [a] 样品的采集及处理按GB 4789.1执行。

　　 [b] 仅适用于烘炒工艺加工的熟制坚果与籽类食品。

◎食品添加剂

食品添加剂的使用应符合GB 2760的规定。

4.附录

◎GB 19300—2014附录A　霉变粒检验方法

小粒和中粒坚果与籽类食品抽样1~2 kg,大粒和特大粒坚果与籽类食品抽样3~5 kg。用四分法从抽样样品中取200粒(参考质量范围见表1-8-42),挑出霉变颗粒,计数为n_1。其中带壳的应先挑出外壳霉变颗粒,剩下颗粒剥开后,查看并挑出霉变籽仁,再将外壳霉变颗粒加上籽仁霉变颗粒,合计为带壳产品霉变颗粒,不带寒风的直接查看并挑出霉变籽仁。按式计算霉变粒指标:

$$f = \frac{n_1}{200} \times 100$$

式中:

f ——产品的霉变粒指标,%;

n_1 ——霉变粒数;

表1-8-42　霉变粒检验试样参考量表

坚果与籽类食品名称	200粒参考质量范围(g)
小粒:葵花籽、西瓜籽、南瓜子、豌豆、青豆、松子等	30~100
中粒:杏核、扁桃核、开心果、花生、蚕豆、腰果、榛子等	100~500
大粒:板栗、山核桃(小)、夏威夷果等	550~1 100
特大粒:核桃(大)、碧根果、鲍鱼果等	1 500~3 000

◎GB 19300—2014附录B　酸价、过氧化值检测样品前处理方法

1)去壳

对于带壳坚果与籽类,应剥去外壳,取其可食部分,其中带绿色内膜的籽仁(如南瓜子、瓜篓籽等)应去除籽仁表面黏附着的绿色内膜。

去除绿色内膜的方法：将去壳后的籽仁用三级水喷洒其表面，5分钟后，用手搓去绿色内膜，将去除干净绿色内膜的籽仁放在50℃的烘箱内烘至45分钟。

2）油脂提取

将粉碎后试样置于具塞锥形瓶中，加沸程30~60℃石油醚100 ml，振摇1分钟后放置12小时，经盛有无水硫酸钠的漏斗过滤，滤液于60℃水浴上，挥尽石油醚，以备待用。提取油的量应满足GB/T 5009.37规定的方法的测定要求。

第四节　坚果与籽类食品相关标准知识

一、坚果与籽类食品相关标准目录

1.坚果与籽类食品标准体系框架图

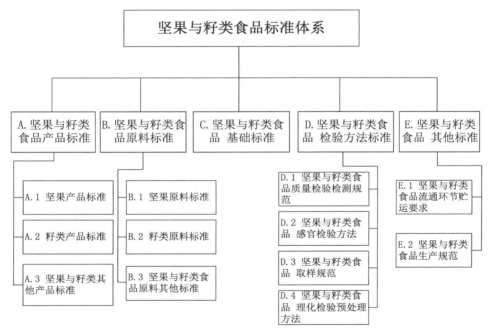

图1-8-4　坚果与籽类食品标准体系框架图

2.现行有效的坚果与籽类食品标准目录（截至2018年3月）

表1-8-43　现行有效的坚果与籽类食品标准目录

序号	标准号	标准名称
坚果与籽类食品产品标准		
1	GB 19300-2014	食品安全国家标准 坚果与籽类食品
2	GB/T 22165-2008	坚果炒货食品通则

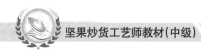
续表

序号	标准号	标准名称
3	SB/T 10553-2009	熟制葵花籽和仁
4	SB/T 10554-2009	熟制南瓜子和仁
5	SB/T 10555-2009	熟制西瓜籽和仁
6	SB/T 10556-2009	熟制核桃和仁
7	SB/T 10557-2009	熟制板栗和仁
8	SB/T 10613-2011	熟制开心果(仁)
9	SB/T 10615-2011	熟制腰果(仁)
10	SB/T 10617-2011	熟制杏核和杏仁
11	SB/T 10616-2011	熟制山核桃(仁)
12	SB/T 10614-2011	熟制花生(仁)
13	SB/T 10948-2012	熟制豆类
14	SB/T 10673-2012	熟制扁桃(巴旦木)核和仁
15	SB/T 10672-2012	熟制松子和仁

坚果与籽类原料标准

序号	标准号	标准名称
1	GB/T 1532-2008	花生
2	GB/T 10459-2008	蚕豆
3	GB/T 10460-2008	豌豆
4	GB/T 18010-1999	腰果仁 规格
5	GB/T 11764-2008	葵花籽
6	GB/T 20397-2006	银杏种核质量等级
7	GB/T 20398-2006	核桃坚果质量等级
8	GB/T 20452-2006	仁用杏杏仁质量等级
9	GB/T 22346-2008	板栗质量等级
10	GB/T 29565-2013	瓜蒌籽标准
11	NY/T 966-2006	白瓜子
12	LY/T 1650-2005	榛子坚果 平榛、平欧杂种榛
13	LY/T 1921-2010	红松松子

续表

序号	标准号	标准名称
坚果与籽类食品其他标准		
1	GB/T 29647-2013	坚果与籽类炒货食品良好生产规范
2	SB/T 10671-2012	坚果炒货食品 分类
3	SB/T 10670-2012	坚果炒货食品 术语

二、《坚果炒货食品通则》（GB/T 22165—2008）相关知识

GB/T 22165—2008《坚果炒货食品通则》标准制订时依据的标准为：烘炒类产品卫生指标依据 GB 19300—2003《烘炒食品卫生标准》制定，油炸类产品卫生指标依据 GB 16565—2003《油炸小食品卫生标准》制定，其他类产品参照 GB 11671—2003《果、蔬罐头卫生标准》或 GB 19300—2003《烘炒食品卫生标准》的有关规定制定。故识别出来的卫生指标要求如表1-8-44。

表1-8-44 坚果炒货食品卫生指标要求

项 目	指 标		
	烘炒类	油炸类	其他类
过氧化值（以脂肪计）（g/100g） ≤	应符合 GB 19300 的规定	应符合 GB 16565 的规定	应符合 GB 19300 的规定
酸价（以脂肪计）（mgKOH/g） ≤			
羰基价（以脂肪计）（meq/kg） ≤	—		—
总砷（以 As 计）（mg/kg） ≤	—		应符合 GB 11671 的规定
铅（以 Pb 计）（mg/kg） ≤	—		
菌落总数（cfu/g） ≤	应符合 GB 19300 的规定	应符合 GB 16565 的规定	10 000
大肠菌群（MPN/100g） ≤			应符合 GB 19300 的规定
霉菌（cfu/g） ≤		—	
酵母（cfu/g） ≤			
黄曲霉毒素 B$_1$（ug/kg） ≤	20（花生）， 5（其他）		
二氧化硫（SO$_2$）（g/kg） ≤	0.4		
致病菌（沙门氏菌、志贺氏菌、金黄色葡萄球菌）	不得检出		

随着坚果炒货行业的发展壮大，国家越来越关注该类产品的食品安全问题，在卫计委发布的食品安全基础标准中明确将坚果与籽类食品分为一类，单独列出了该类产品的安全控制指标要求，具体如下：

（1）GB 2762—2012《食品安全国家标准　食品中污染物限量》中明确列出坚果与籽类铅的限量要求为0.2 mg/kg，而不论该产品的加工工艺是烘炒类、油炸类还是其他类；豆类和花生类还有特别规定。

（2）致病菌指标要求，卫计委于2013年发布了GB 29921—2013《食品安全国家标准　食品中致病菌限量》，该标准明确了坚果籽实制品致病菌的控制要求。

（3）GB 19300—2014《食品安全国家标准 坚果与籽类食品》标准调整了过氧化值指标要求，过氧化值按生干和熟制分类，熟制中又根据原料特性分类葵花籽与其他类，而没有根据加工工艺分为烘炒和油炸类分别列指标要求。故GB/T 22165中油炸类执行GB 16565中的过氧化值为0.25 g/100 g的值就偏严格了，企业的产品也难以达到；另外微生物指标中的大肠菌群采用的是5点采样方案，检验结果的灵敏度会更高。

综上可知，GB/T 22165标准已不能完全适应行业发展现状，现已申请进行修订。好在坚果与籽类食品的行业标准均按新发布的GB 19300标准进行了修改，故执行各产品行标是不存在标准执行问题的。

针对目前企业产品包装上标示执行GB/T 22165的产品，该如何做能避免执行指标错误或相关指标漏监控，建议如下：

（1）烘炒类产品：包装上标注GB/T 22165没有问题，在产品形式检验报告中写的执行标准为：GB/T 22165、GB 19300即可。因为GB 19300为强制性安全标准，包装未标注也是强制执行的，故指标值监控应涵盖，这样就可将铅、致病菌识别进行监控。

（2）油炸类食品：建议按产品行业标准执行，因为GB/T 22165中规定的过氧化值依据GB 16565，该标准目前还是有效标准，根据标准按严执行原则，监管部门难以认同按GB 19300的0.50 g/100 g指标要求；若没有行业标准的，产品包装上就直接执行GB 19300也可。

三、药食同源食品名单及新资源食品相关知识

（一）卫计委关于香辛料标准适用有关问题的批复

国家卫生和计划生育委员会关于香辛料标准适用有关问题的批复

中华人民共和国国家卫生和计划生育委员会 2013-06-14

卫计生函〔2013〕113号

浙江省卫生厅：

你厅《关于豆蔻等食品香辛料标准适用有关问题的请示》（浙卫〔2012〕33号）收悉。经研究，现批复如下：

一、列入《香辛料和调味品名称》（GB/T 12729.1-2008）的物质（罂粟种子除外），可继续作为香辛料和调味品使用。

二、列入《卫生部关于进一步规范保健食品原料管理的通知》（卫法监发〔2002〕51号）规定的可用于保健食品的物品名单、尚未列入《香辛料和调味品名称》（GB/T 12729.1-2008）的物品，如需作为香辛料和调味品使用，应当按照《食品安全法》第四十四条有关规定执行。

此复。

国家卫生和计划生育委员会

2013年5月3日

（二）《卫生部关于进一步规范保健食品原料管理的通知》中药食同源
　　　名单节选

既是食品又是药品的物品名单

（按笔画顺序排列）

丁香、八角茴香、刀豆、小茴香、小蓟、山药、山楂、马齿苋、乌梢蛇、乌梅、木瓜、火麻仁、代代花、玉竹、甘草、白芷、白果、白扁豆、白扁豆花、龙眼肉（桂圆）、决明子、百合、肉豆蔻、肉桂、余甘子、佛手、杏仁（甜、苦）、沙棘、牡蛎、芡实、花椒、赤小豆、阿胶、鸡内金、麦芽、昆布、枣（大枣、酸枣、黑枣）、罗汉果、郁李仁、金银花、青果、鱼腥草、姜（生姜、干姜）、枳椇子、枸杞子、栀子、砂仁、胖大海、茯苓、香橼、香薷、桃仁、桑叶、桑葚、橘红、桔梗、益智仁、荷叶、菜菔子、莲子、高良姜、淡竹叶、淡豆豉、菊花、菊苣、黄芥子、黄精、紫苏、紫苏籽、葛根、黑芝麻、黑胡椒、槐米、槐花、蒲公英、蜂蜜、榧子、酸枣仁、鲜白茅根、鲜芦根、蝮蛇、橘皮、薄荷、薏苡仁、薤白、覆盆子、藿香。

（三）GB/T 12729.1—2008《香辛料和调味品 名称》中名单节选

具体68个品种名单及使用部分详见标准文本。

表1-8-45　香辛料和调味品名称及使用部分（节选）

序号	中文名称	英文名称	植物学名	使用部分
1	菖蒲	sweet flag	*Acorus calamus* L.	根茎
2	洋葱	onion	*allium cepa* L.	鳞茎

（四）新资源食品名单

1. 卫生部批准作为食品新资源使用的物质

共分为如下九类：

（1）中草药和其他植物：人参、党参、西洋参、黄芪、首乌、大黄、芦荟、枸杞子、巴戟天、荷叶、菊花、五味子、桑葚、薏苡仁、茯苓、广木香、银杏、白芷、百合、山苍子油、山药、鱼腥草、绞股蓝、红景天、莼菜、松花粉、草珊瑚、山茱萸汁、甜味藤、芦根、生地、麦芽、麦胚、桦树汁、韭菜籽、黑豆、黑芝麻、白芍、竹笋、益智仁。

（2）果品类：大枣、山楂、猕猴桃、罗汉果、沙棘、火棘果、野苹果。

（3）茶类：金银花茶、草木咖啡、红豆茶、白马蓝茶、北芪茶、五味参茶、金花茶、胖大海、凉茶、罗汉果苦丁茶、南参茶、参杞茶、牛蒡健身茶。

（4）菌藻类：乳酸菌、脆弱拟杆菌（BF—839）、螺旋藻、酵母、冬虫夏草、紫红曲、灵芝、香菇。

（5）畜禽类：熊胆、乌骨鸡。

（6）海产品类：海参、牡蛎、海马、海窝。

（7）昆虫爬虫类：蚂蚁、蜂花粉、蜂花乳、地龙、蝎子、壁虎、蜻蜓、昆虫蛋白、蛇胆、蛇精。

（8）矿物质与微量元素类：珍珠、钟乳石、玛瑙、龙骨、龙齿、金箔、硒、碘、氟、倍半氧化羧乙基锗（Ge—132）、赖氨酸锗。

（9）其他类：牛磺酸、SOD、变性脂肪、磷酸果糖、左旋肉碱。

这些是药食两用的中药和微量元素及菌类等可用于食品的物质，卫生部并没有在同一个文件中全部罗列出来，而是每年都有变化。

2. 有关新食品原料、普通食品名单汇总（截至 2016 年 12 月）

2008 年以来原卫生部和其后续公告批准的新资源食品（现已改称新食品原料）名单和以公告、批复、复函形式同意作为食品原料名单汇总如下。

2008 年以来原卫生部和国家卫生计生委公告批准的新食品原料（新资源食品）名单，见表 1-8-46。

表 1-8-46　2008 年以来原卫生部和国家卫生计生委公告批准的新食品原料(新资源食品)名单

序号	名称	拉丁名/英文名	备注
1	低聚木糖	Xylo-oligosaccharide	2008 年 12 号公告
2	透明质酸钠	Sodium hyaluronate	2008 年 12 号公告
3	叶黄素酯	Lutein esters	2008 年 12 号公告

续表

序号	名称	拉丁名/英文名	备注
4	L-阿拉伯糖	L-Arabinose	2008年12号公告
5	短梗五加	*Acanthopanax sessiliflorus*	2008年12号公告
6	库拉索芦荟凝胶	Aloe vera gel	2008年12号公告
7	低聚半乳糖	Galacto-Oligosaccharides	2008年20号公告
8	水解蛋黄粉	Hydrolyzate of egg yolk powder	2008年20号公告
9	异麦芽酮糖醇	Isomaltitol	2008年20号公告
10	植物甾烷醇酯	Plant stanol ester	2008年20号公告 2014年10号公告
11	珠肽粉	Globin peptide	2008年20号公告
12	蛹虫草	*Cordyceps militaris*	2009年3号公告 2014年10号公告
13	菊粉	Inulin	1.2009年5号公告 2.增加菊芋来源
14	多聚果糖	Polyfructose	2009年5号公告
15	γ-氨基丁酸	Gamma aminobutyric acid	2009年12号公告
16	初乳碱性蛋白	Colostrum basic protein	2009年12号公告
17	共轭亚油酸	Conjugated linoleic acid	2009年12号公告
18	共轭亚油酸甘油酯	Conjugated linoleic acid glycerides	2009年12号公告
19	杜仲籽油	*Eucommia ulmoides* Oliv. seed oil	2009年12号公告
20	茶叶籽油	Tea Camellia seed oil	2009年18号公告
21	盐藻及提取物	*Dunaliella salina*（extract）	2009年18号公告
22	鱼油及提取物	Fish oil（extract）	2009年18号公告
23	甘油二酯油	Diacylglycerol oil	2009年18号公告
24	地龙蛋白	Earthworm protein	2009年18号公告
25	乳矿物盐	Milk minerals	2009年18号公告
26	牛奶碱性蛋白	Milk basic protein	2009年18号公告
27	DHA藻油	DHA algal oil	2010年3号公告
28	棉籽低聚糖	Raffino-oligosaccharide	2010年3号公告

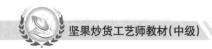
续表

序号	名称	拉丁名/英文名	备注
29	植物甾醇	Plant sterol	2010年3号公告
30	植物甾醇酯	Plant sterol ester	2010年3号公告
31	花生四烯酸油脂	Arochidonic acid oil	2010年3号公告
32	白子菜	*Gynura divaricata*(L.)DC	2010年3号公告
33	御米油	Poppyseed oil	2010年3号公告
34	金花茶	*Camellia chrysantha*(Hu) Tuyama	2010年9号公告
35	显脉旋覆花(小黑药)	*Inula nervosa* wall.ex DC.	2010年9号公告
36	诺丽果浆	Noni puree	2010年9号公告
37	酵母β-葡聚糖	Yeast β-glucan	2010年9号公告
38	雪莲培养物	Tissue culture of *Saussurea involucrata*	2010年9号公告
39	玉米低聚肽粉	Corn oligopeptides powder	2010年15号公告
40	磷脂酰丝氨酸	Phosphatidylserine	2010年15号公告
41	雨生红球藻	*Haematococcus* pluvialis	2010年17号公告
42	表没食子儿茶素没食子酸酯	Epigallocatechin gallate(EGCG)	2010年17号公告
43	翅果油	*Elaeagnus mollis* Diels oil	2011年1号公告
44	β-羟基-β-甲基丁酸钙	Calcium β – hydroxy – β – methyl butyrate(CaHMB)	2011年1号公告
45	元宝枫籽油	Acer truncatum Bunge seed oil	2011年9号公告
46	牡丹籽油	Peony seed oil	2011年9号公告
47	玛咖粉	*Lepidium meyenii* Walp	2011年13号公告
48	蚌肉多糖	*Hyriopsis cumingii* polysacchride	2012年2号公告
49	中长链脂肪酸食用油	Medium-andlong-chain triacylglycerol oil	2012年16号公告
50	小麦低聚肽	Wheat oligopeptides	2012年16号公告
51	人参(人工种植)	*Panax Ginseng* C.A.Meyer	2012年17号公告
52	蛋白核小球藻	*Chlorella pyrenoidesa*	2012年19号公告
53	乌药叶	*Linderae aggregate* leaf	2012年19号公告
54	辣木叶	*Moringa oleifera* leaf	2012年19号公告

续表

序号	名称	拉丁名/英文名	备注
55	蔗糖聚酯	Sucrose ployesters	2010年15号公告 2012年19号公告
56	茶树花	Tea blossom	2013年1号公告
57	盐地碱蓬籽油	*Suaeda salsa* seed oil	2013年1号公告
58	美藤果油	*Sacha inchi* oil	2013年1号公告
59	盐肤木果油	Sumac fruit oil	2013年1号公告
60	广东虫草子实体	*Cordyceps guangdongensis*	2013年1号公告
61	阿萨伊果	Acai	2013年1号公告
62	茶藨子叶状层菌发酵菌丝体	Fermented mycelia of *Phylloporia ribis* (Schumach：Fr.)Ryvarden	2013年1号公告
63	裸藻	*Euglena gracilis*	2013年4号公告
64	1,6-二磷酸果糖三钠盐	D-Fructose 1,6-diphosphate trisodium salt	2013年4号公告
65	丹凤牡丹花	*Paeonia ostii* flower	2013年4号公告
66	狭基线纹香茶菜	*Isodon lophanthoides*(Buchanan–Hamilton ex D. Don)H.Hara var. *gerardianus*(Bentham)H.Hara	2013年4号公告
67	长柄扁桃油	*Amygdalus pedunculata* oil	2013年4号公告
68	光皮梾木果油	*Swida wilsoniana* oil	2013年4号公告
69	青钱柳叶	*Cyclocarya paliurus* leaf	2013年4号公告
70	低聚甘露糖	Mannan oligosaccharide(MOS)	2013年4号公告
71	显齿蛇葡萄叶	Ampelopsis grossedentata	2013年10号公告
72	磷虾油	Krill oil	2013年10号公告
73	壳寡糖	Chitosan oligosaccharide	2014年6号公告
74	水飞蓟籽油	Silybum marianum Seed oil	2014年6号公告
75	柳叶蜡梅	*Chmonathus salicifolius* S.Y.H	2014年6号公告
76	杜仲雄花	Male flower of Eucommia ulmoides	2014年6号公告
77	塔格糖	Tagatose	2014年10号公告
78	奇亚籽	Chia seed	2014年10号公告
79	圆苞车前子壳	Psyllium seed husk	2014年10号公告

续表

序号	名称	拉丁名/英文名	备注
80	线叶金雀花	Aspalathus Linearis(Brum.f.)R.Dahlgren	2014年12号公告
81	茶叶茶氨酸	Theanine	2014年15号公告

原卫生部和国家卫生计生委以公告、批复、复函形式同意作为食品原料名单，见表1-8-47。

表1-8-47　原卫生部和国家卫生计生委以公告、批复、复函形式同意作为食品原料名单

序号	名称	拉丁名/英文名	备注
1	油菜花粉	Rape pollen	2004年17号公告
2	玉米花粉	Corn pollen	2004年17号公告
3	松花粉	Pine pollen	2004年17号公告
4	向日葵花粉	*Helianthus* pollen	2004年17号公告
5	紫云英花粉	Milk vetch pollen	2004年17号公告
6	荞麦花粉	Buckwheat pollen	2004年17号公告
7	芝麻花粉	*Sesame* pollen	2004年17号公告
8	高粱花粉	*Sorghum* pollen	2004年17号公告
9	魔芋	*Amorphophallus* rivieri	2004年17号公告
10	钝顶螺旋藻	*Spirulina platensis*	2004年17号公告
11	极大螺旋藻	*Spirulina maxima*	2004年17号公告
12	刺梨	*Rosa roxburghii*	2004年17号公告
13	玫瑰茄	*Hibiscus sabdariffa*	2004年17号公告
14	蚕蛹	Silkworm chrysalis	2004年17号公告
15	酸角	*Tamarindus indica*	2009年18号公告
16	玫瑰花（重瓣红玫瑰）	*Rose rugosa cv. plena*	2010年3号公告
17	凉粉草(仙草)	*Mesona chinensis* Benth.	2010年3号公告
18	夏枯草	*Prunella vulgaris* L.	1.2010年3号公告 2.作为凉茶饮料原料
19	布渣叶(破布叶)	*Microcos paniculata* L.	1.2010年3号公告 2.作为凉茶饮料原料

续表

序号	名称	拉丁名/英文名	备注
20	鸡蛋花	*Plumeria rubra* L.cv.*acutifolia*	1.2010年3号公告 2.作为凉茶饮料原料
21	针叶樱桃果	Acerola cherry	2010年9号公告
22	水苏糖	Stachyose	2010年17号公告
23	平卧菊三七	*Gynura procumbens*（Lour.）Merr	2012年8号公告
24	大麦苗	Barley leaves	2012年8号公告
25	抗性糊精	Resistant dextrin	2012年16号公告
26	梨果仙人掌（米邦塔品种）	*Opuntia ficus-indica*（Linn.）Mill	2012年19号公告
27	沙棘叶	*Hippophae rhamnoides* leaf	2013年7号公告
28	天贝	Tempeh	1.2013年7号公告 2.天贝是以大豆为原料经米根霉发酵制成
29	以可食用的动物或植物蛋白质为原料,经《食品添加剂使用标准》GB 2760-2011规定允许使用的食品用酶制剂酶解制成的物质	The substances are hydrolyzed by edible enzyme preparation of protein from edible animals or plants as raw material, and the edible enzyme preparation must be listed in "standards for use of food additives"（GB 2760-2011）	2013年7号公告
30	海藻糖	Trehalose	2014年15号公告
31	纳豆	Natto	《卫生部关于纳豆作为普通食品管理的批复》（卫法监发〔2002〕308号）
32	木樨科粗壮女贞苦丁茶	*Ligustrum robustum*（Roxb.）Blum.	《卫生部关于同意木樨科粗壮女贞苦丁茶为普通食品的批复》（卫监督函〔2011〕428号）
33	养殖梅花鹿副产品（除鹿茸、鹿角、鹿胎、鹿骨外）	By-products from breeding sika deer（Cervus *Nippon Temminck*）except Pilose antler（Cervi Cornu Pantotrichum）, Antler（Cervi cornu）, Deer fetus and Deer bone	《卫生部关于养殖梅花鹿副产品作为普通食品有关问题的批复》（卫监督函〔2012〕8号）

续表

序号	名称	拉丁名/英文名	备注
34	柑橘纤维	Citrus fibre	《卫生部办公厅关于柑橘纤维作为普通食品原料的复函》(卫办监督〔2012〕262号)
35	玉米须	Corn silk	《卫生部关于玉米须有关问题的批复》(卫监督函〔2012〕306号)
36	小麦苗	Wheat seedling	《卫生部关于同意将小麦苗作为普通食品管理的批复》(卫监督函〔2013〕17号)
37	冬青科苦丁茶	Ilex kudingcha C.J.Tseng	《关于同意将冬青科苦丁茶作为普通食品管理的批复》(卫计生函〔2013〕86号)
38	牛蒡根	Arctium lappa root	《国家卫生计生委关于牛蒡作为普通食品管理有关问题的批复》(国卫食品函〔2013〕83号)
39	中链甘油三酯	Medium chain triglycerides	《国家卫生计生委办公厅关于中链甘油三酯有关问题的复函》(国卫办食品函〔2013〕514号)
40	五指毛桃	Ficus hirta Vahl	《国家卫生计生委办公厅关于五指毛桃有关问题的复函》(国卫办食品函〔2014〕205号)
41	耳叶牛皮消	Cynanchum auriculatumRoyle ex Wight	《国家卫生计生委办公厅关于滨海白首乌有关问题的复函》(国卫办食品函〔2014〕427号)
42	黄明胶	Oxhide gelatin	"国家卫生计生委办公厅关于黄明胶、鹿角胶和龟甲胶有关问题的复函"(国卫办食品函〔2014〕570号)

可用于食品的菌种名单，见表1-8-48。

表1-8-48　可用于食品的菌种名单（摘自卫办监督发〔2010〕65号）

名　称		拉丁学名
双歧杆菌属 *Bifidobacterium*	青春双歧杆菌	*Bifidobacterium adolescentis*
	动物双歧杆菌（乳双歧杆菌）	*Bifidobacterium animalis*（*Bifidobacterium lactis*）
	两歧双歧杆菌	*Bifidobacterium bifidum*
	短双歧杆菌	*Bifidobacterium breve*
	婴儿双歧杆菌	*Bifidobacterium infantis*
	长双歧杆菌	*Bifidobacterium longum*
乳杆菌属 *Lactobacillus*	嗜酸乳杆菌	*Lactobacillus acidophilus*
	干酪乳杆菌	*Lactobacillus casei*
	卷曲乳杆菌	*Lactobacillus crispatus*
	德氏乳杆菌保加利亚亚种（保加利亚乳杆菌）	*Lactobacillus delbrueckii* subsp. *Bulgaricus*（*Lactobacillus bulgaricus*）
	德氏乳杆菌乳亚种	*Lactobacillus delbrueckii* subsp. *Lactis*
	发酵乳杆菌	*Lactobacillus fermentum*
	格氏乳杆菌	*Lactobacillus gasseri*
	瑞士乳杆菌	*Lactobacillus helveticus*
	约氏乳杆菌	*Lactobacillus johnsonii*
	副干酪乳杆菌	*Lactobacillus paracasei*
	植物乳杆菌	*Lactobacillus plantarum*
	罗伊氏乳杆菌	*Lactobacillus reuteri*
	鼠李糖乳杆菌	*Lactobacillus rhamnosus*
	唾液乳杆菌	*Lactobacillus salivarius*
链球菌属 *Streptococcus*	嗜热链球菌	*Streptococcus thermophilus*

续表

名　称		拉丁学名
乳球菌属 Lactococcus	乳酸乳球菌乳酸亚种	*Lactococcus Lactis* subsp. *Lactis*
	乳酸乳球菌乳脂亚种	*Lactococcus Lactis* subsp. *Cremoris*
	乳酸乳球菌双乙酰亚种	*Lactococcus Lactis* subsp. *Diacetylactis*
丙酸杆菌属 Propionibacterium	费氏丙酸杆菌谢氏亚种	*Propionibacterium freudenreichii* subsp. *Shermanii*
明串球菌属 Leuconostoc	肠膜明串珠菌肠膜亚种	*Leuconostoc mesenteroides* subsp. *Mesenteroides*
马克斯克鲁维酵母 Kluyveromyces marxianus		
片球菌属 Pediococcus	乳酸片球菌	*Pediococcus acidilactici*
	戊糖片球菌	*Pediococcus pentosaceus*

注:1.传统上用于食品生产加工的菌种允许继续使用。名单以外的、新菌种按照《新食品原料安全性审查管理办法》执行。

2.可用于婴幼儿食品的菌种按现行规定执行,名单另行制定。

可用于婴幼儿食品的菌种名单,见表1-8-49。

表1-8-49　可用于婴幼儿食品的菌种名单

序号	菌种名称	拉丁学名	菌株号
1	嗜酸乳杆菌*	*Lactobacillus acidophilus*	NCFM
2	动物双歧杆菌	*Bifidobacterium animalis*	Bb-12
3	乳双歧杆菌	*Bifidobacterium lactis*	HN019
			Bi-07
4	鼠李糖乳杆菌	*Lactobacillus rhamnosus*	LGG
			HN001
5	罗伊氏乳杆菌	*Lactobacillus reuteri*	DSM17938

注:*仅限用于1岁以上幼儿的食品。

第二部分

中级教材

第一章

产品研制开发

　　产品开发是指从研究选择适应市场需要的产品开始到产品设计、工艺设计，直到投入正常生产的一系列决策过程。从广义而言，产品开发既包括新产品的研制也包括原有的老产品改进与换代。新产品开发是企业研究与开发的重点内容，也是企业生存和发展的战略核心之一。一般企业都要遵循以下新产品开发原则：

　　第一，要符合国家法律法规及产业政策。企业在新产品开始时，应该充分收集学习相关国家法律法规及产业政策，在国家允许或者支持的范围内进行产品开发。

　　第二，要面向市场，以市场需求为导向。企业产品开发的目的是为了满足消费者尚未得到充分满足的需求，企业开发的新产品能否适应市场需求是产品开发成功与否的关键。

　　第三，坚持经济效益原则。开发新产品必须以经济效益为中心，这是企业的经济性所决定的。企业对拟开发的产品项目，必须进行技术经济分析和可行性研究，以保证产品开发的投资回收，能获得预期的利润。不能为企业创造任何利润的产品，其研制开发对企业来说没有任何经济意义。

　　第四，扬长避短，发挥企业优势。企业要根据自身的资源、设备条件和技术实力来确定产品的开发方向。有的产品，尽管市场需求相当大，但如果企业缺乏研制开发和市场开发能力，也不能盲目跟风，必须量力而行。

　　第五，新产品必须符合公司的愿景。新产品的开发应该符合企业的战略要求，开发符合企业长期发展的产品以适应当前和未来市场的需求。

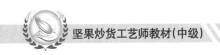

第一节　市场分析与预测

市场分析与预测就是通过市场调查，分析产品的市场供求关系和发展趋势，预测未来市场供求变化趋势，从而为建设项目的技术经济评价提供科学依据。

一、信息分析与评估

信息分析与评估是指分析人员根据用户的特定信息需求，利用各种分析方法和工具，对所搜集的零散原始信息进行识别、鉴定、筛选、浓缩等加工和分析研究，挖掘出其中蕴含的知识和规律，并且通过系统的分析和研究得到有针对性、时效性、预测性、科学性、综合性、可用性的结论，以供产品开发决策使用。

信息分析与评估是市场分析与预测的重要内容，在产品开发项目决策中所起的作用主要表现在以下几方面：

第一，信息分析与评估是可行性研究和项目评估的前提和先决条件。任何项目的可行性研究和项目评估工作，一般都是从调查和预测项目产品的市场需求供应情况、分析项目立项的必要性开始的。当市场供求分析结果确认拟立项项目的产品在投入市场时能适销对路，符合社会需要，并具有一定的发展前景，才值得开发和生产；如果产品没有市场，项目就不能成立也不必立项。因此，市场供求分析是项目可行性研究和项目评估的前提和重要组成部分，具有举足轻重的地位。

第二，信息分析与评估是确定项目建设规模（生产能力）的重要依据。制约项目建设（生产）规模的因素很多，如原辅料供应、环境保护、能源利用、资金等条件，以及产品自身特点、生产工艺技术和规模经济要求等。然而，产品的市场需求是制约项目建设（生产）规模的本质因素，它决定着项目的生存前提和发展空间。因此，必须通过对项目产品的市场供求调查、预测和分析，才能确定项目的合理经济规模。

第三，信息分析与评估是制定项目产品方案的重要依据。要制定项目产品方案，必须弄清消费者对产品质量、口感、规格和外观品种的要求，而这些信息资料数据必须经过市场调查、预测、分析和评估才能成为有效的信息资源。

第四，信息分析与评估是选择项目技术条件和建厂的依据。项目技术装备和建厂地区的选择要受产品生产规模和产品方案制约。只有通过市场供需预测和分析，才能确定拟建项目的产品方案和产品的实际需求量、相应的市场特性，以及可能的销售设想，进一步确定较理想的生产规划、技术装备，以及合适的建厂地区。

第五，信息分析与评估是制定产品销售规划的依据。通过市场供求调查和预测，才能分析了解到产品消费者的自然属性、社会属性及其购买时间和地点，为制定产品目标群、销售价格、销售渠道和促销手段等方面的销售规划提供依据。

综上所述，信息分析与评估对决定项目投资范围，可能的产品方案和建设规模与生产规划，所需的工艺技术设备，以及建厂地区的选择来说，都是一项关键性的工作。

二、信息分析常用方法

信息分析是沟通未知事物和已知事物的桥梁，它将新的、未知的知识通过逻辑推理的思维活动转变为已知知识，是人们学习和探索的重要思维方式。

（一）归纳分析法

1.概念

归纳分析法又称归纳推理，有时叫作归纳逻辑。归纳分析法是由一系列个别现象概括出（推理出）一般性结论的方法，是根据对某类事务中具有代表性的部分对象及其属性之间必然联系的认识，得出一般性结论的方法。归纳法论证的前提支持结论但不确保结论必然正确，它把特性或关系归结到基于对特殊的代表的有限观察的类型；或公式表达基于对反复再现的现象的模式的有限观察的规律。

2.作用

归纳分析法是从个别到一般的认识过程，可以从众多信息中归纳出一般性的结论，形成某些归纳或观点以提供给研究人员、用户或读者。

3.分类

①完全归纳；②不完全归纳；③简单枚举归纳；④科学归纳。

（二）演绎分析法

1.概念

演绎分析法是从一般性知识引出个别性知识，即从一般性前提得出特殊性结论的过程。演绎分析法的前提与结论之间存在着必然联系，只要推理的前提正确，推理的形式合乎逻辑，则推出的结论也必然正确。所以运用演绎分析法，推理者所根据的一般原理即大前提必须正确，而且要和结论有必然的联系，不能有丝毫的牵强或脱节，否则会使人对结论的正确性产生怀疑。

2.作用

演绎分析法是获得新的认识的重要途径、是论证科学假说和理论的有力工具，是提出科学解释和预见的重要手段。

3.分类

①三段论（直言三段式）；②假言推理；③选言推理。

（三）归纳法与演绎法的区别

（1）思维起点不同：归纳法是从认识个别的、特殊的事物推出一般原理和普遍事

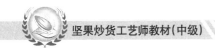

物；而演绎法则由一般（或普遍）到个别。这是归纳法与演绎法两者之间最根本的区别。归纳法从特殊到一般，优点是能体现众多事物的根本规律，且能体现事物的共性；缺点是容易犯不完全归纳的毛病。演绎法从一般到特殊，优点是由定义根本规律等出发一步步递推，逻辑严密结论可靠，且能体现事物的特性；缺点是缩小了范围，使根本规律的作用得不到充分的展现

（2）归纳法是一种或然性的推理；而演绎法则是一种必然性推理，其结论的正确性取决于前提是否正确，以及推理形式是否符合逻辑规则。在规范研究当中，学者一般采用归纳法，但归纳法对学者的思辨性思维要求较高，以保证整个论证过程符合逻辑规则，一般很难做到，因此归纳法很多时候也可以是一种必然性的推论；演绎法的研究过程可以看作是一种推理的过程，实证研究一般都要有理论基础，或逻辑的推导过程，以保证结论的正确性。因此归纳法的研究思想普遍应用于规范研究当中，而演绎法则应用于实证研究当中。

（3）归纳法的结论超出了前提的范围，而演绎法的结论则没有超出前提所断定的范围。归纳法根据已有前提，进行归纳并逻辑推导，得到新的结论；演绎法主要验证开始所列举的前提假设，最后验证的结论一般不会超出前提假设的范围。

（四）归纳法（归纳推理）与演绎法（演绎推理）的联系

（1）演绎推理的一般性知识（大前提）的来源，来自于归纳推理概括和总结，从这个意义上说，没有归纳推理也就没有演绎推理。

（2）归纳推理也离不开演绎推理。归纳过程的分析、综合过程所利用的工具（概念、范畴）是归纳过程本身所不能解决和提供的，这只有借助于理论思维，依靠人们先前积累的一般性理论知识的指导，而这本身就是一种演绎活动。而且，单靠归纳推理是不能证明必然性的，因此，在归纳推理的过程中，人们常常需要应用演绎推理对某些归纳的前提或者结论加以论证。从这个意义上也可以说，没有演绎推理也就不可能有归纳推理。正如恩格斯指出的："归纳和演绎，正如分析和综合一样，是必然相互联系着的。"

（3）归纳与演绎二者可以互相补充，互相渗透，在一定条件下可以相互转化。演绎是从一般到个别的思维方法；归纳则是对个别事务、现象进行观察研究，而概括出一般性的知识。作为演绎的一般性知识来源于经验，来源于归纳的结果，归纳则必须有演绎的补充研究。

三、产品信息分析原则

信息分析是一门实用性很强的课程，也是企业应对竞争环境、正确决策、提升竞争力的关键。信息的把握和利用，关键在于分析处理，这一步骤中有很多科学的方法可以应用。但是，对于坚果炒货工艺师来说，不用费心去掌握这些方法，只需要掌握信息分析的原则，根据工作需要掌握一定的尺度，并自觉地应用于实践中，信息分析

的价值是长远的和有效的。

产品信息分析，即产品体验和研究。产品信息分析应该从问题出发进行分析。主要的研究目标是要解决一个问题，为了保证产品信息分析的质量，应坚持以下原则：

1.产品信息分析准确性原则

该原则要求所分析的信息来源要真实可靠。当然，这个原则是信息分析工作的最基本的要求。为达到这样的要求，信息分析者就必须对收集到的信息反复核实，不断检验，力求把误差减小到最低限度。

2.产品信息分析全面性原则

该原则要求所搜集到的信息要广泛、全面完整。只有广泛、全面地搜集信息，才能完整地反映产品的全貌，为产品分析的准确性和后期项目决策的科学性提供保障。当然，实际所收集到的信息不可能做到绝对的全面完整，因此，如何在不完整、不完备的信息下做出科学的决策就是一个非常值得探讨的问题。

3.产品信息分析客观性原则

为保证信息分析的有效性，分析人员在信息分析时必须以客观的事实和资料作为分析的依据，不能受外来因素和主观因素的影响。

4.产品信息分析科学性原则

对于不同的产品、不同的问题、不同的分析目的，分析人员应该区别对待。选择最科学、最有效的分析方法，避免因分析方法的不准确使用而得出有偏差甚至是错误的分析结果进而影响整个项目的成败。

四、信息价值的评估

信息价值评估是一种信息分析方法。它是在对大量相关信息进行分析与综合的基础上，经过优化选择和比较评价，形成能满足决策需要的支持信息的过程，通常包括综合评估、技术经济评价、实力水平比较、功能评价、成果评价、方案选优等形式。

1.评估原则

（1）准确性：是指信息中所涉及的事物是否客观存在，构成信息的各个要素是否都接近真实状况，有没有人为的偏差。通常可以从信息是否符合事物发展的一般规律，是否具有内在逻辑性，是否与其他信息矛盾等角度进行信息准确性的考察。

（2）权威性：是指信息是否具有令人信服的力量和威望。可以把信息提供者的专业背景、资质和工作经验等作为信息权威性的参考指标。

（3）时效性：信息的时效性是指信息在某段时间或某一时期是否有效。可以通过考察信息内容发布是否及时、是否最新、是否客观和准确加以判断，同时信息的来源也是判断信息时效性的参考指标之一。

（4）客观性：是指信息所提示的是事物的本来面目，不带偏见。可以通过考察信息提供者的目的和意图、信息发布机构的性质来考察信息的客观性，如政府部门、非盈利组织提供的信息较为客观。

（5）适用性：是指信息对于问题的解决是否有用以及作用大小。可以从信息是否能达到使用者对信息的要求和信息对于解决问题的作用大小这两方面进行评判。

2.常用方法

常见的信息评估法有内容分析、指标评分、层次分析、成本／效益分析、可行性研究、投入产出分析、系统工程与运筹学方法等等。其中，最有代表性、应用较广泛的信息分析方法是内容分析法。

内容分析是对信息传达的内容进行系统、客观、定量分析的一种专门研究方法。这种方法主要是从公开的信息资料中获取隐蔽信息。内容分析的一般步骤如图2-1-1所示。图中，右侧的虚线流程是指在有些情况下需要进行假设检验。但一般来说，尤其是在信息分析中，情况往往是开放性的，故虚线流程不是必需的。

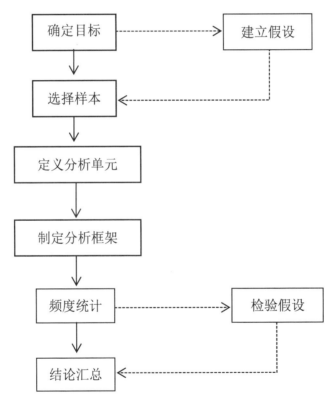

图2-1-1　内容分析框架图

内容分析的六大步骤如下：

（1）确定目标。内容分析的实践过程总是要受到目标的支配：根据不同情况，有的对象能十分具体地确定分析目标，有时还能提出一个理论假设，希望通过内容分析加以检验；有的则很不清楚。

（2）选择样本。当有各种各样的信息媒体可供选择时，应选择最有利于前述目标的样本作为内容分析的直接对象。

（3）定义分析单元。分析单元的规定对于分析结果具有决定性的意义，分析单元是信息内容的"指示器"，是内容分析中不再细分的测度单位。一般先依据分析目标确定分析范畴，即确定符合目标要求的最一般的关键性概念。确定范畴时必须避免两个极端：过大的范畴可能使分析结果表面化和简单化；过小的范畴则会造成几乎是重复原文。范畴选定后，再明确相对应的分析单元。

（4）制定分析框架。这是内容分析的核心步骤，也是体现分析思路和保证系统性的关键。根据分析目标和分析单元的具体情况，确定有意义的逻辑结构，也就是要把分析单元分配到一个能说明问题的逻辑框架中去。逻辑框架可以是一个分类表。分类表中任何变量的实施定义都由多种属性组成，并可使用多种变量层次，但这些属性应当是相互不包容和穷尽的。

（5）频度统计。这是一种规范化操作，包括计数和数据处理。

（6）结论汇总。通过分析得出结论。

五、市场预测

市场预测是以市场调查得到的一系列数据（包括当前数据和历史数据）为基础，通过整理、概括和研究分析，运用科学方法，测算判断未来一定期限（一般5~10年）的产品需求量和供应量的变化情况和发展趋势，以此确定项目立项的必要性和合理安排生产规模，为项目投资决策提供可靠依据。

1.市场预测的内容

（1）社会商品购买力发展趋势的预测（含国际和国内市场）。

（2）企业生产经营商品的需求预测，包括在一定时期内市场对商品需求以及品种、规格、口味、外观色泽、质量、包装、需要时间等变动趋势的预测。

（3）商品经济寿命期以及产品投入市场的适销性预测。这里要进行代用品顶替与取代的过程分析；该产品替代进口产品的可能性及替代份额分析。

（4）产品价格变化趋势，企业生产经营成本、价格弹性及盈利的变动趋势预测。

（5）资源预测，主要预测对项目生产产品所用资源的保证程度和发展趋势，要调查了解各类资源（包括原辅料、设备工艺、协作配套及人力资源等）的各项生产条件是否具备，预测它们的潜在能力和发展趋势。

（6）企业的市场占有率和购销预测；拟采用的主要销售方式、销售费用估计；出口产品销售市场的开拓前景及其在国际市场的竞争对策。

2.市场预测的制约因素

（1）国民经济与社会发展对产品供需的影响。

（2）相关产品和上下游产品的情况及其变化，以及对项目产品供需的影响。

（3）产品结构变化，产品升级换代情况，特别是高新技术产品和新的替代品。

（4）项目产品在生命周期所处阶段（投入期、成长期、成熟期、衰退期）对供需的影响。

（5）不同地区和不同消费群体的消费水平、消费习惯、消费方式及其变化，以及对项目产品供需的影响。

（6）涉及进出口的项目产品，应考虑国际政治经济条件及贸易政策变化对项目产品供需的影响。

3.市场预测方法

市场预测方法可以分为定性预测和定量预测两大类。

定性预测是根据掌握的信息资料，凭借专家的个人和群体的经验和知识，运用一定的方法，对市场未来的趋势、规律、状态做出质的判断和描述。定性预测较为常用的有类推预测法、专家会议法、德尔菲法等，其核心都是专家依据个人的经验、智慧和能力进行判断。

定量预测是依据市场历史和现在的统计数据资料，选择或建立合适的数学模型，分析研究其发展变化规律，并对未来做出预测。其主要有因果预测、延伸预测和其他方法预测。

（1）因果预测方法是通过寻找变量之间的因果关系，分析自变量对因变量的影响程度，进而对未来进行预测的方法。主要适用于存在关联关系的数据预测。一个事物的发展变化，经常与其他事物的发展变化存在直接或间接联系，如居民收入水平的增加会引起商品销售量的增加。这种变量间的相关关系，要通过统计分析才能找到其中的规律，并用确定的函数关系来描述和分析。

（2）延伸性预测是根据市场各种变量的历史数据的变化规律，对未来进行预测的定量预测方法。主要适用于具有时间序列关系的数据预测。它是以时间t为自变量，以预测对象为因变量，按照预测对象的历史数据的变化规律，找出其随时间变化的规律，从而建立预测模型并进行预测。

（3）其他预测方法则包括经济计量分析、投入产出分析、系统动力模型、马尔科夫链等。这些预测法主要借助复杂的数学模型模拟现实经济结构，分析经济现象的各种数量关系，从而提高人们认识经济现象的深度、广度和精度，更能适用于现实经济生活中的中长期市场预测。由于这些预测方法比较复杂，需要比较高深的专业知识，作为坚果炒货工艺师我们只做了解，在实际工作当中应该根据具体需求选用合适的预测方法。

第二节　新产品项目管理

新产品开发项目管理是指对新产品开发立项，进行计划、组织、实施和协调，并在实施过程中对项目运行状态进行监测、反馈、控制、调整，最终完成新产品开发项目的目标。

一、新产品开发原则

1.要符合国家法律法规及产业政策

企业在开发新产品时，应该充分收集学习相关国家法律法规及产业政策，在国家允许或者支持的范围内进行产品开发。

2.要面向市场，以市场需求为导向

企业产品开发的目的是为了满足消费者尚未得到充分满足的需求，企业开发的新产品能否适应市场需求是产品开发成功与否的关键。

3.坚持经济效益原则

开发新产品必须以经济效益为中心，这是企业的经济性所决定的。企业对拟开发的产品项目，必须进行技术经济分析和可行性研究，以保证产品开发的投资回收，能获得预期的利润。不能为企业创造任何利润的产品，其研制开发对企业来说没有任何经济意义。

4.扬长避短，发挥企业优势

企业要根据自身的资源、设备条件和技术实力来确定产品的开发方向。有的产品，尽管市场需求相当大，但如果企业缺乏研制开发和市场开发能力，也不能盲目跟风，必须量力而行。

5.新产品必须符合公司的愿景

新产品的开发应该符合企业的战略要求，开发符合企业长期发展的产品以适应当前和未来市场的需求。

二、新产品开发方法与步骤

（一）新产品开发的方式

企业根据自身的特点和环境条件可以选择不同的新产品开发方式，一般有五种方式可供企业选择：

1.独立研制方式

这种方式是指企业依靠自己的科研和技术力量研究开发新产品。

2.联合研制方式

这种方式是指企业与其他单位，包括大专院校、科研机构以及其他企业共同研制新产品。

3.技术引进方式

技术引进方式是指通过与外商进行技术合作，从国外引进先进技术来开发新产品。这种方式也包括企业从本国其他企业、大专院校或科研机构引进技术来开发新产品。

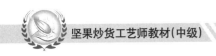

4.自行研制与技术引进相结合的方式

这种方式是指企业把引进技术与本企业的开发研究结合起来，在引进技术的基础上，根据本国国情和企业技术特点，将引进技术加以消化、吸收、再创新，研制出适合本国的具有特色的新产品，来满足消费者的需求。

5.仿制方式

按照外来样品或专利技术产品仿制国内外的新产品，是迅速赶上竞争者的一种有效的新产品开发方式。

以上五种开发方式，企业可以根据具体情况，分别采用不同的新产品开发方式，以取得最好的经济效果。

（二）新产品开发的步骤

开发新产品通常要经历以下几个步骤：立项、产品构思、筛选、产品初步设计、可行性研究、试制、试销、正式上市和投产。

1.项目的提出

研发（部）中心、市场部、销售公司根据本部门对市场的调研和了解，以《项目提出建议书》的形式提出项目建议。

各部门所提出的项目应结合公司近、中、远期的发展规划，并对产品进行初步定位，包括为公司未来发展方向建议的技术储备项目。

所有提出的项目应交研发部汇总、筛选，并由副总经理在研发会议上，组织各部门对提出的项目进行可行性讨论，以及是否由市场部进行前期的市场调研再行决定。

2.项目调研

市场部依据研发会议的决议，对拟进行市场调研的项目制定调研方案。市场调研方案包括调研的方法、时间、地点等方面的内容。调研方案经副总经理批准后，由市场部组织实施调研工作。

研发中心、销售公司可根据本部门的工作需要，进行相应的市场调研，其调研方案必须经过本部门主管领导签字确认后执行。如需要市场部或其他部门协助进行时，应及时沟通，并提供相应的市场调研方案。

3.调研结果确认

市场部根据调研方案中规定的推进计划，将调研结果以调研报告的形式交副总经理审核，由副总经理提出调研结论。

4.立项的确认

通过研发会议决议或市场部调研结论同意立项的项目，由研发部汇总，并制定相应的项目研发推进计划，呈报总经理批准执行。如项目不能通过立项，则停止运作。

5.项目开发

市场部将总经理批准执行的项目研发推进计划，下发各相关部门，各部门根据推进计划中的时间安排制定本部门的工作计划。在项目推进过程中，研发中心将在必要时向相关部门通报项目进行情况。如在项目推进的过程中发生异常情况，研发中心将以书面形式通知各相关部门。项目的实施可采取自行研发、购买专利、技术合作等多种形式。

项目开发是在产品开发的基础上，把开发的产品化为实际地走上市场的成熟产品。这是一个复杂的过程，从产品开发、配方设计、实验室实验，到生产工艺的设计、设备的采购安装、产品调试、中试生产，确立产品原料标准、产品标准、生产工艺参数、生产操作程序、质量管理程序、化验室、检验项目及程序系统化。这是对食品技术人员的综合能力的考验。

随着项目的难度、规模的大小及对市场的效应方面等各种因素要求的不同，一个技术员综合能力的锻炼与体现也就大有区别。技术员的最高境界也就体现在各种项目开发上。技术员应具有但不限于以下的技能：

（1）对食品基础知识的掌握与理解。

（2）对国内外食品行业最新动态的关注。

（3）各种食品工艺技术状况的了解。

（4）熟悉各种食品原料及食品添加剂的性能及使用。

（5）了解食品营养与健康。

（6）能够进行配方的设计、改进配方、评估及成本核算。

（7）能够进行新产品开发的所有程序。

（8）了解机器设备原理及现行技术状况。

（9）具备质量管理相关知识与经验。

（10）能够进行食品检测。

（11）了解产品标准与国家许可方面有关的信息。

（12）能够进行技术参数的确定。

（13）了解实验室实验与生产线试产的经验与实施办法。

（14）了解化验室、厂房以及其他基础设施的要求与设计。

前面提到的所有基本技能不一而足，"韩信点兵，多多愈善"。

6.新产品构思及筛选

新产品开发是一种创新活动，产品创意是开发新产品的关键。在这一阶段，要根据社会调查掌握的市场需求情况，充分考虑用户的使用要求和竞争对手的动向，有针对性地提出开发新产品的设想和构思。产品创意对新产品能否开发成功有至关重要的意义和作用。寻求新产品创意主要有以下途径：

（1）顾客：顾客需求是寻求新产品创意、新产品构思的第一来源。例如，众多交通工具的发明即是为了人们解除徒步旅行的艰辛。

（2）先进的科研成果：新产品的构思不是凭空臆想，而是创造性思维和现实相结

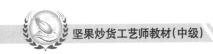

合的产物，先进的科研成果正是创造性思维和现实相结合的体现。先进的科研成果是新产品构思的来源之一。

（3）竞争对手：市场上现有竞争对手的产品也是新产品构思的来源之一。

（4）中介机构：企业可以从与营销中介（中间商、代理商等）的广泛接触中诱发新产品构思。

（5）企业相关人员：企业营销人员可以通过对企业所处的营销环境诸因素的分析，产生新产品构思；企业管理人员从企业发展的角度出发，产生新产品构思。

并非所有的产品构思都能发展成为新产品。有的产品构思可能很好，但与企业的发展目标不符合，也缺乏相应的资源条件；有的产品构思可能本身就不切实际，缺乏开发的可能性。因此，必须对产品构思进行筛选。

经过筛选后的构思仅仅是设计人员或管理者头脑中的概念，离产品还有相当远的距离，还需要形成能够为消费者接受的、具体的产品概念。产品概念的形成过程实际上就是构思创意与消费者需求相结合的过程。

7.产品设计

◎信息的摄取与收集

信息的摄取与收集是制定产品设计方案的第一步。信息的摄取与收集，既能合理利用前人的设计成果，少走弯路，又能针对前人设计的缺陷做改进设计，发展新的想法与构思，使设计的产品具有新颖性与独特性。

◎配方及工艺确定

按经验对配方工艺进行预计，并按计划进行试验，不一定像科研一样按统计学的方法进行按部就班的试验，这就是成熟有经验的研发人员之所以能比普通人又快又有效地达到目的配方的原因。

1）配方设计

（1）配方设计基本功

①熟悉原料的性能、用途及相关背景。每种原料都有其各自的特点，只有熟悉它，了解它，才能用好它。在不同的配方里，根据不同的性能指标的要求，选择不同的原料十分重要。

②熟悉食品添加剂的特点及使用方法。食品添加剂是食品生产中应用最广泛、最具有创造力的一个领域，它对食品工业的发展起着举足轻重的作用，被誉为食品工业的灵魂。了解食品添加剂的各种特性，包括复配性、安全性、稳定性（耐热性、耐光性、耐微生物性、抗降解性）、溶解性等。

③熟悉设备和工艺特点。熟悉设备和工艺特点，对配方设计有百利而无一害，只有如此，才能发挥配方的最佳效果，才是一项真正的成熟技术。比方说喷雾干燥和冷冻干燥、夹层锅熬煮和微电脑控制真空熬煮、三维混合和捏合混合等，不同设备导致不同的工艺和配方。

④积累工艺经验。不多叙述，重视工艺，重视加工工艺经验的积累。就好比一道好菜，配料固然重要，可厨师的炒菜火候同样重要。一样的配方，不一样的工艺，出来的产品质量相差天壤之别，这需要进行总结、提炼。

⑤熟悉实验方法和测试方法。配方研究中常用的实验方法有单因素优选法、多因素变换优选法、平均试验法以及正交试验法。一个合格的配方设计人员必须熟悉实验方法及测试方法，这样才能使他不至于在做完实验后，面对一堆实验数据而无所适从。

⑥熟练查阅各种文献资料。许多在校的学生和老师十分注重查阅各种文献，具体的生产企业就很少这样做。现在网络十分发达，一般都可以找到你需要的。查文献并不耽误你的宝贵时间，恰恰可以节约你的宝贵时间，因为你看到的都是一些间接经验。通过检索、收集资料，收集大量文献资料，接着对这些文献资料做一番去粗取精、去伪存真、由表及里的处理工作。主要包括：去除假材料，去掉重复、过时的资料，保留那些全面、完整、深刻和正确阐明所要研究问题的有关资料，以及含有新观点、新材料的资料，但对孤证材料要特别慎重。

⑦多做试验，学会总结。仅有理论知识，没有具体的实践经验，是做不出好的产品的。多做实验，不要怕失败，做好每次实验的记录。成功的或是失败的经验，都要有详细的记录，要养成这个好的习惯。学会总结每次实验的数据及经验，善于总结每次的实验数据，找出它们的规律来，可以指导实验，起到事半功倍的效果。

⑧进行资源整合。配方设计人员应把配方设计当成一个系统过程来考虑，设计不仅仅是设计本身，而是需要考虑与设计相关的任何可以促进发展的因素。因此，设计人员应具备整合各类资源的能力，同时应具有善于学习、交流、发现的素养。

（2）配方设计七步走

食品配方设计就是把主体原料和各种辅料配合在一起，组成多组分体系，其中每一个组分都起到一定的作用。优质的产品首先要有科学合理的配方，在食品生产加工过程中，食品配方设计占有重要的地位。

食品的配方设计是根据产品的工艺条件和性能要求，通过试验、优化和评价，合理地选用原辅材料，并确定各种原辅材料用量的配比关系。食品配方设计可以分为：主体骨架设计，调色、调香、调味设计，品质改良设计，防腐保鲜设计，功能营养设计。

①主体骨架设计主要是主体原料的选择和配置，形成食品最初的形态。主体骨架设计是食品配方设计的基础，对整个配方的设计起导向作用。主体原料是根据各种食品的类别和要求，赋予产品基础骨架的主要成分，体现食品性质的功用。

②调色设计是食品配方设计的重要组成部分之一。在调色设计中，食品的着色、发色、护色是获得良好食品色泽的基本途径。通过食品调色设计，将适当的色素添加于食品中，即可得到色泽令人满意的食品。

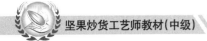

③香味是食品风味的重要组成部分，食品添加剂的迅速发展为人们提供更新、更美味的食品。在食品加工生产过程中，需要添加适量的香精、香料，以改善食品的香气和香味。食品的调香设计就是根据各种香精、香料的特点结合各种味觉嗅觉现象，取得香气和风味之间的平衡，以寻求各种香气、香味料之间的和谐美。

④食品的调味设计，就是在食品生产过程中，通过原料和调味品的科学配制，产生人们喜欢的滋味。向食品中加入一定的调味剂，可改善食品的感官特性，而且某些调味剂还具有一定的营养价值。通过科学配制，将产品独特的滋味表现出来，以满足人们的口味和爱好。

⑤品质改良是在主体骨架的基础上，为改变食品质构进行的品质改良设计。品质改良设计是通过食品添加剂的复配作用，赋予食品一定的形态和质构，满足食品加工的品质和工艺性能要求。

⑥食品配方设计经过主体骨架设计、色香味设计、品质改良设计之后，形成产品的色、香，味、形。但是，为保证一定期限的产品保质期，实现经济效益，还需进行防腐保鲜设计。

⑦功能设计是在食品基本功能基础上附加特定功能，成为功能性食品。食品按科技含量分类，第一代产品称为强化食品，第二代、第三代产品称为保健食品。根据不同人群的营养需要，向食品中添加一种或多种营养素或某些天然食物成分的食品添加剂，以提高食品营养价值的过程即为食品营养强化。

（3）配方管理

①编号管理方案

a. 编号管理方案说明：所有原料编号，配方上只显示编号；生产车间、库房只涉及编码；任何人员不知原料的具体名称。

b. 需要具备的条件：需原料供应商支持，单独为公司包装或者用空白包装；所有配方需要更换，换成编码式；库房管理人员、生产配料人员需加大劳动力。

c. 编号管理方案的优点：配方保密；只有采购、研发人员了解。

d. 编号管理方案的缺点：现场不好控制；增加人力成本。

②复合管理（可口可乐式）方案

a. 复合管理方案说明：通用材料由配料室来称量，部分特殊小料复合在一起以复合原料的形式进入生产车间，这样可以达到保密的效果。

b. 复合管理方案需要具备的条件：需设立单独的分料室；需设立单独的原料复合工作室；配方对一部分人依然没有保密。

c. 复合管理方案的优点：配方相对管理严格，只有原料复合工作室内人员了解。

d. 复合管理方案的缺点：如果采购的原料种类太多，原料复合会增加工作量；部分鲜品或者低温冷藏原料不支持；配方管理相对保密，但是不能杜绝泄密。

备注：

编号管理方案适用于大批量采购，这样做起来才会现实。这种方案会增加采购成本，也会增加库存占用率，物流采购费用可能会倍增。

复合管理方案适用于原料品种不是很多的情况。

2）工艺设计

工艺的确定比配方确定更有挑战性，需要更多的知识和资料信息，更要涉及食品科学以外的一些信息，如机械设备方面的知识、化工方面的知识、能量的换算、最新技术状况、现有的制造商的能力及分布状况、所需技术与成本的关联，及该付出是否为工艺所真正需要的等等。

工艺设计的好坏直接影响最后产品的品质，比如口感、稳定性、风味，也会影响到制造成本和产品成本。最典型的例子是坚果炒货熟制工艺，烘烤和油炸两种不同工艺做出来的产品在口味和稳定性方面的差异相当大，这就要研发人员设计不同的方案加以验证，以得到最佳的工艺条件。

◎包装设计与开发

1）包装设计与开发的基本原则

消费者从有购买意向到最后决定购买及购买后感受的整个过程，夹杂着一系列复杂的心理活动。在这过程中，消费者很易受外界偶然因素的刺激、诱导，引发购买冲动，同时也意味着有可能很快改变主意。购买者为什么买这样，而非那样？除了广告、价格等因素外，包装也是非常重要的影响因素，在终端购买的"临门一脚"中的作用尤显突出。成功的包装设计不但能迅速抓住消费者的眼球，而且能让人快捷清晰地感知到包装内的产品，包括内容、品质、档次、造型、品位等，产生立即购买的冲动。但包装设计与开发一般需要在以下原则下开展：

（1）食品包装是食品商品的组成部分。食品包装和食品包装盒保护食品，使食品在离开工厂到消费者手中的流通过程中，防止生物的、化学的、物理的外来因素的损害，也有保持食品本身稳定质量的功能。食品包装既方便食品的食用，又有表现食品外观、吸引消费的形象，具有物质成本以外的价值。

（2）一切以策略为导向。策略是包装设计的方向。包装设计之初首先要弄清楚产品的营销策略是什么！如果是新品牌，那么要考虑好品牌传递的销售主张以及品牌调性问题。如果是老品牌的新产品，则要思考好品牌的延续性。总之，要根据产品的创新、跟随、升级等策略，制定设计方向。具体问题具体分析，策略性思考，才能有个好的开局。

（3）一切以市场为核心。包装设计的首要目的不仅仅是包装，还是为了产品的市场定位、市场推广、与消费者沟通传达信息。市场其实就是个大学校，在这其中对手是我们第一任老师，企业是我们的监考官，消费者告诉我们标准答案。所以包装设计应该围绕市场展开，很多时候设计师提出的种种设计方案总是遭受到经销商或市场一线人员的否定，但他们又很难提出清晰的概念，这就要求设计师在创作前期要对市场进行科学系统的分析、研究、归纳，用市场化的设计来说服企业、经销商和消费者。

（4）一切以调研为依据。包装设计水平的好坏，除了取决于设计人员的自身素质外，更主要的是要按照科学的设计程序进行，前期要做好市场调研、市场分析、资料收集等工作，通常我们会用2/3的时间调研和思考，1/3的时间动手。我们要花大量时间对产品设计的功能、造型、形态进行分析，以及对目标消费者的需求，对产品的使用方法、使用时间、地点、环境进行研究，为包装设计提供有价值的依据，这样设计出来的包装才会有坚实的根基和持久的生命力。

2）包装设计与开发过程中的注意事项

漂亮新颖的包装，能使产品树立优质的形象，提高产品竞争力，促进产品销售。但往往由于追求漂亮与新颖的包装而忽视了一些需要注意的事项，造成包装设计的不成功，甚至造成很大的损失。包装设计开发过程中的注意事项有以下几点：

（1）包装标识需要符合国家包装标识的基本要求，如满足《国家预包装食品标签通则》等国家与行业标准。

（2）包装材质必须符合食品安全的基本要求。

（3）包装选材与包装工艺要根据产品特性来选择。它要具备保护食品和延长食品的保存期、方便流通、防止食品被污染、促使食品流通的合理性和计划性等。

（4）设计包装时美学是手段，不要自己表演。一个成熟的平面设计师既具备敏感的营销意识，又要有深厚的美学基础。艺术是工具，美学是基础，但不是目的。平面构成、色彩构成和立体构成的表现手法，设计元素之间的比例、平衡、对比、节奏和律动等都是为了传达营销信息，引导顾客购买。包装设计的美如果脱离了营销策略，则没有丝毫价值。

（5）产品属性，一秒钟搞定。根据调查，一个移动中的消费者目光停留在包装上的有效时间最多1秒，静止中的消费者也只有3秒，能否在有限的时间内把产品核心信息传达给消费者，是衡量一个包装成功与否的一个重要标准，因此包装设计上要传达的信息必须一目了然，是什么，干什么用，有哪些特点优势等一秒钟搞定。

（6）与众不同，建立区隔。研究竞争对手，一定要在包装上建立并强化区隔点！用一种人无我有、人有我异的策略来抢占市场，确立自己的品牌竞争优势。除了包装形态不一样之外，还可以用色调、字体、主视觉等不同的区隔方式。包装差异化作为一种有效的竞争手段，在终端拦截中发挥着重要的作用。视觉冲击力强的包装可以悦目，核心价值的传达则可赏心。

（7）只需讨好目标人群的喜欢。包装设计不要试图讨好所有的人，一定要思考核心消费群是哪一类人群，他们的价值观和审美情趣是什么。比如大部分女性都喜欢白色与红色、粉红色，被称为女性色，女性用品包装使用这些颜色就能引起女士们的喜爱。一定要根据所设定的消费者的喜好来设计包装，这样的包装设计才能让购买者对号入座。

（8）显摆终端的陈列效果。包装好不好，一放进终端就知道。包装在终端陈列的实际效果直接影响着销售成败。设计师一定要知道自己的作品是放在什么样的终端上的。比如包装在哪个品类区域陈列，与其他什么产品摆在一起，效果如何，在终端陈列时有可能采取几盒包装一起陈列，会不会显得杂乱无章？另外包装在终端并非是独立的，以包装为中心，再辅以相应的广告宣传和多样的促销手段，以达到产品形象的统一性，这些因素要通盘考虑。

（9）匹配档次的包装成本。包装是产品衣服，产品的价格与档次是有定位的，在设计之初要弄清楚企业对于产品所愿意承担的包装成本，这里涉及产品的价格定位、产品成本、运输费用等。在设计上不能一味地追高档求精美，要与定位相符，兼顾企业承受能力。否则，精美包装卖低价，低端消费者看着感觉买不起，高端消费者一看价格不相信，成了两头不讨好。设计，没有最好，只有适合。

（10）事半功倍的包装材料。材料是包装的物质载体，是体现设计思想的物质基础。设计师不能只懂设计，不管材料。缺少了材料任何完美的设计只能成为"皇帝的新衣"般的空想。而借助合适的材料，包装的创作风格才能被淋漓尽致地表现出来。通过不同材料的视觉反差，让消费者感受到产品的价值，这便是材料的艺术。

（11）锦上添花的印刷工艺。设计人员要熟悉各种印刷工艺的特点、表现效果，恰当运用UV、击凸、扪切、烫镀等各种工艺，才能将设计效果最大化，将包装与产品、与企业实际的结合最优化。特殊工艺应用得当，花同样的钱，会增强包装的品质感、美感，达到锦上添花的效果。

3）包装设计与开发流程

每个企业的包装设计与开发流程都有差异。主要的流程有以下几个步骤：

（1）收集信息，了解市场上同类包装的包装形式、规格与价位等等。

（2）市场部进行品牌策划包装。

（3）产品命名、标签设计（依据现行法律法规，这点很重要）。

（4）确定产品包装的规格、包装尺寸。

（5）包装材质的选取。

（6）设计包装图案。

（7）包装标识审核与包装材质的检查。

（8）包材的订购。

（9）到货后包装实验。

◎成本核算及标准确定

1）成本核算

成本核算须按一定的依据，如产量的高低直接导致人工成本的多少，产量越高，成本就越低；机器设备如用五年计，每年有250天以上生产，每天8小时计，那么五年后就可以把设备成本忽略计，就是说设备折旧以五年计。当然这些规定也不是绝对的。

成本核算是一种理论的计算方法，但却应尽可能地与实际相符，这对于投资规模与成本控制有很大的关系，像上面所举的例子，也是前人的一些经验总结，有一定的合理性。

一些微妙的成本计算设计，可能直接决定最高管理者对项目的认可，所以，如果成本核算不合理也可能会导致项目流产。

成本核算的合理与否，将会在实际投产一段时间后得到验证，预计与实际越接近，就越体现项目负责人的技术水平与能力。

2）原料标准、产品标准的确定

如果国家有现成标准的原料，自不成问题，但如果是特殊作用的原料，只是满足国家标准的话，就可能无法满足实际生产的需求，那么新的标准的制定就显得非常重要。

产品标准更是经常很难找到可以直接遵循的国家标准，就得制定适合产品特点的标准，特别是一些风味的问题，依据更是难于量化，很多时候就成为争执的根源。这不仅需要经验来维持，还得以合理的理论来支持，更是要以个人素质来体现。

8.小试阶段

按设定要求进行少量原料与小型设备采购。准备齐全后可以在各种条件下进行试验，不必一定很准确，但一定要多试，让能出现的问题出现在这个阶段，也做到心里有个基本方向与大概思路。

◎设备与原料供应商的寻找与确定

合格供应商的选择，首选自然是各种证件齐全、一定规模、具有竞争力的企业，当然成本与质量要求相适应是最直接的因素。

最初的供应商信息可能大部分直接来自网络，让朋友或供应商互相介绍，也是一个不错的选择。与供应商的电话沟通与面谈也许是一种技巧，但这种技巧方面的压力远比供应商于你来得小，但对供应商的尊重，却经常会让你事半功倍。

不管是原料还是设备，供应商的考察，特别是实地考察是非常重要的一环。

◎小试及确认

新产品经过反复小试试验和改进后，可将认为满意的产品在研发中心内部进行品尝。研发中心品尝通过后，进行公司内部品尝。

公司内部品尝前，应依据新产品不同的特点，设定相应的通过标准，超过评定标准时，则视为新产品小试通过。如内部品尝未能通过，则应对新产品继续进行试验和改进。

在新产品研制过程中，如遇到技术方面或其他方面不能逾越的困难时，可通过购买专利、技术合作等多种途径寻求解决办法。

小试通过的新产品必须通过研发总工程师的合格鉴定，方可进行中试申请。

9.厂房、车间、化验室及办公室的设计（新建企业）

工厂硬件方面的设计不一定要在行，但作为技术人员，对于国家对相关产品加工生产方面的要求必须相当熟悉，对于《食品安全国家标准　食品生产通用卫生规范》GB 14881的理解与掌握，对于人流物流的要求，对于一些当地政府的要求，对于产品加工工艺本身的要求以及成本方面的考虑，都应有条不紊地细细列项。而实验室的设计，却是技术人员本身能力的体现，具体要求并没有明文规定，但细节的考虑可以直接反映一个技术人员的综合素质。其中，天分与能力似乎占有很大的比例，而不仅仅是知识方面的积累。

办公室的设计，在这里是指生产办公室，与行政办公室区别开来。很多工厂是把车间班长、主管或厂长的办公室直接设在车间，应考虑到对人流物流的走向，以及是否与生产控制方面或国家标准要求方面有冲突的地方。

10.中试阶段

在前面小试与测评后，没达到初步要求的产品需要继续进行小试，直到达到初步要求。进行中试不仅可以检验前期思路与方向的正确性，而且更接近成品要求与正式生产的需求。

◎中试准备

（1）新产品小试通过后，即进行相关技术文件的编写工作。技术文件包括：原辅材料采购标准、原辅材料检验标准、生产加工工艺、成品检验标准。技术文件须经研发部长、研发总监核准。

（2）进行中试申请，在申请中应明确中试的时间、地点、目的、生产数量等内容，并附所需原辅材料及包装物明细。中试申请经研发负责人、生产负责人批准后，由综合计划部协调安排备料、生产等相关事宜，并安排中试的具体时间。研发人员在中试前一天到达中试现场，进行技术文件的下发和生产工艺、操作要点等相关内容的培训。参加培训人员应包括：生产部各级相关人员、品控部各级相关人员与研发部各级相关人员。

◎新产品中试

（1）新产品中试的全过程由生产部人员按工艺进行操作；品控人员对生产过程进行监控和记录；研发人员现场跟踪指导，及时了解和处理新产品在生产过程中出现的技术问题。

（2）中试产品计入生产产品中，研发部不需申领任何原辅材料和包装物。中试产品采用简易包装物进行包装，并在产品外包装箱上粘贴标签，注明产品名称和中试时间。中试产品由研发人员与生产部共同办理入库手续，并在交接记录上签字确认。

（3）中试进行后，各相关部门主要负责人应及时填写《中试成果确认/验证记录》。如中试进行顺利，则签字确认中试成功；如存在技术或工艺方面的问题，则须对存在问题进行阐述，说明原因，并签字确认。

（4）中试结束后，收回下发的全部技术文件。依据生产过程所反映的情况，对原辅材料采购标准、原辅材料检验标准、生产加工工艺、成品检验标准进行修订，由研发总工程师核准。核准后的技术文件交公司上层相关责任人和研发中心存档。

11.质量控制及检验项目的确定

检验项目包括实验室检测与在线检测，目的方面考虑几个因素，如经验的累积，质量控制方面的要求，或质量事故的追溯；有些可能只是因为国标或地方法规方面的要求。对于毫无用处的检测或记录应避免，以免造成人力物力的无端损耗。

12.试制差异形成的因素分析

◎造成差异性因素

（1）人为因素：在生产过程中，操作人员为经过或没有经过培训的生产线操作员工，加之使用的称量、加工设备精准程度稍差，且加工量较大等因素，加工出来的产品品质只能是在要求规范的合适范围内。在人员因素的影响下，试验（小试、中试）的效果与生产线批量生产的效果会有差异。因此在产品研发与试制时要考虑这部分人为差异，避免或减少差异。

（2）设备因素：包括设备参数与设备规模造成的差异。很多实验室使用的试验设备或中试生产线，多为模仿生产设备制造的，但是在设备的参数方面一定会有些差异。同时，无论是实验室小试还是已经成型的中试生产线，其设备规模都不可能与正式生产用的设备加工规模相比拟。

（3）原辅料因素：在生产实践中，加工量大，尤其是农产品加工时，受原料来源的影响，品质差异会很大；并且受加工量和工作环境的影响，实验室或小、中试的操作和生产性操作的投料精准程度会有较大差异。

（4）工艺因素：加工量大小不同会受工艺路线与工艺参数的不同而造成差异。

◎减少差异的对策

建立规范的管理体系，完善技术规范与设备规范，这样能减少差异。

◎设备选型与生产参数的确定也能减少差异

设备与生产线的设计主要取决于产品的工艺，对于坚果炒货产品来说，目前最主要的工艺有烘炒类、油炸类、其他类三种。不同的工艺有不同的设备，选择合适的设备对于产品质量的提升与稳定至关重要。

设备安装过程特别是安装后期就应考虑实际生产时的生产参数，最好定出初步试产的工艺技术方案及初步参数，或是几套方案以备应急之用，往往预计与实际会有一定的差距。这一过程一般在中试时得到最终的确定。

生产参数的确定，很多时候是与质量控制紧密结合的，有时候很难区分清楚究竟是质量方面的需要还是工艺本身的需要。或者说，只考虑产品技术方面的要求而忽略质量方面的要求，那是失败的控制，参数的确定有时是因为风味形成与保持的原因，有时可能仅仅因为卫生的要求，有时可能可以同时满足两者要求。作为食品，如果卫生安全与风味相冲突时，往往得牺牲风味方面的要求，这是技术员的从业道德要求。

除了风味与卫生方面要求外，还得考虑其他方面的因素，如成本控制、操作的简单合理、人员安全或舒适度等等

13.食品保质期测试

食品劣变包括感官质量、营养价值、食品安全、色泽、质构、风味等方面发生的改变。食品劣变是与时间相关的不可逆过程，随着时间的变化，食品的品质逐渐地接近不可接受的劣变终点。食品保质期的确定非常重要：一方面是为了保证食品安全；另一方面表达了食品生产企业在食品的色香味等质量特性上对消费者的承诺。

◎保质期测试与确定的基本程序

基本程序：确定方案 ——→ 设计试验方法——→ 方案实施 ——→ 结果分析 ——→ 确定保质期——→ 保质期的验证

确定方案的步骤包括：明确保质期确定目的；论证现有的依据和资料等研究基础；多角度设计方案；方案优选和明确保质期确定的具体方法。

设计试验方法应在充分分析食品微生物特性，对温度、湿度、光照、氧的敏感性，酶反应特性和非酶反应特性等理化特征的基础上，确定实验室检测项目和感官评价要素等试验内容。

方案实施应按计划执行，必须进行调整时应确保试验效果，并详细记录调整内容。

试验法的结果分析应建立在试验数据的基础上；文献法的结果分析应根据所收集到的相同或相似食品的资料进行，并采用文献中提供的试验方案；参照法的结果分析应建立在充分论证某食品与其参照物相识度的基础上。

根据分析结果，结合食品在生产包装、流通过程中可能遇到的情况及相关风险因素，对食品安全和食品质量进行综合评价后，确定食品在实际贮存条件下的保质期。

保质期验证不仅要通过长期稳定性试验验证，也要在上市后持续跟踪，经受市场上不可确定因素的验证。

◎保质期测试的方法

保质期测试可以通过试验法、文献法、参照法确定。

其中试验法测试可以根据基于温度条件的保质期稳定性试验方案与基于湿度、光照条件的稳定性试验方案。

基于温度条件的保质期稳定性试验方案可以选择加速破坏性试验与长期稳定性试验。

在确定食品保质期时，技术员可以选择根据实际情况选择以上方式中的一种，也可以几种方式结合使用。

14.试产与正常生产

开始的试机只是针对设备安装好以后进行局部或完全不考虑实际生产的小试验，没有规模性。中试却是小规模的试产，是模拟实际生产状况而进行的较具规模的试验，

其产品也许与实际生产非常接近，运气好的话，所试产品也许可以成为合格的产品。而试产已经是中试成功、设备正常运作以后的事情，生产的产品应该是基本符合标准要求。

不管哪个阶段，生产线上所要求的各部门的人员都应该已经就位，如生产操作人员、质量管理人员、化验人员、机修、电工，等等。

15. 人员培训

中试以后到正式生产至生产稳定过程往往也是生产相关人员的培训过程。

一些只是知识方面的内容的培训倒没有特别的难处，但如果是经验或能力的培训，却可能会颇费点劲，有时可能对耐心是一个考验，同样，爱心与理解往往起着决定性的作用。

16. 成本再核算

这是对实际生产操作时所消耗成本的估算，实际上很大程度上也只是一种理论推算，但比项目确定之初的估算却有不同的意义，毕竟这是实际生产后的行为，应与实际成本损耗基本接近，才是成功的成本核算。细心取得实际数据至关重要。

17. 新品上市

◎ *产品上市前的相关工作*

（1）产品通过中试后，研发人员将产品标签文字、包装尺寸提供给市场部，市场部根据情况开始进行产品包装设计。

（2）研发中心提供产品配方给财务部，由财务部对产品进行定价。如销售部不能认同试销产品的定价，可由财务部、研发中心、采购部协调解决。

（3）市场部根据情况，安排对新产品进行品尝、调研。

（4）研发中心发放相关的技术文件。

◎ *产品上市*

生产部和质保部按照研发部下发的技术文件组织生产。正式生产不仅需要大量资金，企业还应注意上市的时间、上市的地点和市场营销策略。

◎ *产品上市后*

产品上市后，研发部可根据市场部的市场调研结论和销售部门的反馈意见，不断完善新产品加工工艺和风味特色

18. 后续的监控与持续改进，进入下一循环

对于一个项目负责人及食品技术员来讲，这是技巧与技能方面的综合考验。项目的完成意味着项目完全交付使用，很多时候并不是其本人继续监督与运作，可能完全交给已得到培训的其他人员，包括质量技术控制方面的人员。

如果能把持续改进的运作方法交给被培训的人员队伍，那么，这个项目的成功意义远不止该项目本身的成功，只有精神得以传递才是真正意义上的成功。这是比较理想化的状态。

19.新产品开发评审

新产品开发评审，有定性分析和定量分析两大类。定性分析方法较多地应用于产品构思的筛选阶段，它从产品的功能、开发的可能性、市场销售前景、产品的经济效益等方面，对各种产品构思做出判断。通常列出构思方案的优缺点，或对每一个方面做出好、较好、中等或差的等级评价，通过比较，决定对构思方案的取舍。定量的评价方法多种多样，其中综合评分法和经济评价法为两类常用的基本方法。

◎综合评分法

（1）直接评分法：对产品方案从各个方面进行综合评价，每一个方面可列为一个评价项目。哪个方案得分最多，应选为最优方案。

（2）加权平均法：由于产品各个评价项目的重要程度有所不同，为了加入这种差别，对各个评价项目规定一个权重系数，每项评分必须乘以权重系数，然后再相加，得出总分。这种方法称为加权评分法。

◎经济评分法

（1）投资回收期法：是计算确定企业为开发该新产品所做的投资几年内可以回收的方法，也是考察新产品设想对投资的偿付能力的方法。

（2）平均收益率法：也叫投资回收率、资金利润率等。平均收益率是用税后年度平均利润与总投资之比来计算的，计算公式如下：

平均收益率=税后年度平均利润/总投资×100%

（3）资金现值法：现值是指若干年后可得到货币的现在价值。现值的大小受回收货币的时间长短和贴现率的高低的影响，时间越长，贴现率越高，将来值越大，而现值越小；反之，将来值越小，而现值就越大。

（4）盈亏平衡销售量法：是评价新产品开发建议最简单的一种分析方法，其计算公式如下：

$$Q=（P-V）/F$$

式中：

Q——盈亏平衡销售量

F——新产品年平均固定成本

P——单位产品售价

V——单位产品变动成本

盈亏平衡销售量 Q 是为弥补新产品的固定成本和变动成本而必须销售的最低数量。

采用盈亏平衡销售量法就是把计算得到的盈亏平衡销售量与预测销售量进行比较，预测销售量大于盈亏平衡销售量的距离越大，说明盈利越多，该新产品开发的价值越大。如果预测销售量低于盈亏平衡销售量，意味着连本钱都收不回来，开发就失去价值。

综上，以上的四种分析方法繁简不一且各有利弊，各企业可视具体条件选取一种或数种进行分析，但要完成上述任何一种定量分析，都必须首先做好销售量预测和成本预测两项工作，并在此基础上编好新产品资金流动预算表。

三、新产品项目报告的撰写原则

1.主题明确，结构合理

在新产品项目报告撰写前应该对收集到的信息进行相应的分析整理，然后根据项目主题要求，合理地安排报告的结构，使看报告的人能够一目了然，快速找到需要的信息。

2.内容充实、重点突出

在撰写新产品项目报告时要从全局出发，不仅要对宏观现象进行分析阐述，还要对微观细节现象进行阐述说明。尽管如此，也不能通篇大论，应该主次分明，突出重点。

3.论据充分、论证严谨

项目论证的资料翔实、方法科学、分析规范、可信度高，最好具有数字支撑；技术工艺部分成熟，后续开发有保障；销售、价格和成本控制合理；营销策略可操作性强，有特色和创意；风险分析准确详尽等。

4.文字通畅、表述准确

文字流畅、表述准确这条是所有书面材料写作的最基本要求。新产品项目报告用词应该通俗易懂、逻辑严谨、词能达意，谨防病句或者歧句，表达流畅，切不可让读者去猜测。

四、新产品项目可行性报告的主要内容

项目可行性报告及项目可行性研究报告，是一种格式相对固定的用于项目立项的商务文书，主要用来阐述项目在各个层面上的可行性与必要性，对于审核通过，获取资金支持，厘清项目方向、规划抗风险策略都有着相当重要的作用。它在制定生产、基建、科研计划的前期，通过全面的调查研究，分析论证某个建设或者改造工程、某项商务活动切实可行而提出的一种书面材料。项目可行性报告是通过对项目的主要内容和配套条件，如市场需求、资源供应、建设规模、工艺路线、设备选型、环境影响、资金筹措、盈利能力等，从技术、经济、工程方面进行调查研究和比较分析，并对项目建成以后可能获得的财务、经济效益及社会影响进行预测，从而提出该项目是否值得投资和如何进行建设的咨询意见，是为项目决策提供依据的一种综合性分析方法。可行性研究报告具有预见性、公正性、可靠性、科学性的特点。报告写作首先应该站在客观公正的立场进行调查研究，做好基础资料的收集工作；对于收集的基础资料，要按照客观实际情况进行论证评价，如实地反映客观经济规律，从客观数据出发，通

过科学分析得出项目是否可行的结论。

可行性研究报告的内容深度必须达到国家规定的标准，基本内容要完整，应尽可能地占有原始资料，避免粗制滥造，搞形式主义。以下是结合坚果炒货行业实际情况列出的一份项目可行性报告的模板，供参考。

模板

×××项目可行性报告

第一章　某坚果炒货食品新产品项目总论

1.项目名称

2.项目背景

3.项目投资概况

（1）项目建设概况

（2）设备需求概况

（3）项目投资资金及效益情况

4.项目发展状况

（1）试制情况

（2）项目预期

5.可行性研究报告的编制依据

第二章　某坚果炒货食品新产品项目投资环境分析

1.宏观环境分析

2.微观环境分析

（1）竞争分析

（2）目标客户群分析

（3）产品细分市场分析

3.产品项目市场竞争分析

（1）SWOT分析

（2）行业竞争发展趋势

第三章　某坚果炒货食品新产品项目产品市场分析

1.行业发展情况

包括：经济运行情况、发展特点分析、盈利能力分析、偿债能力分析、生产技术情况、进出口情况等。

2.产品原材料供给情况分析

包括：供给情况、价格、供应量走势、原材料市场对本行业影响分析。

3.项目产品市场分析

（1）产品市场供需情况

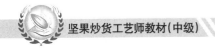

①项目产品市场供给情况

②项目产品市场需求情况

③项目产品市场预测

包括：项目产品产量预测、项目产品市场需求预测、项目产品市场供需缺口分析。

（2）产品技术发展趋势

（3）项目建设的必要性

（4）项目产品市场优势比较

4.产品项目投产后生产能力预测

5.该项目企业在同行中的竞争优势分析

6.项目企业综合优势分析

7.项目产品市场推广策略

第四章　某坚果炒货食品新产品项目产品方案和建设规模

1.产品方案

（1）产品名称

（2）产品技术突破及规格

（3）产品生产销售模式

2.建设规模

3.项目规划及布局

第五章　某坚果炒货食品新产品项目产品生产技术方案

1.项目技术来源

2.项目技术发展规划

3.项目研发目标

4.产品生产方案

（1）产品生产组织形式

（2）产品生产工艺流程

（3）项目主要工艺设备选择

（4）动力和能耗指标

第六章　某坚果炒货食品新产品项目企业组织机构及劳动定员

1.管理机构组织机构

2.劳动定员和人员培训

第七章　某坚果炒货食品新产品项目实施进度

1.项目实施进度安排

2.项目实施进度表

3.项目实施中的控制措施

包括进度、质量、资金三方面的控制措施。

第八章　某坚果炒货食品新产品项目投资估算与资金筹措

1.投资估算依据

2.项目总投资估算

3.资金筹措

（1）资金来源

（2）项目筹资方案

4.投资使用计划

第九章　某坚果炒货食品新产品项目财务效益、经济和社会效益评价

1.项目财务效益评价

（1）项目未来收入预算

（2）生产成本、费用估算

（3）项目财务效益估算

2.项目经济效益预测

（1）经济效益的计算依据

（2）预期经济效益估算

3.不确定因素分析

4.社会效益和社会影响分析

第十章　某坚果炒货食品新产品项目风险因素识别及企业对策

1.风险因素识别

（1）政策法规风险

（2）市场风险

（3）技术风险

（4）风险防范对策

第十一章　某坚果炒货食品新产品项目可行性研究结论

附件1

×××产品中试申请报告

一、中试目的

1.产品开发目的：如降低成本、品类扩充、品质提升、规范产品、新技术应用等

2.中试新产品与现有老产品及标杆产品的对比效果

3.验证小试技术，完善工艺流程

4.其他需要说明的

二、技术可靠性分析

1.小试技术目标完成情况，技术可行性、成熟性、先进性

2.中试可能出现的问题及待考察技术

3.其他需要说明的

三、中试条件

1.是否具备场地、原物料、设备？

2.中试批量工艺设计和理由

3.中试时间

4.其他需要说明的

四、项目参与人员

1.项目负责人：

2.参加人员及分工：

五、审核意见

研发部：	质保部：
生产部：	采购部：
直属相关管理负责人：	

备注：各个公司有不同组织职能机构，因此审核部门会有不同，本章所列取的只是作为参考。

附件2：

中试方案

一、中试产品配方

配料名称	用量	规格	厂家
配料1			
配料2			
……			

二、工艺操作流程

1.工艺流程图

2.操作要点说明

（1）

（2）

（3）

三、注意事项

（1）

（2）

（3）

附件3

中试结果确认报告

一、原辅料确认

配料名称	原辅料质量状况	规格是否符合	生产日期
配料1			
配料2			
……			

二、工艺确认

1.工艺（时间、温度、浓度、湿度等）符合性确认

2.制成过程控制记录

3.其他需要说明的

三、中试产品检验报告

1.按照产品验收标准或者执行标准对产品的感官、理化、微生物或卫生指标进行检验，并将相应的检测报告以附件形式附在本报告里面

2.其他需要说明的

四、产品品评报告

1.按照科学的品评方法组织品评小组人员对产品进行品评，并且形成报告，并将相应的品评报告以附件形式附在本报告里面

2.其他需要说明的

五、中试结论

1.中试成功

2.中试失败并说明原因及改进方法

六、审核意见

研发部：	质保部：
生产部：	采购部：
直属相关管理负责人：	

第二章 坚果炒货食品原料的品种特性和品质

第一节 原料是坚果炒货食品品质的基础

据文字记载，西汉时期，张骞出使区域将胡桃、蚕豆等引入汉朝；五代时，胡峤从契丹引入西瓜，为炒货增添了新的产品，可加工的坚果与籽类原料真是比比皆是，而且大小不一、色彩斑斓、品种繁多。

由于坚果炒货产品以尽可能保持其原生态为主要特征，因此对原料的要求非常高，好的原料才能生产出好的产品，因此要求新鲜的原料非常重要，同时对原料的储存环境（仓库与保管）提出了更高的要求。

第二节 坚果炒货食品原料的基本特性

（1）坚果与籽类所含营养素十分丰富。

（2）原料保存的要求严格；易氧化、虫蛀、鼠害、霉变。

（3）油脂含量较大。①油脂高，口感丰富；②油脂高，有抗氧化的要求；③油脂高，有产品包装、存放、货架期等要求。

（4）为了尽量保存其营养，对配方、加工工艺、产品包装、贮藏、运输、保质期等都有要求。

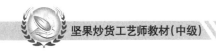

第三节　坚果炒货食品原料在加工过程中的内在变化

　　坚果炒货的原料基本上是植物的种子，在未加工之前，植物种子具有萌发、生长的活性生命特征，植物种子内部微结构完整，由众多具有活性的细胞组成，是一个完整的有生命的有机体。

　　正常的植物细胞由细胞壁和原生质体组成，细胞壁主要由果胶质、纤维素和半纤维素及木质素等构成，性质较坚硬，支撑和保护植物细胞。

　　细胞膜、细胞质和细胞核三部分则组成了原生质体，细胞膜是位于原生质体外围、紧贴细胞壁的膜结构，主要物质是蛋白质和脂类，使细胞维持稳定代谢的胞内环境，并调节和选择物质进出细胞；细胞核是植物细胞遗传与代谢的控制中心；细胞质是细胞质膜以内、细胞核以外的原生质，含有胞基质和多种细胞器，分解并合成各类物质供应新陈代谢消耗，是植物细胞发挥光合作用、维持生物活性的主要部位（图2-2-1）。

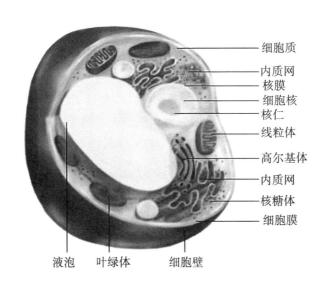

细胞质
内质网
核膜
细胞核
核仁
线粒体
高尔基体
内质网
核糖体
细胞膜

液泡　　叶绿体　　细胞壁

图 2-2-1　细胞结构

　　在含油的植物种子中，细胞内储藏了大量的油和脂肪。由于这些原料的细胞仍然具有活性，可进行自主的呼吸作用，相邻细胞联系紧密，物质移动有序并受限，有效地阻碍了外界氧气的渗透，因而可以储存较长的时间——只要植物种子具有生物活性，就能抵御油脂氧化酸败（图2-2-2，图2-2-3）。

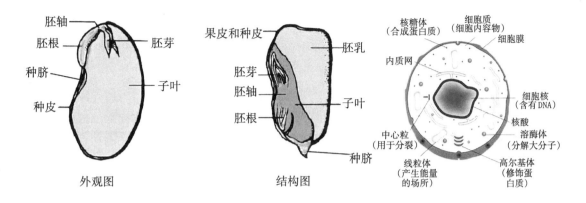

图 2-2-2　剥开的种子　　　　图 2-2-3　细胞内部

　　坚果炒货原料在熟制过程中，由于高温或某些辅料的作用，蛋白质发生变性，细胞失活，细胞膜的结构被损坏，膜的伸缩性能下降，选择性运输功能消失，膜体结构不稳定，在外力作用下易破碎，细胞微结构被破坏，对外界氧气渗透的阻碍作用消失；细胞质内各细胞器失去活性，新陈代谢停止，自主呼吸作用丧失，各种活性功能消失，细胞内物质产生融合，细胞质内储存的大量油脂和脂肪融化并流动。

　　现有坚果炒货产品的加工方式主要有水煮、烘制、炒制、油炸等。

　　在水煮工艺过程中，植物种子基本没有水分逸出的过程，虽然水浴加热使蛋白质变性、细胞失活，但细胞的结构变化不大，也就是它的微结构和多孔性变化不大。

　　在烘制与炒制过程中，由于加温，细胞间的游离水首先被蒸发出去，使得各细胞间的联系变得松散，产生空隙，整个颗粒的多孔性提高，颗粒内的孔容以及内表面积增加，大量空气随之进入其中。

　　随着干燥时间的增加，细胞内的结合水也会游离出来。在水分逸出的过程中，细胞的微结构发生改变，细胞内部呈多孔状变化，细胞膜和细胞壁遭到破坏，已经融化的油脂和脂肪会流动到细胞外，并汇集在一起，使油脂与空气的接触面成几何级数的扩大，促进了油脂的氧化酸败。

　　在熟制干燥过程中，温度越高、温度的提升速率越大，水分逸出愈快，蛋白质变性越快，细胞的微结构则被破坏得越严重；水分逸出的速度越快，则颗粒的多孔性变化越快，颗粒内的孔容以及内表面积增加得越多，油脂的流动性越强，油脂与氧气的接触面积越大，油脂的氧化酸败速度越快。

　　因而采用高温、快炒、瞬间（短时）的加工工艺，将对植物种子的微结构破坏更大。当然也正因为大量油脂析出，使产品的口感和风味更加诱人。

　　对油炸过程来讲，由于温度较高一般在180℃甚至更高，细胞中水分逸出非常快，对植物种子的微结构破坏更大，多孔结构迅速增多增大。

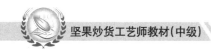

在加工的过程中使用各种辅料，特别是一些食品添加剂，也会使植物细胞的微结构发生破坏或改变。

由于坚果炒货产品的多样性，各种原料及其品种具有的细胞结构和所含成分差异很大，每批原料的水分也不尽相同。在加工的过程中，运用不同的加工工艺，使用各种辅料、特别是一些食品添加剂，都有可能在加工过程中对产品的微结构和多孔性产生影响。因此对不同的坚果炒货，在各个加工环节中，需要认真关注细胞结构微观世界的变化。保持细胞的完整性，减少种子细胞在加工过程中的损伤；或诱导和促使细胞结构向预定的方向变化，是提高坚果炒货产品品质的积极有效的方法。

因而在制定加工工艺时应特别关注：

（1）原料结构的变化；

（2）根据产品的要求，尽量缩小或扩大细胞结构的改变；

（3）注重辅料，特别是食品添加剂用量和使用方法。

第三章 坚果炒货食品添加剂的应用

第一节 概 述

随着食品工业的快速发展，食品添加剂不仅是现代食品工业的重要组成部分，还是食品工业技术进步和科学创新的重要推动力。

为了规范我国食品添加剂的使用，国家卫计委于2014年12月24日发布了《食品安全国家标准 食品添加剂使用标准》GB 2760—2014版，这是在《食品安全国家标准 食品添加剂使用标准》GB 2760—2011版的基础上修订而成。

《食品安全国家标准 食品添加剂使用标准》规定了食品添加剂的使用原则、允许使用的食品添加剂品种、使用范围及最大使用量或残留量。

一、术语和定义

（1）食品添加剂：食品添加剂是指为改善食品品质和色、香、味，以及为防腐、保鲜和加工工艺的需要而加入食品中的人工合成或者天然物质。食品用香料、胶基糖果中基础剂物质、食品工业用加工助剂也包括在内。

（2）最大使用量：食品添加剂使用时所允许的最大添加量。

（3）最大残留量：食品添加剂或其分解产物在最终食品中的允许残留水平。

二、食品添加剂的使用原则

1.食品添加剂使用时应符合的基本要求

（1）不应对人体产生任何健康危害，即加入的物质不对人有健康危害。

（2）不应掩盖食品腐败变质，即已经坏了的食品，不能添加任何物质使人看不出变质；也就是说添加剂只能用来防止变质（先加），不能用来掩盖变质（后加）。

（3）不应掩盖食品本身或加工过程中的质量缺陷，或以掺杂、掺假、伪造为目的而使用食品添加剂。

（4）不应降低食品本身的营养价值。

（5）在达到预期的效果下尽可能降低在食品中的用量。

（6）在《食品安全国家标准　食品添加剂使用标准》GB 2760表A1中同一功能的食品添加剂（相同色泽着色剂，抗氧化剂等）在混合使用时，各自用量占其最大使用量的比例之和不应超过1。

2.可使用食品添加剂的情况

（1）可保持或提高食品本身的营养价值时。

（2）作为某些特殊膳食用食品的必要配料或成分（如营养强化剂）时。

（3）可提高食品的质量和稳定性，改进其感官特性时。

（4）可便于食品的生产、加工、包装、运输或者贮藏时。

3.食品添加剂质量标准

食品添加剂应当符合相应的质量规格要求。

4.食品添加剂的带入原则

在下列情况下食品添加剂可以通过食品配料（含食品添加剂）带入食品中：

（1）根据《食品安全国家标准　食品添加剂使用标准》，食品配料中允许使用该食品添加剂；比如油炸食品所使用的油，有很多是添加有抗氧化剂的，那它使用的抗氧化剂必须是标准中允许使用的。

（2）食品配料中该添加剂的用量不应超过允许的最大使用量。

（3）应在正常生产工艺条件下使用这些配料，并且食品中该添加剂的含量不应超过由配料带入的水平。

（4）由配料带入食品中的该添加剂的含量应明显低于直接将其添加到该食品中通常所需要的水平。

（5）当某食品配料作为特定终产品的原料时，批准用于上述特定终产品的添加剂允许添加到这些食品配料中，同时该添加剂在终产品中的量应符合《食品安全国家标准　食品添加剂使用标准》GB 2760的要求。在所述特定食品配料的标签上应明确标示该食品配料用于上述特定食品的生产。

第二节　甜味剂

甜味剂指赋予食品以甜味的食物添加剂。世界上可使用的甜味剂有很多，比如糖精钠、甜蜜素、安赛蜜等，但是白糖不属于食品添加剂，属于食品原料。

甜味剂有几种不同的分类方法：按其来源可分为天然甜味剂和人工合成甜味剂；按其营养价值分为营养性甜味剂和非营养性甜味剂；按其化学结构和性质分为糖类和非糖类甜味剂。糖类甜味剂多由人工合成，其甜度与蔗糖差不多；因其热值较低，或因其与葡萄糖有不同的代谢过程，尚可有某些特殊的用途。非糖类甜味剂甜度很高，用量少，热值很小，多不参与代谢过程；常被称为非营养性或低热值甜味剂，或高甜度甜味剂，是甜味剂的重要品种。

天然非营养型甜味剂日益受到重视，是甜味剂的发展趋势，现在糖尿病患者越来越多，人们普遍要求低热量食物。在蔗糖替代品中，美国主要使用阿斯巴甜，日本以甜菊糖为主，欧洲人对AK糖（安赛蜜）比较感兴趣。这三种非营养型甜味剂在我国均可使用。

在坚果炒货中可使用的甜味剂：

糖精钠（19.001）、甜蜜素（19.002）、安赛蜜（19.011）、三氯蔗糖（19.016）这四种甜味剂是可以在坚果炒货中限量使用的，纽甜（19.019）在坚果炒货中是可以按生产需要适量使用。

阿斯巴甜（19.004）、麦芽糖醇和麦芽糖醇液（19.005）、山梨糖醇和山梨糖醇液（19.006）、甜菊糖苷（19.008）、乳糖醇（19.014）、赤鲜糖醇（19.018）、罗汉果甜苷（19.115）这些在坚果炒货中也可以用，但不适合，有的是性能不稳定，有的是性价比不适合。

一、糖精钠：CNS号19.001

糖精钠是最古老的甜味剂。糖精于1878年被美国科学家发现，很快就被食品工业界和消费者接受。糖精的甜度为蔗糖的300倍到500倍，它不被人体代谢吸收，在各种食品生产过程中都很稳定。缺点是风味差，有后苦，这使其应用受到一定限制。

表2-3-1　糖精钠在坚果炒货食品中的最大使用量

食品分类号	食品名称	最大使用量(g/kg)	备注
04.05.02.01.01	带壳熟制坚果与籽类	1.2	以糖精计
04.05.02.01.02	脱壳熟制坚果与籽类	1.0	以糖精计

二、甜蜜素（环己基氨基磺酸钠）：CNS号19.002

甜蜜素，其化学名称为环己基氨基磺酸钠，是食品生产中常用的添加剂。甜蜜素是一种常用甜味剂，其甜度是蔗糖的40倍左右。甜蜜素是一种白色针状、片状结晶或结晶状粉末，无臭，味甜。甜蜜素为无营养甜味剂。

表2-3-2　甜蜜素在坚果炒货食品中的最大使用量

食品分类号	食品名称	最大使用量(g/kg)	备注
04.05.02.01.01	带壳熟制坚果与籽类	6.0	以环己基氨基磺酸酸计
04.05.02.01.02	脱壳熟制坚果与籽类	1.2	以环己基氨基磺酸酸计

三、安赛蜜（乙酰磺胺酸钾）：CNS号19.011

安赛蜜具有强烈甜味，甜度约为蔗糖的200倍，呈味性质与糖精相似；高浓度时有苦味；不吸湿，室温下稳定，与糖醇、蔗糖等有很好的混合性；没有营养，口感好，无热量，具有在人体内不代谢、不吸收（是中老年人、肥胖病人、糖尿病患者理想的甜味剂），对热和酸稳定性好等特点，是当前世界上第四代合成甜味剂。作为非营养型甜味剂，可广泛用于各种食品。

表2-3-3　安赛蜜在坚果炒货食品中的最大使用量

食品分类号	食品名称	最大使用量(g/kg)	备注
04.05.02.01	熟制坚果与籽类	3.0	

四、三氯蔗糖：CNS号19.016

三氯蔗糖，又名蔗糖素，目前唯一以蔗糖为原料生产的功能性甜味剂，其甜度是蔗糖的600倍，且甜度纯正，甜味特性十分类似蔗糖，没有任何后苦味；无热量，不龋齿，稳定性好，尤其在水溶液中特别稳定。经过长时间的毒理试验证明其安全性极高，是目前最优秀的功能性甜味之一，现已有美国、加拿大、澳大利亚、俄罗斯、中国等30多个国家批准使用。三氯蔗糖已广泛应用于饮料、食品、医药、化妆品等行业，由于三氯蔗糖是一种新型非营养性甜味剂，是肥胖症、心血管病和糖尿病患者理想的食品添加剂，因此，它在保健食品和医药中的应用不断扩大。

1.三氯蔗糖的八大产品优势

（1）甜度高。三氯蔗糖的甜度是蔗糖的600~650倍，是阿斯巴甜甜度的3倍。

（2）口感优越。三氯蔗糖甜味纯正，甜感的呈现速度、最大甜味的感受速度、甜味持续时间及后味等三个方面都与蔗糖相似；无异味、苦味，对酸味和咸味有淡化效果，对涩味、苦味、酒味等味道有掩盖效果，对辛辣、奶香等有增效作用。

（3）稳定性高。三氯蔗糖堪称目前所有强力甜味剂中性质最稳定的；耐酸碱、耐高温，适用于食品加工中高温灭菌、烘焙、挤压等各种工艺。研究报告显示，用三氯蔗糖增甜的产品可在整个储存期内保持甜度不变。

（4）安全性高。ADI值15 mg/kg。生产严格遵循国际安全生产线，各项指标均符合FCCV标准。

（5）水溶性高。采用膜过滤分离技术，产品易溶于水，低温下溶解效果也非常好。20℃水中溶解度28.2 g/100 ml，随着温度的升高，其溶解度也增大，60℃可达65 g/100 ml。

（6）健康的甜味剂。三氯蔗糖的热值及能量值几乎为零，在人体内不参与新陈代谢，不被吸收，不会引起血糖波动，适于糖尿病人、肥胖病患者、心血管类疾病患者。

（7）普及性高。三氯蔗糖已被批准应用于400余种食品中，广泛应用于饮料、口香糖、乳制品、糖果、蜜饯、冰淇淋、果酱、调味品、烘焙食品、固体饮料等各种加工食品；同时可用于医药及保健品。

（8）经济指数高。三氯蔗糖有着蔗糖的口感，但单位甜度的成本比蔗糖便宜，而且在仓储、运输等方面能为企业节省不少成本。

三氯蔗糖是继阿斯巴甜之后开发的新一代甜味剂，是迄今为止人类开发出来的最完美、最具竞争力的新一代甜味剂。

2.三氯蔗糖的特性

（1）甜度高，甜味纯正。三氯蔗糖的甜度是蔗糖的600倍，甜味与蔗糖极其相似。

（2）性质稳定。三氯蔗糖具有很好的溶解性和稳定性，耐高温，其结晶产品在20℃的干燥条件下可贮藏4年。

（3）在水溶液和饮料中（pH值为3~5），常温可以贮藏1年以上而不发生任何变化。三氯蔗糖没有化学活泼基团，不会与其他食品组分发生反应，可在任何食品配料和加工过程中使用。

（4）绝对安全性，没有任何安全毒理方面的疑问，ADI值为15 mg/kg。目前全世界已有80多个国家地区批准使用。

表2-3-4　三氯蔗糖在坚果炒货食品中的最大使用量

食品分类号	食品名称	最大使用量(g/kg)	备注
04.05.02	加工坚果与籽类	1.0	

五、纽甜：CNS号19.019

纽甜的甜味与阿斯巴甜相近，无苦味及其他后味，纽甜的甜度为蔗糖的8 000~10 000倍，即在5%的甜度时为蔗糖的8 000倍，在2%的甜度时可达蔗糖的10 000倍。纽甜的使用范围为各类食品，使用量为按生产需要适量使用，一般饮料类8~17 mg/L，食品类10~35 mg/kg。

纽甜对人体健康无不良影响，起有益的调节或促进作用；甜味纯正，清新自然，与阿斯巴甜相似，但安全性较高；所含的营养物质很容易被人体吸收；对酸、对高温稳定。

纽甜使用前需要预混，与甜蜜素、糖精钠晶体精细颗粒或精细的白砂糖（300~400 μm）预混成1%~2%预混料，再与其他干料一起混合。纽甜粉末可均匀地吸附在甜蜜素或糖精钠颗粒表面；也与膨大的麦芽糊精干混，这样，不仅纽甜吸附在麦芽糊精表面处，麦芽糊精还降低了容积的密度，从物理上也圈住了纽甜。

表2-3-5　纽甜在坚果炒货食品中的最大使用量

食品分类号	食品名称	最大使用量(g/kg)	备注
04.05.02	加工坚果与籽类	0.032	
04.05.02.04	坚果与籽类的泥（酱）包括花生酱等	0.033	

六、甜味剂的协同效应

甜味剂与甜味剂复配，会产生1+1>2的效果，这就是协同效应。

甜蜜素单独使用时，其甜度是蔗糖甜度的40倍。甜蜜素与蔗糖一起配合使用时，其甜度可达蔗糖甜度的80倍以上。甜蜜素与蔗糖及0.3%重量之有机酸（柠檬酸等）一起使用时，其甜度可达蔗糖甜度的100倍或100倍以上。甜蜜素与蔗糖及0.3%重量之有机酸及10%重量之糖精钠一起使用时，其甜度可达蔗糖甜度的150倍以上。

相同的，安赛蜜和其他甜味剂混合使用也能产生很强的协同效应，一般浓度下可增加甜度30%~50%。

所以在使用甜味剂时，最好选择2~3个能起协同效应的一起用。

第三节　抗氧化剂

坚果炒货类食品中油脂含量较高，一般为45%～60%，且不饱和脂肪酸含量较高，经高温煮制、烘烤（或炒制），油脂易出现不稳定的状况，易发生质变。炒货食品品质变有如下危害：产生蛤喇味，对食品风味造成严重影响；过氧化值超标，营养成分丧失，氧化对油脂营养功能及维生素含量造成严重破坏。很多炒货食品在高温炎热的夏天存放2～3月即出现过氧化值超标，特别在南方高温、高湿的气候条件下，更易发生。这将加大食品被投诉、下架、处罚、曝光的风险。

抗氧化剂是阻止氧气不良影响的物质。抗氧化剂能显著延长油脂的保质期，在煮制调味工艺中，选择炒货专用抗氧化剂，可大大提高果仁中油脂的稳定性。

坚果炒货中可使用的抗氧化剂有很多，但只有一种可以在熟制坚果与籽类中使用，它就是特丁基对苯二酚（TBHQ），但它是油溶性的，在水中是不溶的。其他的如BHA（丁基羟基茴香脑）、二丁基羟基甲苯（BHT）、没食子酸丙酯、茶多酚（又名维多酚）、甘草抗氧化物、硫代二丙酸二月桂酯、维生素E、迷迭香提取物、竹叶抗氧化物，这些仅限油炸坚果与籽类或坚果与籽类罐头中使用。

特丁基对苯二酚（TBHQ），CNS号04.007，白色粉状结晶，有特殊气味，易溶于乙醇和乙醚，可溶于油脂而实际不溶于水。作为国际上公认最好的食品抗氧化剂之一，已在几十个国家和地区广泛应用于油脂和含油脂食品工业中，并且迅速取代了传统的抗氧化剂。它具有以下优点：

（1）安全性好：联合国粮食及农业组织（FAO）和世界卫生组织（WHO）的食品添加剂联合专家委员会均对此进行了评价，认为TBHQ无致突变性，在5 000 mg／kg剂量下对大小白鼠也无致癌作用。

（2）无特殊异味：能使炒货（瓜子）保持天然（原香瓜子）风味及营养成分。

（3）具有热稳性：TBHQ熔点为126.5～128.5℃，沸点为295℃，比BHA熔点、BHT熔点高出许多，故经高温炒制后其抗氧效果不减，具有良好的稳定性。

（4）能有效抑制细菌和霉菌的产生：TBHQ除了具有抗氧化作用，对数十种细菌和霉菌也有较强的抑制作用。

表2-3-6　TBHQ在坚果炒货食品中的最大使用量

食品分类号	食品名称	最大使用量（g/kg）	备注
04.05.02.01	熟制坚果与籽类	0.2	以油脂中的含量计

一些新型茴香精油提取物香精中就加有TBHQ，茴香精油提取物用在瓜子中加香，正好解决了TBHQ不溶于水的问题，也增强了瓜子的抗氧化能力。

第四节　着色剂

着色剂是使食品着色的物质，可增加消费者对食品的嗜好及刺激食欲。着色剂按来源分为化学合成色素和天然色素两类。

虽然在《食品安全国家标准　食品添加剂使用标准》中明确规定有些色素可以在坚果炒货中限量使用，但由于现在消费者自我保护意识较强，特别是现在都已达到谈

"色"色变的地步,所以企业还是要慎重地使用色素,能不用则不用。再者,一个生产企业若违禁添加着色剂,长期食用此类产品将严重危害人体健康。因此每一个生产企业都要严格遵守GB 2760《食品安全国家标准　食品添加剂使用标准》,合理、合规地使用着色剂。

一、在坚果炒货中可限量使用的着色剂

在坚果炒货中可限量使用的着色剂,见表2-3-7。

表2-3-7　着色剂在坚果炒货食品中的最大使用量

食品分类号	食品名称	最大使用量(g/kg)	备注
柠檬黄及其铝色淀			
04.05.02	加工坚果与籽类	0.1	以柠檬黄计
日落黄及其铝色淀			
04.05.02	加工坚果与籽类	0.1	以日落黄计
亮蓝及其铝色淀			
04.05.02	加工坚果与籽类	0.025	以亮蓝计
04.05.02.01	熟制坚果与籽类 (仅限油炸坚果与籽类)	0.05	以亮蓝计
叶绿素铜钠			
04.05.02	加工坚果与籽类	0.5	以日落黄计
诱惑红及其色淀			
04.05.02	加工坚果与籽类	0.1	以日落黄计

二、可在各类食品中按生产需要适量使用的着色剂

可在各类食品中按生产需要适量使用的着色剂有:β-胡萝卜素、柑橘黄、高粱红、天然胡萝卜素、甜菜红 。

仅限在油炸坚果与籽类中限量使用的着色剂有:赤鲜红、靛蓝、二氧化钛、姜黄、红花黄、辣椒红、栀子黄、栀子蓝、红曲米、红曲红、姜黄素、胭脂虫红。

第五节　酸度调节剂

酸度调节剂作为重要的食品添加剂之一，已在食品工业有着广泛的应用。生活中带有酸味的食品有很多，如泡菜、果汁饮料和酸奶等。酸味剂不仅可以促进食欲，还能赋予食品独特的风味。食品酸味剂在一定程度上对人类的健康有帮助，可促进唾液的分泌，有助于人体内一些矿物质的溶解，如钙、磷等；同时，还有助于人体对营养素的吸收。酸味剂作为一种酸性物质，能够调节食品的pH值，具有一定的防腐抑菌作用。酸味剂作为一种重要的食品添加剂，其使用的安全性更被人们所关注。

一、酸度调节剂的种类

目前，世界上使用的酸味剂约有20余种，我国允许使用的酸味剂有17种。食品酸味剂分为有机酸味剂和无机酸味剂，还有一些相关的有机盐和无机盐，也可作为酸味剂使用。常见的酸味剂是有机酸，如柠檬酸、苹果酸、乳酸、酒石酸及醋酸等，这些都是广泛使用在现代食品工业中的酸味剂。其中，柠檬酸是食品工业中用量最大的酸味剂，在所有有机酸市场中，柠檬酸市场占有率70%以上，到目前为止，还没有一种可以取代柠檬酸地位的酸味剂。无机酸味剂使用较多的是磷酸。

二、酸度调节剂的作用

食品酸味剂不但赋予食品酸爽的口感，而且可以调节食品酸碱度，使食品形成特殊风味；同时，还具有稳定泡沫的作用。酸味会干扰味蕾对其他风味的感觉，如酸味剂对低钠盐有掩盖苦味及增强作用。酸味剂能与其他物质形成复配效果，使食品达到更好的风味。酸味剂还具有防腐作用，酸度对微生物的活动影响较大，较低的pH可以抑制微生物的生长，从而延长食品保质期。酸味剂能够改变食品色泽，天然色素在不同的酸度下色泽不同。

食品酸味剂在饮料和发酵等工业都有着广泛的应用，酸味剂不仅可以增进饮料风味，还能起到防腐作用，是饮料生产中十分重要的原料，酸味剂在发酵工业中的使用包括发酵辣椒、乳酸饮料等。某些酸味剂还具有多种功能作用，如食品酸味剂中的苹果酸具有保健作用，是目前世界食品工业中用量最大、发展前景较好的有机酸之一。

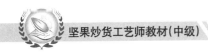

三、常用的酸度调节剂

1.柠檬酸

柠檬酸是广泛应用于食品、医药、日化等行业的食用有机酸，作为发酵有机酸之一，可以通过发酵获得。据统计，全球99%的柠檬酸来自于微生物发酵。在食品工业中是饮料、糖果及罐头等常见食品的添加剂，通常使用量为0.1%～0.5%。柠檬酸也是糕点制作中常用的酸味剂，其增进风味的同时，可防止糕点的腐败。柠檬酸在食品加工中的作用一般可作为蔗糖转化剂、果蔬护色剂、抗氧化剂的增效剂等。

2.苹果酸

苹果酸是具有重要功能的有机酸，在食品、医药和化工领域都有广泛的用途。在美国，苹果酸正不断被用于新型食品中。苹果酸的获得途径主要是通过微生物发酵，因此，苹果酸在发酵工业也具有一定的利用价值。苹果酸主要用于葡萄酒二次发酵，一些研究表明，L-苹果酸促进酒类酒球菌生物量的增加，对酿造高质量的葡萄酒起促进作用。

3.乳酸

乳酸作为一种重要的有机酸味剂在食品工业中占有重要的地位。乳酸能够赋予食品独特的酸味，具有调节pH值、防止食品腐败、延长食品保质期等多方面的作用。乳酸主要应用于饮料、发酵食品、粮食加工和一些调味品的制造中。乳酸菌发酵产生大量乳酸，对于人类健康有一定的帮助。日本的一项研究结果显示，如果人们每天都吃适量的乳酸菌食品，在一定程度上可缓解某些过敏性鼻炎症状。此外，乳酸被美国食品药品管理局（FDA）确认为安全（GRAS）优良的防腐剂和腌渍剂，可以用于清凉饮料、糖果、糕点的生产。同时，乳酸的水溶液还可以用于延长肉类的货架保质期。

食品酸味剂用途广泛，在坚果炒货食品中主要作用有水解作用、蔗糖的转化作用、抑菌防腐作用、作为螯合剂等。柠檬酸、苹果酸等酸味剂是世界产量较大的有机酸。

第六节　酶制剂

酶制剂是指从生物中提取的具有酶特性的一类物质，主要酶制剂作用是催化食品加工过程中各种化学反应，改进食品加工方法。

我国已批准使用的酶制剂有木瓜蛋白酶、α-淀粉酶制剂、果胶酶、β-葡萄糖酶等。酶制剂来源于生物，一般来说较为安全。

酶制剂是一类从动物、植物、微生物中提取具有生物催化能力的蛋白质，具有高效性、专一性，在适宜条件(pH和温度)下具有活性。

第七节 香精香料赋香剂

香料香精行业是国民经济中科技含量高、配套性强、与其他行业关联度高的行业，其产品广泛应用于食品、医药、日用等加香产品中。

一、食用香精香料的基本概念

天然香料是指以动植物的芳香部位为原料，经过简单加工制成的原态香材，其形态大多保留了植物固有的一些外观特征，如香木块、香木片等；或者是利用物理方法（水蒸气蒸馏、浸提、压榨等）从天然原料中分离出来的芳香物质，其形态常为精油、浸膏、净油、香膏、酊剂等，如玫瑰油、茉莉浸膏、香荚兰酊、白兰香脂、吐鲁香树脂、水仙净油等。

天然香料历史悠久，可追溯到五千年前。黄帝神农时代，就已有采集香料植物作为医药用品来驱疫避秽的例子。当时人类对植物中挥发出的香气已很重视，闻到百花盛开的芳香时，同时感受到美感和香气快感。将花、果实、树脂等芳香物质奉献给神，芬芳四溢而达到良好的宗教境界。因此，上古时代就把这些有香物质作为敬神明、祭祀、清净身心和丧葬之用，后来逐渐用于饮食、装饰和美容上。在夏商周三代，对香粉胭脂就有记载，张华博载"纣烧铅锡作粉"；中华古今注也提及"胭脂起于纣"；久云，"自三代以铅为粉，秦穆公女美玉有容，德感仙人，肖史为烧水银作粉与涂，亦名飞云丹，传以笛曲终而上升"，可见脂粉一类产品早在三代已使用。春秋以后，宫粉胭脂在民间妇女中也开始使用。阿房宫赋中描写宫女们消耗化妆品用量之巨，令人叹为观止。《齐民要术》中也记有胭脂、面粉、兰膏与磨膏的配制方法。

二、食用香精在坚果炒货产品中的应用

食用香精对加工食品中的原辅料有赋香作用，可以掩盖、矫正食品的不良气味；增强和稳定原料的固有风味，减少天然食品在加工过程中的香气损失；增进食欲，比如熏肉等；香精还有一个很重要的作用就是能降低成本、稳定质量。天然香料售价高，而且香气随着产地、季节的不同而有变化，但食用香精就不存在这些变化。在食品中，香料、香精起到了引起食欲、促进食欲的作用，因而是坚果炒货食品中不可或缺的一部分。由于近年来坚果炒货食品业的迅猛发展，香精香料在炒货食品中的应用日趋广泛。炒货食品生产商对香精的要求越来越高，为使产品在市场上更具竞争力，除了选好的香精外，香精的搭配更是新型炒货食品开发的关键。因此，香精香料也成了炒货

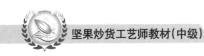
食品研发技术的一个重要课题。

三、香精香料在坚果炒货食品中的作用

很多香精、香料对产品起到画龙点睛的作用，食品风味的清新自然也是食品行业使用香精、香料所期望达到的目的。而各种香精巧妙搭配，可以使炒货产品锦上添花。香精、香料在食品中的作用可概括为以下几点：

（1）辅助作用。某些原来具有较好香气的制品，由于天然香料香气浓度不足，通常要通过选用香气与之相对应的香精、香料来衬托。如：香草香气等。

（2）赋香作用。某些产品本身无香气，需通过加香赋予其特定香型。如：香蕉、哈密瓜等果香香气及奶香香气等。

（3）补充作用。补充因加工原因而损失的大部分香气的产品，使其达到应有的香气程度。如：大蒜香气等。

（4）稳定作用。天然产品的香气因地理、环境、条件、气候等因素的影响，香气很难一致，加香之后可以对天然产品的香气起到基本统一和稳定作用。如：瓜子香粉等香气。

（5）替代作用。由于货源不足或价格方面的原因，天然物品不能直接使用，则可用香精香料代替部分或全部。如：茴香提取物等。

（6）矫味作用。某些产品在生产过程中，生成令人不愉快的气味时，可以通过加香来克服。

四、坚果炒货食品调香的基本知识

坚果炒货行业也是现今食品界竞争激烈的行业，它是继饮料、方便面、冷饮食品大战后的又一个热点，是现在国内各大公司以及一些区域企业大规模角逐中国市场的一大热点。炒货食品在使用香精方面倾向于强调各种香精香料能互相取长补短、香气融合为一，加工成为一个完整的商品；对于每种香精香料具有鲜明个性的要求居于次要地位。在各类食品中香精香料所起的作用越来越重要，可以说对公司的生存有重要意义。

五、香精香料的选择与搭配

香精香料的选择在炒货食品新产品的开发中起重大作用。掌握此技术，还必须了解有关香气、香味方面的概念及评香的基本要点：即头香要鲜明，体香要稳定，留香要持久。

炒货食品用香精只需要稍有留香，这样成品食用后味香而不腻。了解正确的评香方法后，就可以选择合适的香精。

六、用于坚果炒货食品的香精香型基本分类

（1）果蔬茶类：包括甜橙、柠檬、苹果、梨、梅、香蕉、菠萝、草莓、杨梅、哈密瓜、绿茶、红茶等。

（2）干果杂粮类：咖啡、可可、花生、芝麻、核桃、红枣、板栗、红豆、绿豆、玉米、红薯、香芋、椰子等。

（3）奶香类：包括鲜牛奶、甜牛奶、奶油、乳酪、干酪等香型。

（4）五香鲜肉类：包括八角、桂皮、陈皮、生姜、牛肉、鸡肉等香型。

水果之间可以互相搭配，实践中往往以一种为主，另一二种为辅。肉类和五香类可以互相搭配，实践中基本以五香为主，肉香为辅。

七、坚果炒货食品中使用香精的条件

炒货食品属于嗜好性食品范畴，所以香气十分重要，所用的香精香料必须具备以下几个条件：

（1）香精香料的香气和炒货食品特有的气味必须协调一致。在甜味或咸味类炒货食品中，香精香料与炒货本香之间香气一定要和谐。

（2）高温时必须能达到香气平衡，而且要保留香气特点，尽量减少挥发。

（3）香精香料在炒货基质中能均匀分散，渗透性要好。

八、坚果炒货食品中使用香精的形态

（1）水油质香精：这种形态香精的成分容易在水中溶解、分散，不仅在炒货食品基质中能够混合均匀、操作简便，而且具有高温时香气易于散发渗透，不会产生哈喇味的优点。使用在外喷香等产品上。

（2）乳化香精：香气比水油质香精柔和，并可以产生很强的浓厚感。有牛奶、果味、果仁等多种类型。

（3）粉末香精：要求使用胶囊型粉末香精，香气特征和用法与乳化香精类似。

（4）油质香精：尽量减少以色拉油为溶剂的香精，多采用以甘油类为溶剂的香精香料，留香好。

（5）调味汁类：与上述几种香精以芳香成分为主，使用时着香率只有 0.1% 。与其他各个香料的使用量相比，调味汁中使用了大量牛肉、茴香等呈味天然成分香精。使用时加入量可为 $2\% \sim 10\%$ 。

九、几种常用的赋香剂

1.香兰素

香兰素，又名香草醛，为一种广泛使用的可食用香料，可在香荚兰的种子中找到，也可以人工合成，有浓烈奶香气息。广泛运用在各种需要增加奶香气息的调香食品中，如坚果炒货产品、蛋糕、冷饮、巧克力、糖果等。

香兰素是人类合成的第一种香精，由德国的 M·哈尔曼博士与 G·泰曼博士于1874年合成成功。

香兰素天然存在于烟叶、芦笋、咖啡和香荚兰中，具有甜香带粉气的豆香，微辛但较干；留香持久，是重要的食品香料之一，起增香和定香作用，是全球产量最大的合成香料。

香兰素通常分为香兰素和乙基香兰素。

香兰素，化学名 3-甲氧基-4-羟基苯甲醛，外观白色或微黄色结晶，具有香荚兰香气及浓郁的奶香，为香料工业中最大的品种，是人们普遍喜爱的奶油香草香精的主要成分。其用途十分广泛，如在食品、日化、烟草工业中作为香原料、矫味剂或定香剂，其中饮料、糖果、糕点、饼干、面包和炒货等食品用量居多。

乙基香兰素，为白色或微黄色针状结晶或结晶性粉末，类似香荚兰豆香气，香气较甲基香兰素更浓，属广谱型香料，是当今世界上最重要的合成香料之一，是食品添加剂行业中不可缺少的重要原料。其香气是香兰素的 3～4 倍，具有浓郁的香荚兰豆香气，且留香持久。

香兰素常用的添加量：0.01%～0.05%(可根据用户产品口感自定添加使用量)。

2.乙基麦芽酚

乙基麦芽酚是一种安全无毒、用途广、效果好、用量少的理想食品添加剂，是烟草、食品、饮料、香精、果酒、日用化妆品等良好的香味增效剂，对食品的香味改善和增强具有显著效果，对甜食起着增甜作用，且能延长食品储存期。

乙基麦芽酚作为香甜鲜味的增效剂，用量少，但效果十分显著。一般添加量为0.01%～0.05%。

乙基麦芽酚容易和铁生成络合物，与铁接触后，会逐渐由白变红。因此，储存中避免使用铁容器，其溶液也不宜长时间与铁器接触，适宜放在玻璃或塑料容器中储存。

本品为白色晶状粉末，具有特有焦香气，稀释溶液具有水果样焦甜香味。1 g 本品可溶于约 55 ml 水、10 ml 乙醇、17 ml 丙二醇或 5 ml 氯仿；在 90℃左右可溶化。

乙基麦芽酚常用的添加量：0.01%～0.05%（可根据用户产品口感自定添加使用

量）。

　　附：经过以上章节的食品添加剂介绍，我们再结合目前市场上比较流行的山核桃口味葵花籽，给一个基础配方供大家参考学习。

表2-3-8　山核桃味葵花籽基础配方表

原料名称	用量（平常锅）（kg）
葵花籽	1 000
食盐	75.00
白糖	180.00
糖精	1.00
甜蜜素	6.00
安赛蜜	3.00
香兰素	0.50
乙基麦芽酚	1.00
味精	2.00
八角	8.00
桂皮	3.00
甘草	5.00
T6013山核桃香精	4.50
CT3435鲜葱汁香精	0.60

第四章 坚果炒货产品包装材料

第一节 常用包装材料及其特性

坚果炒货食品使用基材、油墨、胶水必须满足《食品接触材料及制品用添加剂使用标准》GB 9685 及对应基材的卫生安全指标要求。

一、坚果炒货常用包装基材分类

1.按基材在复合材料中的功能划分

印刷层：纸、BOPP、PET、PA；

阻隔层：AL、PET、PA；

热封层：PE、CPP。

2.按基材是否透明划分

透明：BOPP、PET、PA、PE、CPP；

非透明：纸、AL。

注：BOPP，双向拉伸聚丙烯；PET，聚对苯二甲酸乙二醇酯；PA，聚酰胺；AL，铝箔；PE，聚乙烯；CPP，流延聚丙烯；LDPE，低密度聚乙烯；HDPE，高密度聚乙烯；KOPP，聚偏二氯乙烯涂布双向拉伸聚丙烯；KPET，聚偏二氯乙烯涂布双向拉伸聚对苯二甲酸乙二醇酯；KPA，聚偏二氯乙烯涂布双向拉伸聚酰胺；VMPET，真空镀铝聚对苯二甲酸乙二醇酯；VMCPP，真空镀铝流延聚丙烯；VMBOPP，真空镀铝双向拉伸聚丙烯。

二、常用基材的特性对比汇总

常用基材的特性对比汇总，见表2-4-1。

表 2-4-1　常用基材的特性对比汇总表

性能\基材	透明度	光泽度	拉伸度	延伸率	撕裂强度	阻气性	阻湿性	耐油性	耐化学性	耐低温性	耐高温性	耐热变形	防静电性	机械适应性	印刷性	热封合性
纸	×	×	○	×	○	×	×	×	×	○	○	*	△	*	*	×
LDPE	△	△	○	*	○	×	○	×	○	*	×	*	×	×	△	*
HDPE	△	△	○	△	△	×	○	△	○	△	○	*	×	×	△	*
CPP	○	○	○	*	*	×	○	△	○	*	*	*	×	△	△	○
BOPP	*	*	*	△	×	×	○	○	○	*	○	△	×	○	△	×
PET	*	*	*	×	○	○	*	*	*	*	*	○	×	*	○	×
PA	*	○	*	×	*	○	×	*	*	*	*	○	×	○	○	×
AL	×	*	○	×	△	*	*	*	×	*	*	*	*	○	△	×

备注：*——优；○——良；△——尚可；×——差。

三、常用基材阻隔性能对比汇总

常用基材阻隔性能对比汇总,见表2-4-2。

表2-4-2　常用基材阻隔性能对比汇总

基材 \ 指标	常用规格	水蒸气透过量 g/(m²·24 h)38℃,90%RH	氧气透过量 cm³/(m²·24 h·0.1 MPa)23℃,0%RH
纸	35~70 g/m²	无限大	无限大
LDPE	25 μm以上,每5 μm一个梯度	25 μm:24~28	25 μm:7 900
HDPE	25 μm以上,每5 μm一个梯度	25 μm:22	25 μm:2 900
CPP	25 μm以上,每5 μm一个梯度	25 μm:22~34	25 μm:3 800
BOPP	18/25/28/35/38 μm	25 μm:3~5	25 μm:2 500
PET	12/15/23 μm	12 μm:38	12 μm:150
PA	15/25 μm	15 μm:90	15 μm:70
AL	7(6.5)/9 μm	0~0.1	0~0.1

四、衍伸基材阻隔性能对比汇总

衍伸基材:就是在通用基材基础上通过涂层或蒸镀工艺强化阻隔性能而制成的中高阻隔基材。衍伸基材阻隔性能对比汇总见表2-4-3。

表2-4-3　衍伸基材阻隔性能对比汇总

衍伸基材 \ 指标	常用规格	水蒸气透过量 g/(m²·24 h)38℃,90%RH	氧气透过量 cm³/(m²·24 h·0.1 MPa)23℃,0%RH
KOPP	20 μm	5	25~50
KPET	14 μm	4	18
KPA	17 μm	10	15
VMPET	12 μm	1.5	1~3
VMCPP	25/30 μm	0.5	95
VMBOPP	18/25 μm	1.1	80~100
镀氧化铝PET	12 μm	2	1~3

五、坚果炒货常用包装材料加工工艺

坚果炒货常用包装材料多为复合包装材料，为两种以上基材（含衍伸基材）通过复合而成。一般结构（从外到内）为：印刷层→功能阻隔层→热封层，层与层之间通过胶水或挤复黏合。

复合包装材料的加工工艺，如图2-4-1所示。

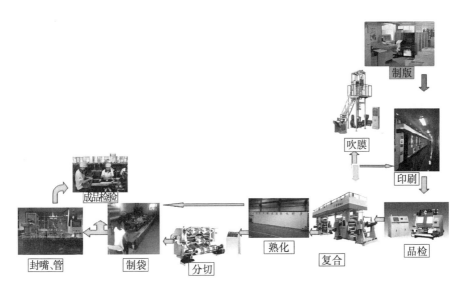

图2-4-1　复合包装材料加工工艺流程

六、坚果炒货其他辅助材料

1.脱氧剂

功效：除去包装容器内的氧气，使包装容器内氧浓度很低甚至无氧，延缓产品氧化酸败。

主要分为两类：一类是以无极机制为主体的脱氧剂，如还原铁粉、亚铁盐类、次硫酸钠等；另一类是以有机基质为主体，如抗坏血酸、油酸、醚类。

2.干燥剂

功效：去除包装内水汽、降低食品表面水分活度、防止产品回软和结块等。

主要分为两类：一类是化学反应，如石灰干燥剂；另一类是物理吸附，如硅胶干燥剂、矿物干燥剂等。

第二节　坚果炒货食品包材选择

坚果炒货食品包材多为复合包材，为了达到所需要的包装要求，应具备以下性能：

（1）机械性能：抗张强度、刚性、耐磨性、密封性、伸长率、摩擦力等。

（2）物理化学性能：阻隔水分及氧气性能、保香性、抗油性、抗化学介质性、避光性、透明度、白度、光泽度等。

（3）耐久性能：在高低温下的使用性能、高湿条件下稳定性、降解能力等。

（4）加工性：适宜印刷、便于自动化包装、防静电、热收缩能力等。

（5）商品展示性：开启方便性、废弃物处理、商品的保质期、包装作业要求、安全卫生要求、销售货架展示、经济性要求等。

以上性能及要求都是复合包材设计中首先要综合考虑的问题，对不同的包装内容物，还要细化和深化。

坚果包材材质设计都是在常用基材（含衍伸基材）基础上根据产品特性需求及外观陈列效果进行设计的。

坚果产品油脂含量高，包装设计时要考虑包装袋阻氧性能及包装袋内氧气含量，常用的材质结构有：

PET（BOPP）/AL/PE（CPP）

PET（BOPP）/VMPET/PE（CPP）

如包装设计要求突出某些图案或者商标等，一般在外层使用定涂印刷，如PET定涂消光油等。

对于内容物易氧化的产品，包装建议优先考虑避光（光照加速油脂氧化），材料可优先考虑阻光性好的VMPET和AL，其次是纸张，同时包装图案可用满版深色印刷等。

若包装要求透明，且内容物易氧化，可应用材质结构：

PET（BOPP）/氧化铝PET/PE（CPP）

KPET（KOPP）/PE（CPP）

如产品有一定的尖角，在包装储运过程中易戳破包装袋，此时包装材质结构中会增加PA，一般材质结构有：

PET（BOPP）/AL/PA/PE

PET（BOPP）/VMPET/PA/PE

常规坚果炒货食品包材选择建议，见表2-4-4。

表2-4-4　常规坚果炒货食品包材选择建议

产品分类	产品性能需求	包装材质结构建议
葵花籽类	阻氧、防潮	BOPP/VMPET/PE（CPP）
		PET/AL/PE（CPP）
		纸/PE/VMPET/PE（CPP）
西瓜籽类	防潮	BOPP/PE（CPP）
	表面抛光	BOPP/PET/PE（CPP）
南瓜籽类	防潮、阻氧	BOPP/PET/PE（CPP）
花生类	阻氧、防潮	BOPP/VMPET/PE（CPP）
坚果类	防潮	BOPP/PET/PE（CPP）
	阻氧、防潮	BOPP/VMPET/PE（CPP）
		PET/AL/PE（CPP）

（1）对阻隔性要求高，且要求透明的包装，可选择镀氧化铝PET作为功能阻隔层。

（2）针对对氧或水汽特别敏感的坚果炒货制品，一般包装时会辅助添加吸氧剂或干燥剂进行辅助保鲜。

①对氧比较敏感的坚果制品，要注意产品酸败风险。

如核桃仁：包装在选择阻氧效果好的包材的同时，要去除包装袋内的氧气，可以最大限度地保证产品口感及新鲜度。

包材选择：PET（BOPP）/AL（VMPET）/PE（CPP）。

去氧选择：投放吸氧剂；充氮（氧含量≤3%）。

②对水气比较敏感的坚果制品，要注意产品回软风险。

如蜂蜜黄油巴旦木：包装在选择阻湿效果好的包材的同时，要降低包装袋内的空气湿度，可以最大限度地保证产品口感及新鲜度。

包材选择：PET（BOPP）/AL（VMPET）/PE（CPP）。

去湿选择：包装环境湿度控制在50%以下；包装袋内投放干燥剂。

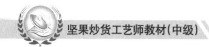

第三节　坚果炒货食品常见包材质量问题及解决方案

坚果炒货食品常见包材质量问题及解决方案，见表2-4-5。

表2-4-5　坚果炒货食品常见包材质量问题及解决方案

包材	常见质量问题	产生原因	解决方案
包装袋	封口漏气	虚焊	返工。调整好封口参数(增加封口温度、时间或压力)后二次封口
		热封过度	报废。新袋封口前调整好热封参数(降低封口温度、时间或压力)
	开口不良	静电吸附	手工先揉搓散开，消除部分静电后开袋
		开口剂析出	手工包装,降低生产效率,勉强可使用;机器包装,无法使用,报废
	分层	熟化时间不够	未使用的包材返厂进行二次熟化,延长熟化时间
		上胶量不够	报废。新包装制作时复合过程增加上胶量
包装膜	走机不畅	内摩擦系数过大	减小热封层的摩擦系数
		外摩擦系数过小	增大印刷层的摩擦系数
	跑偏	内/外摩擦系数过小	调增合适的摩擦系数
	内接头	生产过程未剔除	加强检控剔除
包装袋(膜)共性	文字漏印或套印不清	版辊堵塞或磨损	1.版辊堵塞:及时清理堵塞网孔;2.版辊磨损:更换新版辊
	异物	生产过程带入	加强过程及生产环境管控剔除
	镀铝转移	镀铝基材镀铝层牢度不够	更换镀铝基材
		复合胶水渗透到镀铝层	更换胶水(建议选用分子量大、分布均匀的水性胶)
		技术人员操作不当	控制张力、上胶量

第五章

坚果炒货产品工艺设计

第一节　坚果炒货产品生产工艺制定

一、生产工艺流程的设计

生产工艺设计是生产总体设计的主导，它起着贯穿生产全过程并且组织协调各专业设计的作用，其他配套设计必须根据生产工艺提出的要求来进行设计。生产工艺流程设计是工艺设计的一个重要的内容和环节，通过工艺流程图的形式，形象地反映了坚果炒货产品生产由原料到产品输出的全过程。

工艺流程设计集中表现了整个过程的全貌，是设计的核心。设计工作包括设备选型、工艺计算、设备布置等工作，这些工作都与工艺流程有直接关系。只有确定工艺流程后，其他工作才能开展。

（一）生产工艺流程设计原则

工艺流程设计是原料到成品的整个生产过程的设计，是根据原料的特性、产品的设计、加工要求把生产过程及设备组合起来，并通过工艺流程图的形式，形象地反映产品生产由原料到产品输出的过程，其中包括物料的变化、物料的流向以及生产中所经历的工艺过程和使用的设备仪表。

生产工艺流程设计应遵循以下原则：

1.先进性和经济性

主要是指在坚果炒货产品生产技术上的先进和经济上的合理可行。具体包括原材料的特性、产品品种与规格、基建投资、产品成本、损耗率和劳动生产率等。

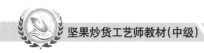

2.可靠性和可发展性

可靠性是指产品生产所选择的生产方法和工艺流程是否成熟可靠，同时应充分考虑项目的可持续发展。因此，对于尚在实验阶段的新技术、新工艺、新设备应慎重对待，要防止只考虑新的一面，而忽略不成熟、不稳妥的一面。

3.生产的安全性

生产工艺过程要配备较完善的控制仪表和安全设施，如安全阀、报警器、温度计等。加热介质尽量采用食品级、高温、低压、非易燃易爆物质等。

（二）生产工艺流程设计的要求

生产工艺流程设计的要求包括以下几个方面：

1.加工原料的性质

依据加工原料品种和性质的不同，选用和设计不同的工艺流程。如果经常需要改变原料品种，应选择适应多种原料生产的工艺。如果加工原料品种单一或相近，则应选择单纯的生产工艺，以简化工艺流程和节省设备投资。

2.产品质量和品种

依据产品用途和质量等级的要求，设计不同的工艺流程。

3.生产能力

生产能力取决于原料的来源和数量、配套设备的生产能力、生产的实际情况预测、加工品种的搭配、市场的需求情况等。

4.地方条件

在设计工艺流程时，还应考虑当地的工业基础、技术力量、设备制造能力、原材料供应情况及投产后的操作水平等。

5.辅助材料

如水、电、蒸汽、燃料的预计消耗量和供应商。

（三）工艺流程设计环节

坚果炒货产品生产工艺流程设计主要包括以下几个环节：

1.原料预处理过程

产品确定后，根据生产特点，对原料预处理提出工艺条件要求，如脱皮、分级、筛选等。

2.生产过程

根据生产特点、产品的要求、物料特性、基本工艺条件等决定采用的设备和操作方式。

3.不合格品处理

根据生产加工特性和产品质量要求，对可能会出现的情况进行处理，主要是不合格品。

4.确定"三废"排出物的处理措施

排放的"三废"加以回收,无法回收的应妥善处理,达到排放标准。做到"三废"治理与环保工程相统一。

5.确定公用工程的配套措施

生产中必须使用的生产用水、压缩空气、天然气、氮气等都是生产工艺流程设计中要考虑的配套设施。

6.安全生产措施

根据物料性质和生产特点,在工艺流程设计中,除设备材质和结构安全外,还要设置安全阀、防爆板、阻水栓等安全设施,以保证安全生产。

(四)坚果炒货产品生产工艺流程设计的步骤

1.确定生产方法和生产过程

在这个阶段,要对生产工艺流程进行方案筛选。筛选的判断依据,一般工程上常用的有产品的得率、原材料损耗、能量耗用、产品成本、工程投资等。此外,也要考虑环保、卫生、占地面积等因素。

2.绘制生产工艺流程示意图

生产工艺流程示意图是用文字或框图形式来表明物流、设备的名称,并以箭头方式表明物料的流向。又可分为全厂物料流程图和车间(工序或工段)物料流程图。

全厂物料流程图是在工厂设计中,为总说明部分提供的全厂总流程图样。它表明各车间(各工段)之间的物料关系。流程方向用箭头画在流程线上。图上还需注明车间名称、各车间原料、半成品和成品的名称、平衡数据及来源、去向等。

车间物料流程图是在全厂物流流程图基础上绘制的,是表明车间内部工艺物料流程的图样,是进行物料衡算和热量衡算的依据,也是设备选型和设备设计的基础。它是用方框的形式来表示生产工程中各工序或设备的简化工艺流程图。图中应包括工序名称或设备名称、物料流向、工艺条件等。

工艺流程示意图只是定性地标出由原料转化成产品的路线、流向顺序以及生产中采用的工艺过程和设备。实际设计中,有时还需画出带控制点的生产工艺流程示意图。带控制点的生产工艺流程图包括全部工艺设备、物料管道、阀门、设备附件以及工艺和自控仪表的图例、符号等。它是设备布置设计、仪表测量和控制设计的基本资料,并可供施工安装和生产操作时参考。

3.进行工艺计算

包括物料衡算、热量衡算以及用水量、用气量的计算等。完成工艺流程示意图后,就可开展物料平衡计算,求出原料、半成品、产品以及与物料计算有关的废水、废料

的规格、重量和体积等参数，并可根据这些参数开始设备设计。

4.进行设备设计和选型

设备设计主要考虑各段工序匹配度、产量问题，包括前工序设备计算，确定筛选和煮制设备的容积，并确定具备该容积的设备的型号、尺寸和台数；以及后处理过程包括挑选、调味、包装环节的产量匹配。熟制工序的能耗作为主要的关注点。

二、生产工艺操作规程的编写

（一）生产操作规程编写的意义

生产操作规程可理解为生产作业指导书，包括生产作业的内容、顺序以及设备的操作方法。制作操作规程可以达到以下目的：

1.规范员工操作

有了完整详细的生产操作规程，可以使操作员工很快理解工作内容和作业原理，掌握操作要领，从学习开始就能养成一个好的工作习惯，掌握正确的生产操作行为，从而避免由于传统生产过程中听别人讲一点、然后学一点干一点的不系统、不规范的操作行为。

2.确保产品质量稳定

任何企业都存在人员的合理流动，特别是现阶段坚果炒货食品企业的员工流动性更大。如果企业有了详细、合理、简便的生产操作规程，就不至于因为更换不同的员工而产生不同的操作行为引起产品质量的变化。

有了完整、适用的生产操作规程，产品质量就有了坚实的保障，就能够使产品始终如一地符合既定的质量标准，保证质量均一和稳定性。

3.便于生产管理者的系统管理

在生产操作规程的指导下，管理者能够随时随地发现生产操作中的不理想现象，就能够去指导操作行为。

4.降低成本

生产操作规程是在保证质量的前提下，根据许多经验总结出的更合理的操作方法，根据生产操作规程进行的生产操作能够降低各种生产成本，提高生产效益。

在同一生产操作规程的指导下进行生产能最大限度地保障机器设备性能，延长设备寿命，从而降低投资成本。

（二）生产操作规程编写和制定的原则

生产操作规程是在综合生产工艺流程、生产工艺参数、生产环境和条件、设备使用方法和性能等诸多条件的基础上制定的。制定规程一定要遵从安全性、简单便利性、操作可行性、节能环保性的原则。

1. 安全性原则

坚果炒货食品生产过程中较多地使用导热油、热水、热油、直燃天然气等，为了避免这些危险性物质带来的伤害，在制定生产操作规程时，要尽量减少在这些设备周围进行频繁的移动和生产作业。另外，在坚果炒货食品的生产现场敞口、非密封性的设备和容器较多，如果不注意，很容易混入杂质，所以，一定要设计避免员工频繁走动的操作过程。这样，既是为了保证生产员工的人身安全，也是为了保证产品质量。比如在坚果炒货行业中的油炸阶段，员工需要手工将原料倒入油炸锅，并起锅，如果不小心很有可能出现滑倒或碰到油炸锅的管道，造成人员受伤。

2. 简单便利性原则

一道工序的操作尽可能简单便利才有可能使员工容易掌握和自如的操作。在实际生产中，熟练员工很多时候不是想了以后才去做，而是靠着习惯性动作来操作，如果操作规程过于复杂、操作过于烦琐就容易出现操作失误，导致产品出现质量问题。

3. 操作可行性原则

制定规范一定要有可行性，比如浸泡蚕豆工序，按照高标准要求的食品卫生要求，食品工厂员工必须戴口罩，触摸一次非食品操作表面就要洗手。这样的规定在坚果炒货食品行业不可行，尽管手触摸蚕豆可能给蚕豆表面带入微生物杂菌，但在后续操作中可将此危害消除，所以，制定这道工序的操作规程时，就没有必要将随时洗手的要求写进去。

4. 节能环保性

在制定规程时尽可能将有利于节省能源的操作加入到生产规程中，如操作结束时及时关闭导热油阀门、水阀门、电源开关等，将导热油阀门关小至维持瓜子煮制翻滚状态，避免机器空转等。这些操作在执行的同时，也会达到减少排污、减少噪音的效果。

（三）生产操作规程编写的方法和格式

1. 熟悉工艺生产流程

生产操作规程都是根据工艺流程来制定的，包括生产工序、管路走向、设备配置等，所以在制定生产操作规程前一定要先熟悉生产流程图。

2. 确定操作要点

根据生产流程确定各操作点的关键控制点，包括操作手法及工艺参数等。

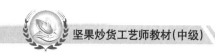

3. 生产操作规程的编写内容

生产操作规程编写一般以一道工序为单位，内容一般包括工艺流程、工艺参数、主要设备、开车准备阶段、开车阶段、操作生产阶段、停车结束阶段、清扫卫生整理阶段、记录总结阶段、注意事项等。

（1）准备阶段

准备阶段主要包括个人卫生的点检和准备，了解当日当班的生产情况和生产计划，确认生产所用的原材料、半成品、生产辅助材料是否准备就绪，检查生产用设备的清洁情况和是否完好，动力系统和前后生产环节是否准备好。该部分内容也包括出现紧急状况下的应急方案。

（2）开始阶段

该部分包括生产操作开始实施、开启设备运转开关、打开物料阀门等操作，同时确认设备是否有异常运转等现象。

（3）工艺参数的说明

根据制定的工艺流程和工艺参数，按照顺序要求加入到生产操作规程的内容中，这样便于在生产操作的环节上提前做好准备。

（4）主要设备使用方法的说明

在坚果炒货食品生产中会涉及许多动力设备，包括提供热源的锅炉设备、压缩空气设备、加工设备（煮锅、油炸锅、包装机、炒料锅等设备），除了电源的开启和关闭外，使用过程中正确的操作方法和顺序以及各设备操作时的既定参数（包括这些设备的操作压力、温度、速度等工艺参数）都应该反映在生产操作规程中。

（5）操作过程的说明

操作过程的说明包括在生产操作规程中对操作顺序、操作手势、物料添加等过程的明示，熟练掌握操作过程，能够使生产人员快速掌握生产操作技术。

（6）注意事项

编写生产操作规程时，一定包括注意事项。通过对注意事项的理解，不仅可以维护产品质量、保障设备的稳定和寿命，更能够保证操作人员的人身安全和健康。

（7）卫生清扫内容

正确、规范的卫生清扫规程，在生产操作规程中非常重要，包括清洗方法、消毒剂使用方法和使用量、热碱水清洗时间等。

（8）操作记录及整理

操作记录是实际操作过程中设备和工艺操作过程的数据记录，它不但能够记录整个产品生产过程的正常和有序，而且能够记录下生产操作过程中可能存在的失误，为出现产品质量事故时查找原因提供依据，也能够为今后工艺参数的改进提供有力的试验基础。所以，要强调在操作记录上注明生产量、工艺参数实际控制值以及出现产品品质和设备运行不良的内容。

第二节　坚果炒货产品生产工艺控制

坚果炒货食品根据产品生产工艺加工的不同，分为烘炒类、油炸类和其他类三大系列，三大系列产品的加工过程包括原料的预处理（筛选、清洗、脱皮、开口、浸泡）、入味、油炸、干燥、调味、包装等几大工序。以下对各道工序的加工操作过程及控制进行描述。

一、坚果炒货食品预处理工艺及控制

坚果炒货食品预处理工序包括领料、筛选（葵花籽）、脱皮（花生米）、浸泡（豆类）。

（一）领料

领料是生产过程中的第一步。领料前应先查看原料（葵花籽和豆）的质检报告，了解本批次原料的产地、水分含量、蛋白质含量及杂质含量，然后根据本（日）班次所需生产各口味产品的品种和产量，计算出所需原料的投料量，根据投料量领取原料。领料时要查看外包装标示的规格，一般采用麻袋装90 kg/袋或普通编织袋50 kg/袋的包装形式；检查包装是否破损、受潮等；随机打开1~2包，进行感官检测，检测内容包括颗粒是否整齐，杂质、脱皮、霉变情况如何等。

（二）筛选（以葵花籽为例）

葵花籽筛选主要利用种子筛选机。种子筛选机共分为上中下三层筛网，其凭借电动机带动轴上下端的偏心重锤运转，产生的偏心力使筛网水平移动和上下震动，带杂质的原料通过筛网机械振动，使厚度较大的杂质从筛网孔直接下落到存杂袋中，而通过上层筛网的杂质及原料则进入下层筛网，厚度较小的原料及杂质就被筛选出来。用于筛选的设备目前无标准的定型产品，一般根据企业的要求和实际情况定制。根据当日葵花籽的投料量及其质量情况，进行多种筛选程序。在实际操作中，先检查选料设备的电源开关、仪表仪器、机械状况等是否处于正常状态，然后开启筛选设备电源，待机械振动运转平稳后，逐袋把原料输入进料口，使原料在振动运输过程中先经过筛孔较大的筛选机，将厚度大、体积大的杂质清理出去，葵花籽落入下层筛网，最终将厚度较小的葵花籽和杂物选出，而那些无法去除的虫蛀、霉变、石子、烟头、羊粪等需要通过去石机、色选机和最终的人工精选去除。

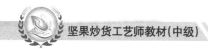
（三）脱皮（以油炸花生米为例）

不是所有的坚果炒货食品加工都需要对原料进行脱皮处理，坚果炒货食品的脱皮工序主要是在油炸花生米的生产过程中使用，目的是改善油炸花生的口感，提高油炸花生的感官特征。花生米经过脱皮后，消除了花生米表面附着的杂菌及其芽孢体，同时消除花生红衣中的纤维带来的粗糙感和苦涩感。

一般花生米的脱皮分为干脱法和湿脱法两种。在油炸花生米产品中，一般采用湿法脱皮。将花生米通过烫制机后，吸收一定的水分，利用吸水后花生米种皮和子叶间存在的间隙，通过脱皮机挤压，就可将花生米红衣搓破，然后通过子叶和种皮在水中的比重不同，将花生红衣去除。在湿法脱皮工艺中，要控制好花生的水分（与烫制温度和时间有关），水分过高过低，脱皮效果都不理想。水分含量过高，种皮和子叶不容易剥离，影响脱皮效果，水分含量过低，花生在脱皮过程中容易产生较多的过细碎仁，造成损耗。所以需要控制烫制温度和时间，具体参数以企业试验确定。脱皮过程调整磨片间的间隙可调节到多数花生分成两瓣，但子叶不破碎为标准。

（四）浸泡（以油炸豆类为例）

1.浸泡池内豆类重量的计算

浸泡过程是豆类吸水过程，浸泡后豆类的重量和体积都会增加，所以浸泡前要对投入桶内的豆类重量进行计算。一般情况下，浸泡充分的豆类重量会增加到原料的2～2.2倍，体积也会增加到原来的2.2～2.5倍，同时还要考虑对浸泡结束后的豆类直接在浸泡桶内进行压缩空气清洗等因素，所以，每个浸泡桶中的豆类量以只能投到浸泡桶的1/3处为理想。在实际生产中，每桶的浸泡量还要参考企业当前的生产量及后续加工的速度。原则上一桶豆类要在一个小时内使用完，所以当后续生产能力跟不上时，就要考虑减少每一桶豆类的浸泡量。

2.投料

目前大多数国内企业采用人工方式，将需要的豆类重量倒入浸泡桶中，有些先进企业将预处理的豆类通过行车轨道运行引送至各浸泡桶内。

3.浸泡

豆类浸泡的目的就是使豆类吸水膨胀，一方面增加膨胀度——若豆类的水分含量过低，内部结构紧密体积小，则高温油炸所产生的汽化后的水分难以产生足够的喷射蒸汽压力，使豆类组织膨胀起来，导致产品的膨胀度较低，进一步影响到成品的酥脆度。另一方面增加酥脆度——增加酥脆度是浸泡最主要的目的。浸泡与油炸后豆类的酥脆性有很大关系，浸泡后的豆类水分含量高，在油炸时，豆类中的水分受热形成过热蒸汽，在豆类内部产生膨胀压力。随着水分的蒸发，豆类组织形成大量的细密气孔，使组织充分膨胀而达到豆类酥脆的目的。过热蒸汽的形成需要豆类中有一定的水分含量，显然，干中的水分无法满足要求。因此，豆类必须浸泡之后油炸才能产生酥脆效果，即豆类浸泡的程度直接影响成品的酥脆度。最后一方面是改善入味程度——浸泡后的豆类，质构较软，内部结构紧密度下降，因而在调味过程中加入的调味品更容易进入到籽粒内部，可以明显改善调味品在油炸豆类产品中的入味程度。

◎浸泡过程中的工艺要求

（1）浸泡水的用量以原料豆类质量的2.5～3倍为宜。

（2）豆类浸泡的最佳程度为浸泡到豆类即将发芽的阶段，即浸泡后豆类质量是原来的2.2倍左右。

（3）浸泡过程中水的pH值不小于6.3。

（4）浸泡后对豆类进行清洗，清洗后水的pH值不小于6.5。

◎影响豆类浸泡程度的因素及控制

（1）浸泡水温度与豆类浸泡的关系

浸泡水温度越高豆类吸水速度越快，豆类浸泡达到要求的时间越短。在实际生产过程中，季节的变化造成环境温度及水温的变化，由此，豆类浸泡达到要求所需要的时间也需随时调整。夏季气温高，豆类浸泡到达要求所需的时间短；冬季气温低，豆类浸泡达到要求所需的时间长。豆类浸泡时间一般13～20小时。

但值得注意的是，浸泡豆类时，虽然水的温度越高，豆类浸泡的时间越短，但如果水温达到20～50℃时，这也是细菌繁殖的适宜温度，只要时间一长，豆类中的杂菌等微生物很容易繁殖，影响最终产品的质量。所以，为了保证豆类在浸泡过程中的微生物污染问题，有条件的企业要对浸泡水的温度进行低温控制，即浸泡的车间要保持低温环境，或者采用80℃以上的高温浸泡。

（2）影响豆类浸泡的其他因素

①豆类的品种。不同品种的豆类，含水量是不一样的，含水量不同的豆类吸水速度不同，需要的浸泡时间也不一样。总的来说，豆类中水分含量越高，吸水速度也快，所需的浸泡时间越短。

②豆类的新旧程度。豆类在闷热、潮湿的环境中是容易变质的活性物质，所以豆类的存放需要通风、干燥、阴凉的环境。但是在这样的环境中，随着储存时间的变长，豆类中的水分就会流失，豆类水分含量越低，吸水速度越慢，从而造成浸泡时间的延长。

③浸泡大豆的用水量。在其他条件不变的情况下，浸泡用水量越多，豆类的复水性越好。豆类与浸泡用水的最佳比例为1∶2.5～3，超过这个比例，水量的增加与豆类的浸泡时的复水性几乎没有关系。

④浸泡环境。由于豆类的浸泡过程本身是一个生物变化的过程，环境温度、湿度、清洁度等都会影响浸泡的效果。适宜的浸泡环境不仅能够促使豆类正常的吸水膨胀，

还可以抑制有害微生物的生长和繁殖。过高或过低的环境温度及湿度、不洁净的空气都会使浸泡豆类的水质发生一定程度的变化，引起豆类新陈代谢的失调，从而导致浸泡质量下降，甚至引起微生物的交叉污染及滋生。所以，豆类的浸泡过程应该设在周围温度变化小、环境清洁、空气流动性好、采光适当的环境中。

⑤浸泡容器。豆类浸泡容器应做成圆柱状，底部呈锥形，不能有死角，易于清扫和保持清洁，否则容易引起微生物的滋生而影响浸泡效果。

◎浸泡过程中水的pH值控制

通常水中氢离子、氯离子、硫酸根离子等越多，氢氧根离子、钾离子、钠离子、镁离子、钙离子等越少，水的pH值越低，反之水的pH值越高。一般情况下豆类在浸泡过程中，浸泡水的pH值都不会小于6.3，但是如果天气太热，浸泡场地没有降温装置，通风情况差，那就要注意浸泡水的pH值变化。

豆类浸泡过程是水分子通过表皮进入到内部的过程，所以，从开始浸泡到达到要求需要较长的时间。随着时间的推移，浸泡水的温度逐渐和周围环境温度趋向一致，特别是夏天环境气温较高，非常适宜那些附着在豆类表面的微生物繁殖生长。这些微生物会把豆类中的碳水化合物分解成可溶性的酸类物质游离在浸泡水中，造成浸泡水的pH值渐渐降低，浸泡水就会变成弱酸性水，而这种弱酸环境更加速了某些酵母菌和霉菌的生长和繁殖，这样，时间长了就会闻到酸味，这时如果不及时换水，就会影响最终产品的品质。

控制和调整浸泡过程中水的pH值有两种方法：一种是更换浸泡水或使用循环水处理设备；另一种方法是在浸泡间隙添加0.3%～0.5%的碳酸氢钠浸泡。

4.浸泡后豆类清洗程度控制

一般来说浸泡后的水会受到不同程度的污染，应从专用管道排出。浸泡后的豆类要用水清洗，除去附在豆类表面的泥沙和微生物，同时降低豆类经浸泡后的酸度。一般清洗两遍，清洗后水的pH值不小于6.5即可。如果采用循环水设备浸泡，就不需要清洗。

5.浸泡时应注意以下几点

（1）豆类浸泡时间与豆类的质量（如新旧程度、水分含量、豆类品种等）和浸泡水的温度都有关系，实际生产情况应进行调整，同时考虑下道工序生产所需的时间，设定不同的浸泡时间。

（2）根据生产进度确定每时段的浸泡量，分批浸泡。避免浸泡已经结束，而下道工序跟不上，这样容易造成浸泡后的豆类不能及时使用而出现腐败变质现象。

（3）浸泡过程中，为了使豆类均匀吸水，需定时搅拌翻动，一般间隔2～3小时翻动一次。

（4）时常观察浸泡桶内水面的位置，如果已降到露出豆类就要及时补充浸泡水。

6.水洗

豆类浸泡结束后要进行水洗。水洗过程是先排尽浸泡废水，再加入能够将豆类浸没的清水，进行搅拌，然后打开阀门，开启喷淋自来水，通过流动水来清洗豆类。

7.清洗

一般工作结束后需要冲洗浸泡系统，将浸泡桶内容易积累残垢的角落部分清洗干净，否则特别是在夏季很快会在桶壁或角落形成含有大量微生物杂菌的黄色、有黏性的膜体，严重影响下一批产品的质量。

二、坚果炒货食品煮制工序的操作过程及控制

坚果炒货食品的煮制入味过程（以葵花籽为例）系指将葵花籽原料放在卤料中经煮沸、熬煨等，制成不同风味产品的过程。

（一）卤料的配制

卤料因地方口味习惯差异和产品风味的不同，需要有不同的配方和配制方法。一般卤料中主要包括香辛料、调味料和食品添加剂，香辛料如八角、小茴香、甘草、丁香、高良姜、陈皮、花椒、辣椒、桂皮、山柰等；调味料如盐、糖、味精等；食品添加剂包括甜味剂、抗氧化剂和食品用香精等。卤料的配方根据配方的比例要求定量称取。

（二）煮锅设备的检查

煮制前应先检查煮锅设备是否正常，包括导热油管道、安全阀、行车等是否安全可靠。

（三）卤料的熬制

根据卤制配方的要求，配制卤水、熬料，用大火将卤料烧开，然后用小火熬制1~2小时，等到香辛料的风味较丰满地体现出来后，将调味料及部分添加剂溶解，加入煮锅中，补水至所需的水位。

（四）卤制操作

汤料熬制完成后，按照比例将葵花籽放入内锅，通过行车吊入煮锅中，先用大火将汤料煮开，然后用小火保持沸腾，煮制完成后，将香精类不耐高温的物质溶解，倒入煮锅中，搅拌均匀，进行焖制。具体是否需要焖制，以及煮制多长时间，企业根据物料、设备试验确定。

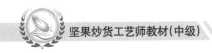

（五）卤料的补充和修正

在煮制过程中，葵花籽从10%左右的水分，吸水至50%左右的水分，料水会有一定的损耗，所以，料液应在煮制完成后，进行补料。具体补料量，企业根据自身工艺、设备进行试验确定。

（六）煮制工艺控制点

坚果炒货卤制的工艺要求主要体现在对煮制后葵花籽的含水量、煮制效果、加热形式与程度等方面的鉴定与判断。

1.煮制后葵花籽的含水量

煮制后葵花籽的含水量依据品种、原料的新鲜程度的不同而存在差异，煮制后的葵花籽含水率一般为40%~55%。可采用将葵花籽剥开，看壳内及仁内水分的含量、仁的颜色、捏仁后的形态及感觉来进行判断。

2.加热形式与程度

近年来，对于煮制环节的煮锅有很多研究，包括节能的微压锅、直燃的常压锅。煮锅加热的形式有两种：一种是导热油或蒸汽在夹层中加热的形式；第二种是采用天然气直燃加热的方式。

根据原料品种的不同、口味的不同、设备的不同，企业应根据试验确定具体的工艺参数。

3.卤制效果

葵花籽煮制后的鉴定有两个方面：一是产品外观，要求不脱皮，且光亮；二是口感和口味的鉴定。卤制后的葵花籽仁不能煮烂，分离后能保持完整的形状，含水量符合要求，口味符合要求，入味效果好。

（七）煮制过程注意事项

1.汤料的pH值

控制汤料的pH值是防止汤料在放置或者使用过程中变质发酸，产生不良口感。企业可根据产品特性及质量要求作规定。

2.火候

注意把控火候的大小，火候的大小影响瓜子煮制入味的效果。

3.入味程度

汤料的卤制一定要按照要求，如果时间过短，料水的风味呈现不足，就会影响葵花籽最终的口味；有条件的企业也可以将香辛料进行粉碎，方便有效成分的溶出，提高汤料的风味及产品的风味。

4.配方执行准确性

鉴于葵花籽煮制环节不方便监控，可采用测量汤料的波美度指标来检测食盐等物质的添加量是否符合要求。

5.物料使用的顺序

熬料过程中，物料放入的先后顺序很重要，需要保留风味的尽量减少受热时间；溶解效果不好的，需处理后进行添加。

6.物料的溶解性

对于国家标准有限制要求的添加剂和对产品风味具有影响作用的物质，一定要充分溶解后才加入到汤料中，否则造成产品不均匀，影响产品品质。

三、坚果炒货食品油炸工序的操作过程及控制

国内油炸豆类的设备有人工操作油炸锅和自动油炸机。由于采用的能源不同，分为燃煤炉、燃油炉、燃气炉、电炉等，由于环保的要求一般城市都已停用燃煤炉，普遍改为燃油炉或电炉，但不管使用何种能源，其油炸前的准备和油炸操作过程基本一致，现以燃气炉为例，简述坚果炒货食品油炸工序的操作过程及控制。

（一）油炸前的准备

点火前先检查输油管是否堵塞和破损漏油，控制系统是否正常，所有管道阀门是否开闭灵活，温控表是否灵敏准确，电源是否正常。检查完毕后，将油炸锅清理干净，按规定用量向锅内加入植物油，一般加油量视锅体大小，不超过油锅深度的2/3。准备好需要油炸的豆类原料，即可点火升温加热。

（二）油炸过程

油炸过程可分为两个阶段，第一阶段是低温油炸，也称初炸阶段。当油温上升到所需温度（企业根据试验确定）时，投入原料，注意避免热油溅出，并马上轻缓地翻动原料，以防原料的黏结和焦化。由于原料的加入使油温有所下降，所以需要继续加热。油炸胚体内部的水分进一步汽化膨胀，原料的皮膜快速老化，需增加上下翻动频率，观察原料表面的老化程度，原料表面呈金黄色后，可捞出几颗放置3~5秒，看原料遇冷已不缩瘪证明定型完成，将油炸后原料捞出冷却。

（三）机械自动连续式油炸操作过程

自动油炸机是以隧道式链带传动输送坯料进入油炸区域，具有自动控温、自动翻坯、自动油炸、自动出料、循环式自动滤油去除渣屑等功能。自动油炸机的应用，减

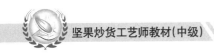

轻了人工油炸繁重的体力劳动。

1.油炸前准备

首先给油炸机内加入适量的植物油，根据油炸产品所需的温度，设定好油温的控制器。然后启动输送链网，检查设备运行情况及各种电器、仪表、燃气等。在一切都正常状态下，启动油温加热按钮，将油升温至规定的指示温度，油温加热就进入自控恒温状态。准备好需要油炸的坯料。

2.连续式油炸机的油炸过程

当油加温达到设定的油温后，将坯料放在筛网格内，随着筛网的移动，坯料进入油炸区域，调节网带的行走速度，控制好油炸时间，就可以进行自动油炸。由于是自动油炸，操作人员只需要进行供料和出料的接收，对于油炸产品的质量控制全部由仪表完成，故比较容易操作。由于在油炸过程中随着坯料表面呈膜或老化，内部水分的蒸发，坯料产生浮力，为了固定坯料漂浮，需要有上下二层网带，下层带动坯料，上层相对坯料浮动，随着油炸的进行，成品出来，装入专用筐中冷却。

3.油炸过程中新油的添加和杂质的清除

油锅中的植物油随着油炸过程的进行，油量会逐渐消耗，需要适时适量添加新油。同时油炸过程中由坯料带入的碎屑会留在油锅内，经过长时间的油炸过程就会焦化变黑，并容易附着在坯料上，影响产品质量，应当及时予以清除。

4.油炸产品的通风与冷却

油炸后产品的冷却阶段对维持产品质量非常重要。由于刚油炸好的产品温度还较高，需立即通风冷却，才不会使产品互相堆积发生压瘪变形，影响产品质量。

5.油炸工作结束时的整理

先关闭各种电器、油路等开关和阀门。由于油炸结束时油的温度还相当高，为了保证安全，一定要等到油温降至室温左右后将油用泵抽回储油罐。清扫冲洗工作场所，做好产品产量、油耗及设备运行的记录。

（四）油炸环节主要控制点

1.坯料的要求

豆类在油炸时，主要靠水变汽的作用助其膨大，所以坯料的水分含量的大小直接影响着膨化度。水分含量过高，油炸时水分很难在短时间内将过多的汽化排除，从而造成制品膨化不起来，以至其口感发软。若水分含量太低，油炸膨化时，不能形成足够的喷射蒸汽，造成产品难以膨化，而且容易焦化。

2.油炸过程中油温控制

油炸温度过低，产品表面形成结膜，制品中的水分汽化速度慢，形成的喷射压力低，致使产品在油中浸泡的时间过长，膨化度低；油炸温度过高，表面就会因高温而很快脱水，产品容易焦化，容易出现外焦里嫩的情况，感官效果差且营养损失大。所以油温的控制对产品品质的影响非常大。具体参数以企业根据油炸物料量、特性、设备来进行试验确定。

3.油炸过程的时间控制

油炸的时间控制与两个因素有直接关系，一是与油炸油和油炸坯料数量的比例有关；二是与加热油的方式有关，采用不同的加热方式（燃煤、燃气、导热油加热）和燃烧机的大小，油炸时间有所不同。具体参数以企业试验确定。

（五）油炸过程注意事项

1.油炸油种类的选择

油炸产品的抗氧化是本产品的一个关键控制点，氧化的问题主要表现在油脂的氧化，一般豆类脂肪含量不高，主要的原因在于油炸过程中油炸油原料品种和油脂的控制。油炸油尽量选择熔点高、饱和脂肪含量高、稳定性好的油脂。

2.油炸油质量控制

油脂的酸败是指油脂发生腐败变质，油脂酸败的原因有两个方面：一是油脂水解的过程，即由动植物油组织的残渣和衍生物产生的酶引起的水解；二是油脂在空气、水、阳光等作用下发生的化学变化，包括水解过程和不饱和脂肪酸的自动氧化。所以，油炸过程中控制坯料水分的带入，将浸泡后的坯料沥水后再放入油炸锅，减少油脂水解氧化；同时定时清理油炸过程中产生的其他焦糊物质，减少油脂的恶化；定期监测油脂的酸价、过氧化值变化趋势，制定控制标准；再结合抗氧化剂的使用，减缓油脂的抗氧化速度。

四、坚果炒货食品干燥工序的操作及控制

坚果炒货食品行业干燥设备参差不齐，有采用传统的烧煤的炕房，也有单层式烘烤机，也有多层的立式烘烤机，各家的工艺不尽相同。下面以单层三段式干燥机为例，说明葵花籽产品干燥操作过程及干燥控制点。

（一）生产前准备（以手动开机为例）

（1）根据点检表的要求（燃烧器调节阀连杆螺丝是否拧紧、点火锥是否积灰、仪表参数是否正常等），检查各设备板块是否有异常。

（2）打开控制柜门，开总电源开关确认电源，开启控制屏界面锁，选择模板，开启排湿风机、循环风机，点击设备清扫按钮对箱体进行清扫，然后开启床板运转键，点击燃烧键提供热源，最后按照各品种葵花籽工艺要求设置各段温度、时间及循环风机的参数，调整排湿风机。

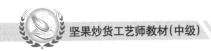

（二）开车进料

（1）将煮锅出来的葵花籽原料经沥水通过传送带输送至料斗中，再通过贮存仓进行均匀铺料进入干燥机中，待温度达到工艺所需的要求时，开始进料烘烤。

（2）操作人员应及时关注设备的运行情况，观察烘烤过程中烘烤温度的变化、各段出来瓜子的品质，适当进行调整。

（三）停车

停机时关闭燃烧机降温，然后依次关闭循环风机和输送面板，待温度降下来后对箱体内粉尘进行清除，对风管粉尘沥网进行吹洗。开启面板清洗装置冲洗面板，同时采用高压水泵设备对箱体进行冲洗，清洗完毕后开启循环风机、输送面板，待设备烘干后开启润滑油控制装置，对输送链条进行润滑，链条润滑一圈后关闭面板，关闭总电源。

（四）干燥过程主要工艺控制

食品的干燥过程实际上是食品物料从干燥介质中吸收足够的热量将其所含水分向表面转移并排放到环境中，从而导致其含水量不断降低的过程。干燥机理分为两个过程：其一，表面先汽化，由内向外逐渐形成湿度梯度，是干燥的推动力；其二，物料受热产生温度梯度，也使水分移动。影响干燥的基本因素：物料特性、气流和干燥时间。

1.物料特性

物料的特性包括葵花籽颗粒的均匀性、皮厚薄均匀性、含水率的均匀性、葵花仁的饱满度等，要控制进干燥机物料的含水率。物料含水率的均匀性是保证干燥后产品味道、色泽、酥脆度均匀性的前提，且降低进干燥机物料的水分2%，可大大降低产品生产的能耗。同时也要控制干燥机内物料布料的均匀性。

2.干燥机内气流特性的控制

葵花籽物料的干燥是通过加热空气介质吸收干燥机内的水分，所以控制干燥机内气流的条件是葵花籽干燥的主要控制手段，主要通过控制以下三个变量：

（1）控制气流的流量和速度。最佳的葵花籽的穿透速度是1 m/s（经验值），控制气流的穿透速度，保证在干燥过程中热空气能均匀穿透葵花籽物料，同时不会将葵花籽物料吹飞，提升烘烤的均匀度。

（2）控制气流的温湿度。控制加热气流的温湿度，在大多数的干燥操作过程中是最主要的控制变量。将气流的湿度控制在稳定状态，避免气流的湿球温度过快地达到干球温度（气流已达饱和状态，无法再进行吸水）。如果含水量过高，则提高烘烤温度，但若温度过高，瓜子壳表面会硬化，造成表面水分很干，仁内水分不容易出来，葵花籽不酥脆；若温度过低，则导致葵花仁表面和内部的水分挥发速度慢，箱体内的湿度高，葵花籽的水分不能及时排出，不但增加能耗，而且影响葵花籽的酥脆度。控制气流的温、湿度，同时也要兼顾产品对温度的敏感性，保留产品风味。

（3）气流的方向。确认热风循环方向按照正确的方向运行，严禁气流短路。

3. 干燥时间

干燥时间和物料堆放的厚度是相关联的。在大多数情况下，在不堵塞床板、没有产品挤压变形或结块粘连的基础上，物料堆放尽可能厚。但如果太厚，气流穿透产品层过程中损失太多的能量，同时也导致各截面产品的含水率极低。

第三节　生产过程的危害分析及关键控制点

一、原料中的危害分析

1. 物理危害

葵花籽及各种坚果炒货原料在收获、贮存以及运输过程中难免会混入一些杂质，如草屑、泥土、石块、动物粪便和金属碎屑等。这些杂质不仅影响坚果炒货产品的卫生和质量，而且影响机械设备的使用寿命，所以必须清除。

2. 化学危害

坚果炒货的化学危害主要是由于环境污染如大气污染、水污染和土壤污染，农药和化肥残留等导致生长环境受到影响，致使坚果炒货原料存在有害因子，如二氧化硫、砷、铅、有机磷农药、有机氯农药及防虫防腐剂农药、除草剂农药残留等。

3. 微生物

当葵花籽水分较高时，超过安全库存水分，不仅游离脂肪酸会迅速增加，还会促进各种微生物（如霉菌、细菌、酵母菌等）的繁殖，致使葵花籽霉变、变色，产生黄曲霉毒素 B_1。黄曲霉毒素 B_1 有很强的致癌性，在坚果炒货食品中黄曲霉毒素 B_1 允许指标为≤5 μg/kg（花生为≤20 μg/kg）。

4. 生物危害

坚果及其籽仁类制品可能导致过敏反应，应对消费者进行警示说明。如果用作配料还应在配料表中使用易辨识的名称，或在配料表邻近位置加以提示。

二、生产过程中使用各种辅料的危害因素分析

1.甜味剂

使用甜味剂的食品安全危害因素为：使用质量不符合食品安全标准的不合格甜味剂；使用非食品级甜味剂；使用品种和使用量超出《食品安全国家标准　食品添加剂使用标准》GB 2760规定范围的甜味剂。

2.抗氧化剂

使用抗氧化剂的食品安全危害因素为：使用质量不符合食品安全标准的不合格抗氧化剂；使用非食品级抗氧化剂；使用品种和使用量超出《食品安全国家标准　食品添加剂使用标准》GB 2760规定范围的抗氧化剂。

3.脱氧剂

使用脱氧剂的食品安全危害因素为：使用质量不符合食品安全标准的不合格的脱氧剂；使用的铁系脱氧剂铁粉泄漏导致的食品安全问题。

4.其他添加剂

在坚果炒货产品生产过程中允许使用的其他食品添加剂品种及使用量必须按照《食品安全国家标准　食品添加剂使用标准》GB 2760执行。

在坚果炒货产品加工过程中使用的其他食品添加剂的安全危害因素为：使用的添加剂不符合食品安全标准；使用非食品物质作添加剂；使用超出《食品安全国家标准　食品添加剂使用标准》GB 2760规定范围的添加剂。

三、生产中机械设备、管道及器具的危害因素分析

由于设备内壁与各种中间产品直接接触，成为坚果炒货加工过程中主要的污染源。所以，用于加工制造、包装、储运、调味等设备、工器具应定期清洗消毒；与食品接触部分消毒后要清洗彻底（热消毒除外），以免消毒剂残留造成污染；完工后，对使用过的设备工器具应进行彻底清洗消毒，必要时在开工前再清洗1次；已清洗、消毒过的可移动设备和工器具，应放置在能防止其他食品接触面再受污染的场所，并保持适用状态。

四、包装材料的危害因素分析

包装材料内表面也会带入一定数量的微生物，同时不符合安全标准的包装材料会在食品保存的过程中游离出有害物质，所以必须使用符合国家安全标准的包装材料。

五、操作人员的危害因素分析

生产操作人员双手接触食品、辅料及器具，如果不注意卫生会带入大量细菌，所以，进入车间的操作人员必须保持良好的卫生。进入生产车间前，必须穿戴好整洁的工作服、工作帽、工作鞋。工作服应盖住外衣，头发不得露出帽外，必要时需戴口罩。不得穿工作服、工作鞋进入厕所或离开生产车间。操作时应保持清洁，上岗前应洗手消毒，操作期间要按照要求进行洗手消毒。

六、坚果炒货食品生产过程中的危害因素分析

1.油炸过程

坚果炒货油炸过程中的危害因素主要有两个方面：一是油炸用油不符合食品安全要求，包括使用不合格的食用油脂；使用经过反复油炸的陈油，这种经过反复高温油炸的油会产生有害物质。二是油炸温度过高导致油炸过程中发生热氧化和热聚合反应，产生丙烯醛和环状聚合体等有毒有害物质。

使用的油炸油要是符合食品安全要求的食用油脂；其次，对变质的油脂要及时更换；在油炸过程中应尽量减少空气与油炸油的接触，及时清理油炸生胚中析出的细小颗粒；控制好油炸温度不要超过180℃。

2.煮制过程

煮制过程中的危害因素有三个方面：一是不按标准使用调味料；二是超范围或超量使用食品添加剂；三是使用非食品原料。配制卤料使用的调味料应符合相应的产品质量安全标准；使用的添加剂种类及使用量应严格按照《食品安全国家标准　食品添加剂使用标准》GB 2760要求，不允许使用非食品原料作为添加剂。

第六章

坚果炒货产品加工过程中的品质控制

第一节　包材的品质控制及常见质量问题

一、包材的品质控制流程

包材的品质控制流程，见图2-6-1。

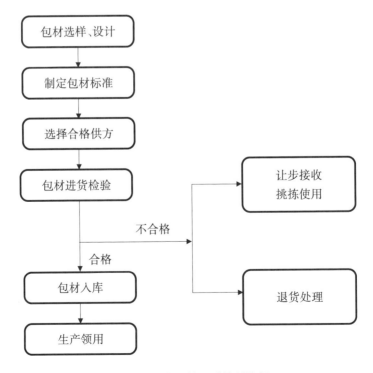

图2-6-1　包材的品质控制流程

1.包材选样、设计

产品设计要结合销售市场考察进行包装物选样，包装材质的选择不能影响产品质量。包材选样后，技术部门对其包装容量、密封性、使用性、材质等进行测试，测试后保留样品。包装物的使用性要在常温下用实物进行测试。选样经测试合格后，产品设计部根据培训督导部提供的会审文案进行产品包装设计。

2.制定包材标准

选样经评审合格后，技术部门根据产品的特性制定《包装物采购标准》及《包装物检验标准》。

3.选择合格供方

采购部门根据采购产品分类和对公司产品质量影响的程度采用《供方能力调查表》对供方的产品进行质量跟踪和通过第三方资料了解供方的资质、技术、服务、质量、保证能力等情况并建立供方档案，采购部门选择评定合格的供方采购包材。

4.包材进货检验

包装物到货后，检验员依据《包材检验标准》及标样对到货包材进行抽样检验。检验完毕后，检验员在《包装材料进货单》上签定结论，并将《包装材料进货单》返还保管员。检测不合格的包材，质检部门填写《不合格包材质量反馈单》，质量负责人批准不合格包材的退货或让步接收。需要让步接收的包材，质检部门申请使用标准并留存样品，车间负责按标准挑选使用。首次到货的包材需技术部门签样留用。

5.包材的入库、领用

仓储部门依据《包装材料进货单》检验结论，合格包材正常存储使用。如保管员误发不合格包材，要承担相应的责任。需要做吹、洗等处理的包装物，车间要严格按照要求操作，包装内外不得有脏污、异味等。使用包材前事先核对包装物名称，一定要与物料相匹配才能包装，不符合质量要求的包装物不能流入下道工序。

二、包材的常见质量问题

（一）感官指标

1.尺寸不合格

包材与标样的长度、宽度、高度或厚度尺寸偏差超过技术部门制定的包装验收标准的允许范围则判定为不合格。

2.印刷不合格

（1）文字内容、字号字符、图案、清晰度与标样相比有明显差异判定不合格。

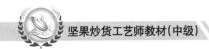

（2）包材主要位置存在污点则判定不合格；次要位置（除正背面外）允许有Φ≤1.0 mm，否则判定不合格。

（3）墨色要求色相正确、鲜艳、均匀、牢固、光亮，与标样相比无明显色差，否则判定不合格。

（4）包材图案及文字信息与标样相比出现跑偏现象，如跑偏位置超出验收标准判定不合格。

3.有异味

如有油墨味、塑料味、其他异味，则不合格。

4.外观不合格

（1）包材表面呈条纹状等不平整的现象判定不合格。

（2）包材表面出现划伤、烫伤、微孔、异物分层等现象，则判定不合格。

（3）复合材料类包材如出现复合层气泡或凸起现象，则判定不合格。

（4）包装袋类要求上下切口、中封切口无毛边，须整齐，纸箱类包材要求刀口无明显毛刺，裁刀切口里面纸裂损距边不超过包材要求标准尺寸。

（二）物理指标

（1）拉断力、剥离力、抗压力、气密性等物理指标检测结果达不到包材验收标准的规定，则判定不合格。

（2）溶剂残留量检测结果须在国标范围以内，否则判定不合格。

（3）气密性（塑袋类）按照对应测定方法，对塑袋类热封性、耐压性、渗透性等进行测定，如热封性能不良，有渗透现象，耐压条件下有破损、漏气和跌落试验时出现破损则判定不合格；

（4）抗压性针对外用纸箱，抗压仪或标准砝码均匀施压1分钟，纸箱明显变形或塌陷即可判为不合格；若纸箱轻微变形可重新取样复检，出现任何变形现象或塌陷均为不合格。

（三）卫生指标

包材类对运输车辆及包材外包装均有卫生要求，包材类产品要求运输车辆不能脏污、不得与其他有毒、有害、有污染性的物品混装，包材类的外包装不能有油污，不得破损污染，否则判定不合格。

第二节 生产过程品质控制要点及常见的质量问题

一、生产过程品质控制要点

（一）原料的验收

原料本身的质量直接影响产品的最终质量，因此要选择合适的原料，其中水分是原料验收非常重要的指标，坚果炒货水分含量高、易霉变和氧化，因此原料验收要严格控制水分，同时储存要通风、干燥、阴凉，有利于控制产品的霉变和氧化。

（二）原料预处理

通过原料初加工（清选、去石、色选、分级等）除去霉变、黄皮、脱皮、虫蛀粒及杂质，保证加工用原料符合加工生产要求。

（三）食品添加剂的使用控制

依据 GB 2760《食品安全国家标准 食品添加剂使用标准》，按规定的品种及其使用范围、使用限量规范添加使用。

1.配制控制

（1）领用：食品添加剂的领用应根据规定的标准用量填写领料单，配料仓管员审核无误后，进行登记和发放。

（2）配制：配料员配制前，需对领用的食品添加剂品种、厂家信息、型号进行核对，每种食品添加剂的使用严禁超过其规定的最大使用量，做好配制记录。

2.保管

（1）食品添加剂在入库前，由仓管员负责对其进行检查和登记，检查无误后方可办理入库手续。食品添加剂应单独保管，并粘贴有明显标识，以防误领。

（2）食品添加剂应储存在阴凉、干燥、通风的仓库内。贮存期间应定期检查，注意保留其原有标识。

（四）工艺参数控制

1.烘烤/炒制温度控制

高温的加工条件对坚果本身抗氧化成分破坏较大，同时会激发更多自由基，加速油脂氧化的进程。因此坚果炒货类产品烘烤/炒制温度对产品质量影响非常重要。一般烘烤/炒制温度控制在50~140℃。

269

2.产品的冷却

烘烤/炒制后坚果炒货产品需进行冷却，根据产品特性，控制冷却温度。

3.编制作业指导书

针对每种产品制定作业指导书，明确关键工序及其具体操作要求，用于指导生产、规范生产，作业指导书要张贴于生产车间适当位置。

（五）产品的包装

（1）根据产品特性，选择符合食品包装要求的包辅材，包辅材的提供商要有相关资质。

（2）根据保质期长短需要，可选择常压包装、抽真空包装、气调包装和投放吸氧剂等形式。

（3）包装封口要求严密、平整，不得有烫化、虚封、漏封等现象。

（4）包装车间环境，一般要求常温，湿度60%以下。

（六）半成品质量控制

半成品指坚果与籽类食品原料经熟制加工后用较大包装方式包装，待生产企业再加工的物料，如代加工厂提供的熟制物料用于分包产品、生产企业集中加工，分批包装的物料。

1.储存控制

（1）入库坚果与籽类半成品应品质稳定，采用适当的包装方式进行密闭包装（如气调、加吸氧剂/干燥剂、多层复合材质等），产品霉变含量应较低，霉变粒带壳产品不应大于2.0%，去壳产品不应大于0.5%。

（2）坚果类、花生类等含油脂较高的去壳坚果与籽类半成品应贮存在低温环境，在高温季节宜贮存在0～10℃的冷藏库中。

2.过程监测

质量和仓库管理部门应定期对库存半成品进行监测，监测项目如下：

（1）感官鉴定：如色泽、气味、口感、虫蚀、霉变等。

（2）质量指标检测：如水分、酸价、过氧化值等。

（3）仓库的温湿度：仓内空间气温和仓库湿度。

（4）包装：破损、软塌、密封性等。

（5）虫害检查：防鼠、防鸟、防虫设施检查。

3.使用控制

半成品物料使用遵循先进先出原则，但同时应考虑包装方式、物料质量指标等因素。

4.质量和安全指标控制

质量和安全指标应符合《食品安全国家标准　坚果与籽类食品》GB 19300和相应产品标准的规定，熟制加工的坚果与籽类半成品应控制其生产日期和产品酸价、过氧化值符合以下要求：酸价（以脂肪计，KOH）不大于3 mg/g；过氧化值(以脂肪计)：葵花籽应不大于0.8 g/100 g、其他应不大于0.50 g/100 g。

二、常见的质量问题

（一）感官质量问题

感官质量问题主要集中关注在物理性危害杂质方面：

（1）杂质：铁和非金属类杂质，例如铁丝、铁钉、玻璃、烟头、石子、头发等恶性杂质。

（2）预防措施。具体如下：

①原料经预处理加工，采用清选、去石、色选，去除恶性杂质。

②根据原料特性及质量状况，适当增加手选工序。

③包装前经金属探测仪探测或者在出料口安装强力磁铁，进行金属物质的去除。

（二）理化质量问题

理化质量问题主要集中在化学性危害，如酸败变质、黄曲霉毒素、食品添加剂添加不当等方面。

1.酸败变质

（1）坚果炒货脂肪含量高，加工过程中烘烤和炒制极易发生氧化，形成有害物质，造成酸价、过氧化值超标。

（2）预防措施。具体如下：

①依据生产经验，确定最适合烘炒的温度和时间。

②严格控制烘炒过程中的温度和时间。

③生产过程中添加适量的抗氧化剂。

④包装过程中投放脱氧剂、气调包装、抽真空。

⑤包材选用避光、阻隔性好的材质。

⑥监视测量器具的校准送检工作，以及后期产品符合性的验证。

2.食品添加剂

（1）一些企业为了使产品更加吸引消费者，扩大销量，采取一些违规措施，在生产过程中添加禁用添加剂或超量添加，食品添加剂的使用必须严格执行GB 2760《食品安全国家标准 食品添加剂使用标准》。

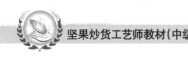

（2）预防措施。具体如下：

①配方设计由专业技术人员设计，多人参与审核评估。

②添加剂的使用配制由专人操作，添加剂的领用和使用需登记和记录，计量器具应及时校准。

③不得滥用添加剂，严格按照GB 2760《食品安全国家标准 食品添加剂使用标准》里规定的品种、范围和限量使用。

3.黄曲霉毒素

（1）由于坚果炒货含有丰富的营养成分和水分，极易引起黄曲霉毒素、寄生曲霉等微生物的繁殖，造成黄曲霉毒素的超标，常见的毒素为黄曲霉毒素B_1。

（2）预防措施。具体如下：

①建立合格供应商名录，稳定供货来源。

②要求供应商提供原料的安全卫生监测报告。

③企业对原料抽样检验，包括黄曲霉毒素指标检测。

④制定原料接受操作规范，并建立相关档案。

（三）微生物质量问题

（1）微生物质量问题主要集中在生物性危害，大肠菌群、菌落总数、霉菌和致病菌超标方面。生物性危害产生的原因有很多，如原料本身的污染，原料、半成品及成品交叉污染，车间环境、设备、设施、加工人员不符合要求引起的污染，储存运输过程中环境卫生条件不符合等。

（2）预防措施。具体如下：

①建立合格供应商名录，稳定供货来源。

②要求供应商提供原料的安全卫生监测报告。

③原料仓库保持干燥、阴凉、通风，温湿度计定期校准。

④企业对原料、半成品和成品抽样检验，包括大肠菌群、菌落总数、霉菌和致病菌指标检测。

⑤制定原料接受操作规范和生产作业指导书，并建立相关档案和记录。

第七章

成品质量控制

成品是已经包装完成后需要呈现给消费者的产品，对于食品生产工厂来说是质量控制的最后一个环节，需要检验100%的合格才能够出厂进行销售，而所有的生产企业都不可能对成品实施100%的抽样检验以验证其100%的合格性，因此企业建立完善的、系统的质量管理制度并采取有效的措施，并执行适宜的成品检验标准为100%合格保驾护航就至关重要了。

第一节　企业成品质量标准的制定

一、资料信息的收集

1.外部资料的收集

外部资料包括《中华人民共和国食品安全法》、GB 2760《食品安全国家标准　食品添加剂使用标准》、GB 2761《食品安全国家标准　食品中真菌毒素限量》、GB 2762《食品安全国家标准　食品中污染物限量》、GB 14881《食品安全国家标准　食品生产通用卫生规范》、GB 7718《食品安全国家标准　预包装食品标签通则》、GB 28050《食品安全国家标准　预包装食品营养标签通则》、GB 19300《食品安全国家标准　坚果与籽类食品》、JJF 1070《定量包装商品净含量计量检验规则》等国家强制执行标准；GB/T 22165《坚果炒货食品通则》以及 SB/T 10553《熟制葵花籽和仁》等产品行业标准。

2.内部资料的收集

内容资料包括客户的需求（合同书中对于产品质量的要求）、研发产品的资料及试产产品验证资料（内部检验报告及外部检验报告）等。

二、标准的编制

《中华人民共和国标准化法》规定，标准包括国家标准、行业标准、地方标准和团体标准、企业标准。国家标准分为强制性标准（食品质量安全标准）、推荐性标准（产品质量标准），行业标准、地方标准是推荐性标准。推荐性国家标准、行业标准、地方标准、团体标准、企业标准的技术要求不得低于强制性国家标准的相关技术要求。法律、行政法规和国务院决定对强制性标准的制定另有规定的，从其规定。

制订或修订标准，要充分考虑企业的使用要求，密切结合客户需求等实际状况，合理利用国家资源，做到技术先进，经济合理，安全可靠。

企业制定的产品标准要根据国家标准更新变化、企业设备及技术发展、客户的需求变更等适时进行修订。

1.感官指标

感官指标是描述和判断食品质量最直观的指标，科学合理的感官指标能反映该食品的特征品质和质量要求，直接影响到食品品质的界定和食品质量与安全的控制。感官指标不仅体现了对食品享受性和可食用性的要求，还综合反映了对食品安全性的要求。食品的感官指标包括外形、色泽、滋味、气味、均匀性等。一般食品的感官特性被分为5类：

（1）外观：颜色、透明度、大小和形状、表面质地等。

（2）气味：气味、香气、香味。

（3）黏稠度：黏度、稠度与质地。

（4）风味：香气、味道、化学感觉。

（5）声音：脆、酥、僵硬等。

合理的感官指标需遵循以下四大原则：

（1）特征性原则：制定的感官指标应能反映该食品的特征感官品质和其特有的感官特性。

（2）相关性原则：制定的感官指标应与其理化指标相互关联，能够互相解释、补充与支持。从感官特性、化学特性和物理特性3个方面定义该食品的品质技术要求。

（3）定性与定量相结合原则：制定的感官指标不仅需要定性的描述，还需要可量化的参数定义，以方便感官指标的检验。

（4）可操作性原则：制定的感官指标均有相应的检测方法，在实际工作中可操作执行（表2-7-1）。

表 2-7-1　坚果炒货类葵花籽类成品感官指标一览表

序号	检验项目	检验标准
1	外观	包装外观：包装的印刷质量、封口质量等 产品自身外观：品种一致，瓜子颗粒整齐、饱满，大小均匀；色泽一致、瓜子仁呈芽黄色
2	口感	香味纯正，咸甜适中，酥脆焦香
3	杂质	不允许检出
4	霉变率(%)	带壳≤2.0、去壳≤0.5
5	虫蚀率(%)	不允许检出
6	瓜子壳、仁(%)	不允许检出
7	脱皮籽	脱皮面积≥50%的瓜子不允许存在
8	瘪籽(含半瘪籽)	不允许检出
9	短籽	长度＜17 mm的短籽占比≤0.5%
8	芽黄率(%)	≥80
9	偏老率(%)	≤2（不允许存在焦煳籽）

　　根据不同的产品品类制定产品特定的、需要控制的质量项目及控制指标值，以满足各级强制标准及消费者的需求。

2. 理化指标

　　坚果炒货产品的企业内控指标项目一般包括：水分、盐分（内控标准）、酸价、过氧化值、羰基价（对于油炸类坚果炒货产品）、食品添加剂（甜味剂、抗氧化剂，具体依据《食品安全国家标准　食品添加剂使用标准》GB 2760及企业的添加量控制）、净含量（依据《定量包装商品净含量计量检验规则》JJF 1070）等。

　　理化项目的控制值制定原则：水分、盐分是涉及产品口感稳定性的指征值，一般可以制定一个上下范围值，具体范围值可以根据研发验证输入的数据；酸价、过氧化值、羰基价是产品在销售保质期内会变化的指标，一般制定的出厂检测控制要求要比国家安全标准更严格，具体值也需要根据研发验证输入数据；甜味剂、抗氧化剂考虑到检测误差及企业的实际添加量来制定控制值，一般要比国家标准的控制要求更严格（表2-7-2）。

表2-7-2　烘炒类坚果籽类的食品添加剂的控制值

项　目	成品标准	《食品安全国家标准　食品添加剂使用标准》GB 2760
甜蜜素（环己基氨基磺酸钠）（g/kg）	≤4.5（带壳）	≤6.0（带壳）
糖精钠（g/kg）	≤0.8	≤1.2（带壳）
安赛蜜（乙酰磺胺酸钾）（g/kg）	≤2.0	≤3.0
特丁基对苯二酚（TBHQ）（g/kg）	≤0.1（以油脂中含量计）	≤0.2（以油脂中含量计）

3.卫生指标（微生物、污染物、农药残留）

卫生指标值应依据GB 19300《食品安全国家标准　坚果与籽类食品》标准制定大肠菌群、霉菌、致病菌的限量值等；依据GB 2761《食品安全国家标准　食品中真菌毒素限量》、GB 2762《食品安全国家标准　食品中污染物限量》标准制定黄曲霉毒素 B_1、铅等污染物限量值。一般指标值应等同于国家标准的控制要求或比其更严格。

4.包装标准

在制定产品标准的同时，制定好包装标准。包装标准必须符合保证产品质量、保证食品安全的要求，考虑装卸、运输、保管等条件，注意节约用材。外包装要求指标：外包装箱和内包装袋的材质、尺寸要求，外包箱/袋文字内容、印刷图案、颜色套色准确、生产日期打码正确；成品包装袋封口无虚焊，封口严实不漏气，封线平齐无倾斜；放置吸氧剂的成品成吸瘪状态等项目。

5.检验规则及判定规则

在标准中应对出厂检验指标项目与型式检验指标项目进行规定，并对检验频次、评定合格的依据以及出现不合格的处置进行明确规定。

6.储藏运输要求

依据《坚果与籽类食品贮存技术规范》相关条款及每一种坚果与籽类食品的特殊要求进行规定。

7.成品检验的操作规范

在企业制定的成品标准中可以对抽样、分样检验、留样以及结果处置等具体工作事项进行明确，也可以另行编制《成品检验作业指导书》进行细化，落实成品检验的工作。

第二节　首件检验确认

首件检验确认：防止产品出现批量性的不合格质量问题。

首件：每个班次刚开始时或过程发生改变（如人员的变动、换物料及换设备零件等）后加工的第一或前几件产品。对于大批量生产，"首件"往往是指一定数量的样品。

首件检验：对每个班次刚开始时或过程发生改变后加工的第一或前几件产品进行的检验。一般要检验连续生产的3～5件产品，合格后方可继续生产加工后续产品。通过首件检验确认也可以避免上道工序待生产的物料可能存在的质量不合格的风险。

在设备或制造工序发生任何变化，以及每个工作班次开始加工时，都要严格进行首件检验。可以通过自检、互检和专检的方式实施首件检验确认。

企业特别是机械化程度高的坚果炒货企业，从经济角度考虑，为避免或减少后段成品不合格造成的经济损失，实施首件检验确认是必要的，也是最经济的质量控制模式。一般要在每一个工艺流程的末端设置对半成品、成品的检验确认，重点是该节点的关键质量控制项目，如煮制环节是入味均匀度、生熟度；烤制环节是偏老率、酥脆度、仁色泽；包装工序是生产日期、封口，若有充氮包装或加吸氧剂，再增加这两项的指标控制。

第三节　产品感官品评

产品感官品评是以有经验的人作为检测仪器工具，依据人的视觉、嗅觉、触觉、味觉、听觉等感觉器官对产品进行评测，进而对产品进行品质判定的检验方法。

随着人们生活水平的提高，人们对食品的要求不仅仅停留在解决温饱的基本面，对食品的质感与口感也提出了更高的要求，因此促进了食品感官品评这一学科的发展。产品感官品评在食品的研发和生产控制过程中起重要作用，是仪器设备无法取代的。

一、食品质量感官鉴别常用的一般术语及其含义

色、香、味：食品本身固有的和加工后所应当具有的色泽、香气、滋味。

酸味：由某些酸性物质的水溶液产生的一种基本味道。

苦味：由某些物质（如奎宁）的水溶液产生的一种基本味道。

咸味：由某些物质（如氧化钠）的水溶液产生的基本味道。

甜味：由某些物质（如蔗糖）的水溶液产生的一种基本味道。

碱味：由某些物质（如碳酸氢钠）在嘴里产生的复合感觉。

涩味：某些物质产生的使皮肤或黏膜表面收敛的复合感觉。

风味：品尝过程中感受到的嗅觉、味觉，与三叉神经特性的复杂结合。它可能受触觉、温度觉、痛觉和（或）动觉效应的影响。

异常风味：非产品本身所具有的风味（通常与产品的腐败变质有关）。

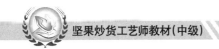

沾染串味：沾染了与该产品无关的外来味道、气味等。

味道：能产生味觉的产品的特性。

基本味道：酸、甜、苦、咸四种独特味道的任何一种。

厚味：味道浓的产品。

平味：一种产品，其风味不浓且无任何特色。

乏味：一种产品，其乏味远不及预料的那样。

无味：没有风味的产品。

口感：在口腔内（包括舌头与牙齿）感受到的触觉。

异常特征后味、余味：在产品消失后产生的嗅觉和（或）味觉。它有时不同于产品在嘴里时的感受。

芳香：一种带有愉快内涵的气味。

气味：嗅觉器官感受到的感官特性。

异常特征：非产品本身所具有的特征（通常与产品的腐败变质有关）。

外观：一种物质或物体的外部可见特征。

质地：用机械的、触觉的方法，或在适当条件下，用视觉及听觉感受器感觉到的产品的所有流变学的和结构上（几何图形和表面）的特征。

硬：描述需要很大力量才能造成一定的变形或穿透的产品的质地特点。

酥：修饰破碎时带响声的松而易碎的食品。

二、食品品评方法

1.品评的人员准备

新食品开发改进过程以及产品质量控制过程中，通常需要两个评价小组：一个品评小组是固定的，需要从生产企业内部遴选并经过若干训练或有经验的内部评价小组，负责对各个开发及改进阶段的产品进行评价(差异识别和描述)以及对产品质量的稳定性进行评判；另一个评价小组是变动的，是随机选择外部小部分消费者组成的外部评价小组，以帮助开发出受消费者欢迎的产品（这个小组需根据产品不同定位选择不同对象）。

企业内部组建的品评小组必须是经过选拔并培训的，具备专业的品评技能并能够对相关产品进行客观公正的评判。

评价员的筛选：可依据GB/T 16291.1—2012《感官分析 选拔、培训与管理评价员一般导则》中的具体要求进行。

评价员的培训：可依据GB/T 15549—1995《感官分析 方法学 检测和识别气味方面评价员的入门和培训》中的具体要求进行。

2.内部品评的操作流程

食品感官检验的方法有很多。在选择适宜的检验方法之前，首先要明确检验的目的、要求等。根据检验的目的、要求及统计方法的不同，常用的感官检验方法可以分为三类：差别检验法、类别检验法、描述检验法。

（1）差别检验法：差别检验的目的是要求评价员对两个或两个以上的样品，做出是否存在感官差别的结论。差别检验的结果，是以做出不同结论的评价员的数量及检验次数为基础，进行概率统计分析。

差别试验对样品进行选择性的比较，一般领先于其他试验，在许多方面有广泛的用途。例如在贮藏试验中，可以比较不同的贮藏时间对食品的味觉、口感、鲜度等质量指标的影响；又如在外包装测试中，可以测评判断哪种包装形式更受欢迎，成本高的包装形式有时并不一定受消费者欢迎。

（2）类别检验法：评价员对两个或两个以上的样品进行评价，辨别出哪个样品好、哪个样品差，以及它们之间的差别大小、差异方向，通过品评可以对测评样品进行排序或分类，最后可以根据排序结果改进产品的质量。例：不同烤制温度对炒货类产品酥脆度的影响，不同腌制时间对产品入味香味的影响等。

（3）描述检验法：要求品评员对测评产品的所有感官特性进行定性或定量的描述，以确定测评产品的差异，如产品外观（色泽、质地、大小等）、芳香特征（烤香味、五香味、奶香味等）、放在口中的风味特性（甜、咸等）以及组织特性（僵硬、酥脆等）。这种检验方法对品评员的要求比较高，要具备对品评食品的总体感官描述专业印象、熟知专业术语并描述食品品质特性的能力。

描述性感官检验法常应用在：产品在不同的包装材料、设定的存储期内随时间的变化各项感官指标变化情况；用于比较不同企业制造同品类产品的差异点，以改进提高自己企业的产品质量。

3.外部品评的操作流程

外部品评及外部的消费者测试试验，消费者测试试验是将产品交由顾客，让顾客根据各人的爱好对食品进行喜好评判。

生产食品的最终目的是让食品被消费者接受和喜爱。消费者试验的目的是确定广大消费者对食品的喜爱接受度。主要用于市场调查、向社会介绍新产品、进行预测等。

由于消费者一般没有经过正规培训，个人的爱好、偏食习惯、感官敏感性等情况都不一致，故要求试验形式尽可能简单、明了、易行，使得广大消费者乐于接受，而且要保证参加测评人数要足够多（一般要求50~80人）。

对于多数食品生产企业来说外部的消费者品评测试都是交由专业的公司去做。

第四节　坚果炒货产品常见的质量问题

一、常见感官质量问题

常见的外包装（主要指与产品直接接触的包装袋、罐）问题（包括但不限于）：外包装印刷质量问题、生产日期错误、封口不严（假封、压料等）、封口不齐；如果是投放吸氧剂的产品，会出现成品不吸瘪、半吸瘪；充氮包装产品会出现漏气瘪袋。

生产过程中发现或质检员检验发现了这些质量问题，除了轻微印刷质量及封口不齐不影响销售与保质期，其他类的质量问题都必须撕袋返工重新包装，这个过程必须在可控的条件下进行，以防止因污染造成内装产品的不合格。

如果在生产各环节节点进行了有效的质量管控，产品感官的质量问题较少出现。

二、常见内在品质质量问题

1.理化指标

水分、盐分超过范围值一般要查找煮制环节、干燥烤制环节（油炸类产品为腌制入味环节、油炸环节）的时间、温度的控制，针对分析出的原因制定有效的整改措施。对于成品经过技术质量部门的评估可"让步放行"的走"让步放行"的流程进入正常销售，如果不能作为"让步放行"的根据技术质量部门的结论执行。

油炸类的产品及用植物油抛光的炒货类产品可能会出现的另一项理化指标不合格的是酸价指标，主要常见的因素是：使用的油炸用油酸价控制出现了问题，因此企业应该控制好原料用油的入厂、储存及生产过程质量控制，杜绝此问题的发生。

2.微生物指标

对于包装环节车间环境卫生及人员装置消毒没有做好的企业来说，出厂检验出现大肠菌群超标不是个案。针对此种不合格的有效的整改措施是对于可能造成不合格的环节，特别是半成品、成品可能接触污染的环节进行环境消毒、接触面消毒、员工手部消毒，并建立有效的管控制度使之成为常态化、规范。

三、建立《不合格品处理流程》

为规范化处理从原料到成品的全过程发生的不合格，企业应根据自身的组织架构、职责分工等，把对不合格品的处置进行合理有效的规范，以避免不合格原料（包括辅料、包材）的非预期使用、不合格半成品流入下道工序、不合格成品进入市场等。

在《不合格处理流程》中，明确各职能部门在各环节出现不合格品应该做什么，发现不合格信息传递的途径，谁决策不合格品如何处置，谁分析不合格产品的原因，谁采取措施纠正、整改以及谁负责整改以后的结果验证、不合格闭环管理的信息反馈等。

例如，原辅材料的不合格，如果入库检验时由质检员检验判定的不合格，一般分为两种情况：轻微不合格，可以由采购部门提起申请让步接收，由生产使用部门、质量部门、技术部门进行评审是否可以让步接收，一般让步接收是要设置让步接收的条件，如挑拣使用、设备处置后使用等，对于让步接收的原料也应标识清楚，与正常合格原料进行区分，以确保让步接收的条件信息在使用部门得到执行；严重不合格，直接由采购部门办理退货，如果是带有企业标志的包装物，则就地销毁，若这两个动作不能够立即实施，仓储部门的仓管员需要把这些物料放置在不合格品区，或挂上不合格牌子与合格品隔离区分开来，防止非预期使用。

如果是使用过程中发现原辅料不合格，就要质检员进行扩大检验确认不合格的批量，并对该批原辅料生产出来的产品进行抽样检验，确认对成品的影响。

所有原辅料发现的不合格信息均应书面记录并反馈至供应商，要求供应商给出有效的整改措施，以促进原辅料质量的不断提高。

其他生产过程的半成品不合格、成品不合格的均需要在《不合格处理流程》中进行规范，如何让制定的流程合理并利于执行，需要质量部门牵头，企业管理负责人参与，各涉及部门共同参加，充分讨论后拟定，正式发布后执行。

第八章 培训与指导

第一节 培 训

培训是指通过目标规划设定、知识信息传递、技能熟练演练、作业达成评测等流程，让学员通过一定的教育训练，达到预期的水平，提升工作能力的训练。

一、培训计划的编写

培训计划包括实现培训目的的具体途径、步骤、方法。培训计划应根据培训的目的，在进行培训需求调查分析的基础上制定。

（一）教学目标

1.培训需求调研

培训需求调研的内容是学员的岗位技能要求，可以借助岗位职责说明、职务要求细则、技能要求等资料，通过培训，提高学员的岗位技能。

2.制定教学目的

教学目的是教学活动预期达到的结果，包括学员应该学习的知识内容及学习的程度，哪些能力得到提升，哪些能力得到掌握等。在进行培训之前一定要明确教学目的，它是指导培训工作的基础，也是衡量培训工作效果的标准。

3.教学大纲

◎确定培训原则

培训原则是指导培训的纲领性文件。只有确定培训的原则，才能更好地组织和实施培训。培训的主要原则有：

（1）前瞻性原则：应根据行业发展的趋势安排培训工作。

（2）系统性原则：应进行有系统、有计划、有步骤地培训。

（3）实用性原则：应强调针对性、实践性。

◎课程设置

课程设置是描述有关培训项目的总体信息，主要包括课程名称、课程目标、课程安排等。

（二）教学实施

1.培训时间

每个培训项目都要制定一个课程时间安排表，包括培训项目的主要内容、相应的时间安排等。

2.培训地点

培训场所的安排分为利用内部培训场地及利用外面专业培训机构的场地二种。培训场地应安静、独立，且有足够大的空间，能够在培训中使用范例演示（如录像、产品样品、图表、幻灯机）。

3.培训讲师

培训师可来自于大专院校、咨询公司、同行业公司。培训师的选择可根据培训的内容和培训师的特长而定。

4.培训资料及器材

每一培训项目都应准备培训资料，主要包括培训教材、培训时间的安排表、培训记录表等。

5.培训效果评估

（1）学员考评：可分为试卷笔试和实际操作两个部分，进行综合评判。

（2）培训项目评估：通过评估可以反馈信息、改进工作。

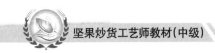

二、工艺规程与管理规程的制作

1.工艺规程的主要内容

工艺规程的主要内容，见表2-8-1。

表2-8-1　工艺规程的主要内容

文件名称	工艺规程的编制及管理规程									
文件编号	××-××-××-01001									
起草人				起草日期			年　月　日			
审核人				审核日期			年　月　日			
批准人				批准日期			年　月　日			
				执行日期			年　月　日			
颁发部门	生产管理部			版本号	1		分发号			
分发部门	质检	生产	物料	× ×	× ×	× ×	销售	人事	办公	存档
分发数量	×	×	×	×	×	×	×	×	×	3

2.工艺规程的编制与讲解

◎目的

建立坚果炒货食品生产工艺规程编制及管理规程，明确工艺规程编制及管理的内容及要求，使产品生产工艺规程规范化、标准化。

◎范围

本公司所有坚果炒货产品的生产工艺规程。

◎责任

（1）生产部负责制订。

（2）质保部负责审核。

（3）主管生产的副总经理批准。

（4）工艺规程的编制与管理人员执行。

◎内容

以下是结合坚果炒货行业实际情况列出的一份关于工艺规程编制及管理的内容模板，供参考。

1　工艺规程的定义

工艺规程是指坚果炒货食品生产所需的原料和包装材料、加工工艺、注意事项，包含生产过程中控制的文件，可以是单个，也可以一整套。

2　说明

2.1　阐述坚果炒货食品生产的配方、生产规程、作业方法、关键点控制方法和注意事项，所需的原料、辅料、包装材料的质量指标等相关文件。

2.2　工艺规程是坚果炒货食品生产和质量控制中最重要的文件；它涵盖各项质量标准和工艺控制技术参数，是对产品的设计、生产、包装、规格标准及质量控制，进行全面描述的基准性技术标准文件；其制订必须通过试验实践来验证。

2.3　工艺规程是坚果炒货食品生产中必须遵循的准则，是制定生产计划包括配料单、生产记录、包装记录的重要依据。

3　编制依据和基本要求

3.1　该产品的质量标准文件；

3.2　符合本公司文件系统管理的基本要求；

3.3　以坚果炒货产品的加工实践为依据。

4　工艺规程的编制内容

4.1　产品概述

4.1.1　品名、规格、数量；

4.1.2　各产品的包装、使用、贮存等要求。

4.2　配方依据

4.2.1　公司配料单；

4.2.2　公司指令。

4.3　生产工艺流程图

4.4　质量控制要点

4.5　操作过程及工艺条件，并说明以下情况

4.5.1　操作方法和要点；

4.5.2　关键点操作的复核与检查；

4.5.3　采用原辅料的名称、规格、质量要求；

4.5.4　生产场所环境要求；

4.5.5　使用设备的名称和编号；

4.5.6　操作中使用工器具、盛装容器的名称和规格；

4.5.7　加工工艺控制技术参数；

4.5.8　生产技术要求。

4.6　坚果炒货原料的规格、质量标准和检查方法

4.7　辅料规格，质量要求和检查方法，时时关注辅料的安全有效期。
　　　　特别注意食品添加剂的使用要求，质量指标和安全有效期。

4.8　成品的质量标准和检查方法

4.9　包装材料的质量标准和检查方法

4.10　原料、半成品、成品贮存注意事项

4.11　设备一览表及主要设备生产能力(序号、编号、名称、型号、制造厂、到厂时间、启用时间、备注)

4.12　物料平衡

4.12.1　各工序得率计算方法、定额；

4.12.2　关键工序物料平衡率计算方法、定额。

4.13　物料消耗定额

4.14　卫生要求

4.15　生产安全与劳动保护

4.15.1　设备的用电安全；

4.15.2　可燃气体的使用安全，用火安全；

4.15.3　蒸气的使用和安全防护；

4.15.4　消防安全。

4.16　坚果炒货半成品、成品包装要求

4.17　产品生产周期（各工序操作时间规定）

4.18　劳动组织与岗位定员

5　工艺规程由生产管理部发放和组织实施

6　工艺规程属公司机密文件，要加盖"密级"字样，注意保管，不得遗失，任何人不得外传和泄漏。

第二节　指　导

一、技术报告写作方法

（一）技术报告的撰写原则

原则：结合实践和目前的实际情况；深思熟虑、反复论证；切合实际，指导工作。

（二）技术报告的主要内容

主要内容包括：

（1）项目概况。

（2）引用标准。

（3）设计原则：

①实用性；

②创新性；

③可扩展性。

（4）研究目标及主要技术指标。

（5）相关鉴定报告、质检报告。

（6）专利情况。

（7）总结。

二、初级人员业务指导方法

（一）了解初级人员易出现问题

（1）提出问题，分析研究，解决可能存在的疑问，建议。

（2）依据基本原理，找出原因（包括主要结构、工作程序、参数、操作、使用、应用等方面）。

（3）综合分析，试验论证，客观评价（经济效益、社会效益，方案，结果，推广和建议等方面）。

（二）初级人员指导方法

（1）中心明确，突出重点，目的清晰。

（2）论证充分，不仅有材料和观点，还要有严密的逻辑，观点与材料有机结合。运用成熟的经验和知识，以相关的标准、规程、定律、公式、推论为依据进行分析、归纳、总结、综合概括。

（3）科学：指导应用统计技术知识，做好产品管理。

（4）实用：指导坚果炒货食品风味及坚果炒货食品调味知识，培养设计产品能力。

（5）创新：搜集坚果炒货食品发展的前沿知识，拓展开发产品思路。

（6）运用案例教学知识，保证指导工作的生动，具体。

（7）有序：结构阐述清楚，层次分明，一目了然，深入浅出，条理分明，思路明确，简洁可读。

（8）做到有目的，有分析，有措施，有结果。

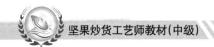

附录一 本书主要参考法规、标准

《中华人民共和国食品安全法》2015年4月24日修订版

《中华人民共和国产品质量法》 2000年7月8日修订版

《中华人民共和国消费者权益保护法》2013年10月25日修正版

《专利法》2008年第三次修正版

《食品生产许可管理办法》2017年11月7日修订版

《食品安全国家标准管理办法》2010年9月20日修订版

《食品添加剂新品种管理办法》2017年12月26日修订

《食品生产许可审查通则》2016年8月9日

《炒货食品及坚果制品生产许可证审查细则》2006年12月27日

食品安全国家标准　食品添加剂使用标准（GB 2760-2014）

食品安全国家标准　食品中真菌毒素限量（GB 2761-2017）

食品安全国家标准　食品中污染物限量（GB 2762-2017）

食品安全国家标准　食品中农药最大残留限量（GB 2763-2016）

食品安全国家标准　食品中致病菌限量（GB 29921-2013）

食品安全国家标准　预包装食品标签通则（GB 7718-2011）

食品安全国家标准　预包装食品营养标签通则（GB 28050-2011）

食品安全国家标准　食品生产通用卫生规范（GB 14881-2013）

食品安全国家标准　食品中微生物学检验总则（GB 4789.1）

食品安全国家标准　食品接触材料及制品用添加剂使用标准（GB 9685-2016）

食品安全国家标准　坚果与籽类食品（GB 19300-2014）

食品安全国家标准　食糖（GB 13104-2014）

食品安全国家标准　食品用香精（GB 30616-2014）

食品安全国家标准　植物油（GB 2716-2018）

食品安全国家标准　食用动物油脂（GB 10146-2015）

食品安全国家标准　味精（GB 2720-2015）

食品安全国家标准　食用盐（GB 2721-2015）

食品安全国家标准汇编（GB 5009系列）

果、蔬罐头卫生标准（GB 11671-2003）（本标准被GB 7098-2015食品安全国家标准 罐头食品代替）

食品中铜限量卫生标准（GB 15199-1994）（本标准已废止）

油炸小食品卫生标准（GB 16565-2003）

安全标志及其使用导则（GB 2894-2008）

环境空气质量标准（GB 3095-2012）

压力容器第4部分：制造、检验和验收（GB 150.4-2011）

铝及铝合金箔（GB 3198-2010）

食品卫生检验方法理化标准汇编（GB/T 5009系列）

食品卫生微生物学检验GB/T 4789

坚果炒货食品通则（GB/T 22165-2008）

豌豆（GB/T 10460-2008）

蚕豆（GB/T 10459-2008）

核桃坚果质量等级（GB/T 20398-2006）

花生（GB/T 1532-2008）

葵花籽（GB/T 11764-2008）

罐头食品的检验方法（GB/T 10786-2006）

粮食油料检验扦样、分样法（GB/T 5491-1985）

粮油检验粮食、油料的色泽、气味、口味鉴定（GB/T 5492-2008）

粮油检验粮食、油料的杂质、不完善粒检验（GB/T 5494-2019）

机械电气安全 机械电气设备　第一部分：通用技术条件（GB/T 5226.1-2019）

包装术语　第一部分：基础（GB/T 4122.1-2008）

纸、纸板、纸浆及相关术语（GB/T 4687-2007）

食品营养成分基本术语（GB/Z 21922-2008）

坚果与籽类食品　术语（SB/T 10670-2012）

坚果炒货食品　分类（SB/T 10671-2012）

熟制葵花籽和仁（SB/T 10553-2009）

熟制南瓜子和仁（SB/T 10554-2009）

熟制西瓜籽和仁（SB/T 10555-2009）

熟制花生（仁）（SB/T 10614-2011）

熟制开心果（仁）（SB/T 10613-2011）

熟制扁桃（巴旦木）核和仁（SB/T 10673-2012）

白瓜子（NY/T 966-2006）

坚果与籽类食品设备　带式干燥机（QB/T 5038-2017）

坚果与籽类食品设备　炒制设备通用技术条件（QB/T 5037-2017）

花生制品通用技术条件（QB/T 1733.1-2015）

裹衣花生（QB/T 1733.3-2015）

油炸花生仁（QB/T 1733.5-2015）

烤花生仁和烤花生碎（QB/T 1733.6-2015）

烤花生（QB/T 1733.7-2015）

定量包装商品净含量计量检验规则（JJF 1070-2005）

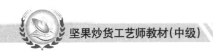

附录二　本书主要参考文献

［1］中国就业培训技术指导中心.国家职业技能标准　坚果炒货工艺员（试行）[M].北京：中国劳动出版社，2010.

［2］中国就业培训技术指导中心.糖果工艺师[M].北京：中国劳动社会保障出版社，2015.

［3］中国就业培训技术指导中心.豆制品工艺师[M].北京：中国劳动社会保障出版社，2012.

［4］国家食品安全风险评估中心，中国食品工业协会.食品安全国家标准　预包装食品标签通则实施指南[M].北京：中国质检出版社，2014.

［5］中国疾病预防控制中心营养与健康所.食品安全国家标准 预包装食品营养标签通则实施指南[M].北京：中国质检出版社，2016.

［6］国家食品安全风险评估中心.食品安全国家标准 食品添加剂使用标准实施指南[M].北京：中国质检出版社，2015.

［7］中国疾病预防控制中心营养与健康所.中国食物成分表[M].北京：北京大学医学出版社，2018.

［8］俞俊.焦香味煮制葵花籽的生产工艺研究及其挥发性成分分析[D].2007.

［9］朱庆华.信息分析—基础、方法及应用[M].北京：科学出版社，2004.

附录三 《坚果炒货工艺师教材（中级）》编写说明

一、工作简况

1. 编写目的

由于历史原因以及我国坚果炒货行业快速发展的趋势，目前坚果炒货生产企业普遍存在工艺设计和工艺技术专业人才的急缺，部分较大型生产企业现有的工艺技术人员亦面临知识老化、知识更新不全面的现状。因此，为促进坚果炒货食品行业科技进步，更新工艺管理知识和提高工艺技术人员全面知识素养，以适应全行业在新时期发展的需求，同时为推动坚果炒货工艺师职业培训和职业技能鉴定工作的开展，中国食品工业协会坚果炒货专业委员会、北京中坚合果信息技术服务有限公司组织行业内的资深专家和具有多年实践经验的专业技术人员，特此编写了《坚果炒货工艺师教材（中级）》，为职业教育、职业培训和职业技能鉴定提供科学、规范的指导与依据。

2. 编写过程

1）起草阶段

中国食品工业协会坚果炒货专业委员会拟编写《坚果炒货工艺师教材（中级）》工作起步较早，始于2007年，并在原人力资源和社会保障部就业培训技术指导中心的指导下，完成了《国家职业技能标准 坚果炒货工艺员（试行）》的编写出版工作。受部门机构改革的影响，编写工作进展缓慢并中途停顿。2017年1月，在中国食品工业协会坚果炒货专业委员会等多方努力下，组织成立《坚果炒货工艺师教材（中级）》编辑部，继续编写工作。2017年6月，编辑部完成教材初稿，2017年7月，编辑部在山东栖霞进行教材初稿的初审工作，决定对教材的内容进一步细化、补充、完善，以保证教材质量。

2）行业审稿阶段

2019年6月，编辑部在河南开封召开教材内部审稿会议，审议《坚果炒货工艺师教材（中级）》教材内容。编辑部根据会议的意见，对教材进行修改、补充、完善，并在行业内广泛征求意见。

3）专家审核阶段

按行业内意见再次进行修改后，2019年8月，中国食品工业协会坚果炒货专业委员会与北京中坚合果信息技术服务有限公司特别邀请有关领域国家级的权威专家，包括质检、食品安全、科研、企业等各方面的专家，对教材内容进行了严格的审核，确保教材的科学性、专业性、实用性和质量。

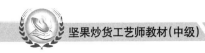
二、教材主要内容及编写介绍

根据《国家职业技能标准 坚果炒货工艺员（试行）》的要求，《坚果炒货工艺师教材 （中级）》体现"以职业活动为导向、以职业能力为核心"的指导思想，突出职业资格培训特色，结构上针对坚果炒货工艺师职业活动领域，按照职业功能模块编写。

本教材分为基础知识、中级教材两大部分，内容涵盖《国家职业技能标准 坚果炒货工艺员（试行）》的基本要求、工作要求的各个方面，主要包括原料、加工、成品、检验以及研发、设备、添加剂、法规标准等模块。

1. 基础知识

（1）职业道德

（2）产品基础知识

（3）原料辅料基础知识

（4）生产工艺基础知识

（5）生产设备基础知识

（6）食品检验学基础知识

（7）食品包装学基础知识

（8）相关法律、法规知识

2. 中级教材

（1）产品研制开发

（2）坚果炒货食品用原料品种和品质

（3）坚果炒货产品常用食品添加剂及其特性

（4）坚果炒货产品包装材料

（5）坚果炒货产品工艺设计

（6）坚果炒货产品加工过程中的品质控制

（7）成品质量控制

（8）培训与指导